THINKr
新思

U0245990

新 一 代 人 的 思 想

德浩谢尔动物与人书系

赵芊里 主编

温暖的巢穴

动物们如何经营家庭

〔德〕

费陀斯·德浩谢尔

著

杨曦红 译

NESTWÄRME:
WIE TIERE FAMILIENPROBLEME LÖSEN

VITUS B. DRÖSCHER

中信出版集团|北京

图书在版编目（CIP）数据

温暖的巢穴：动物们如何经营家庭 /（德）费陀斯
·德浩谢尔著；杨曦红译 . -- 北京：中信出版社，
2023.1
ISBN 978-7-5217-4889-5

Ⅰ.①温… Ⅱ.①费…②杨… Ⅲ.①动物学－行为
科学－研究 Ⅳ.① Q958.12

中国版本图书馆 CIP 数据核字 (2022) 第 204916 号

Nestwärme: wie Tiere Familienprobleme lösen by Vitus B. Dröscher
Copyright©1982 by Vitus B. Dröscher
Simplified Chinese translation copyright ©2023 by CITIC Press Corporation
ALL RIGHTS RESERVED
本书仅限中国大陆地区发行销售

温暖的巢穴：动物们如何经营家庭
著者：［德］费陀斯·德浩谢尔
译者：杨曦红
出版发行：中信出版集团股份有限公司
　　（北京市朝阳区惠新东街甲 4 号富盛大厦 2 座　邮编　100029）
承印者：嘉业印刷（天津）有限公司
开本：880mm×1230mm　1/32　　印张：12.5
插页：8　　　　　　　　　　　　字数：290 千字
版次：2023 年 1 月第 1 版　　　印次：2023 年 1 月第 1 次印刷
京权图字：01–2022–1635　　　书号：ISBN 978-7-5217-4889-5
定价：74.00 元

目 录

推荐序（赵鼎新）　　*VII*

第一章　自私化作爱　　*1*

　　第一节　令人费解的分娩时刻　　*3*

　　第二节　至善之物　　*7*

　　第三节　在感觉的迷宫里　　*11*

　　第四节　药物能改造坏父母吗？　　*14*

　　第五节　猛鹫化身为雏鸡母亲　　*17*

　　第六节　在本能的奇妙世界里　　*19*

　　第七节　杀害冒死救出的孩子　　*21*

　　第八节　四声啼哭挽救生命　　*23*

第二章　救生员，役畜，殉难者　　*27*

　　第一节　斑马撕咬狮子　　*29*

　　第二节　给护犊欲"换挡"　　*32*

　　第三节　可怕的"圣巴托罗缪之夜"　　*35*

　　第四节　母亲值得为护幼而牺牲生命吗？　　*38*

　　第五节　鱼被鸟收养为子　　*41*

第六节　博爱的根源　*44*

第七节　青潘猿用奶瓶喂孩子　*46*

第三章　聪明反被聪明误　*49*

第一节　分娩后母子间的情感联系意味着什么？　*51*

第二节　道德力量的影响　*54*

第三节　思念，穿越重重阻隔　*55*

第四节　养母与亲妈的差距　*57*

第五节　暴力和反叛的种子　*59*

第六节　母子情建立的关键时刻　*61*

第七节　天性的文化史　*63*

第八节　回归家庭温暖　*65*

第四章　狒狒群中的日托保姆　*67*

第一节　社会制度的试金石——生存　*69*

第二节　迷你内宫中的分工　*71*

第三节　负责外勤和照料孩子两者不可兼顾　*73*

第四节　朋友妻不可欺　*77*

第五节　不公平的优点　*80*

第五章　命运被预先确定　*83*

第一节　在家可给予温暖之前　*85*

第二节　婴儿摇篮——危险的磁石　*90*

温暖的巢穴：动物们如何经营家庭

第三节　蛋中雏鸟发出信号　93

第四节　商定破壳日期　97

第五节　焦虑的母亲容易生下笨残的孩子　99

第六节　子宫里的音乐会——心跳　102

第七节　欺骗渴望母爱的婴儿　104

第六章　惊诧莫名　107

第一节　胎盘变作防御武器　109

第二节　动物界的产科医生和助产士　112

第三节　动物母亲从不拍打新生儿　118

第四节　默默无声地忍受疼痛　122

第五节　毒化精神世界的病原体　124

第七章　至死不渝的母子情结　127

第一节　永不磨灭的初始印象　129

第二节　雏鸟把收音机当母亲　132

第三节　造成心灵残疾的错误　136

第四节　如何使动物变成人类的朋友　140

第五节　失误使食肉动物变成素食者　144

第六节　培养争斗能力　148

第七节　"懵懂第一季"　152

第八节　赢得基本的信任感　155

第九节　没有动物母亲会任凭自己孩子哭闹　158

第八章　呕心沥血为孩子　*161*

第一节　照料孩子，成绩一流　*163*

第二节　发明"全自动喂食机"　*168*

第三节　孩子的天然孵化箱　*172*

第四节　把孩子寄存进"保险箱"　*177*

第五节　逃避工作的捷径　*178*

第六节　善有善报　*182*

第七节　收养孤儿　*186*

第八节　养父母值得信赖吗？　*191*

第九节　青潘猿孤儿的命运　*193*

第九章　当父母的爱失去作用　*197*

第一节　继父变凶手　*199*

第二节　稚嫩娇柔之相招来杀身之祸　*203*

第三节　同类相残，自取灭亡！　*205*

第四节　只因不知所为　*207*

第五节　出卖孩子的父母　*212*

第六节　自然界的"计划生育"　*215*

第七节　生存名额永远有限　*218*

第八节　父母杀害幼崽　*224*

第九节　杀害幼崽罪行录　*227*

第十章　拿什么来替代母亲　*231*

第一节　开除母亲的实验　*233*

第二节　美食无法取代母爱　236

第三节　全自动婴儿床的失败　240

第四节　母亲在绝境中的精神状态　242

第五节　徘徊在畏惧死亡与幻想谋杀之间　244

第六节　天生罪犯，早有伏笔　248

第十一章　父亲好在哪儿？　253

第一节　照顾孩子的"更高级形式"？　255

第二节　发现父爱　256

第三节　孩子是婚姻的强力黏合剂　260

第四节　多余的丈夫威胁生命　262

第五节　育儿方面的苦差事　265

第六节　父亲是孩子的天然童车　269

第七节　对孩子冷漠的"大老爷们"　272

第十二章　如同该隐与亚伯？　275

第一节　同胞相助，弥补不公　277

第二节　子宫内的谋杀　279

第三节　打造"鱼之王者"　282

第四节　家庭为社会生活之根本　286

第五节　变竞争为互助　289

第六节　无私行为中的自私之心　291

第七节　以杀婴使产妇成为奶妈　296

第八节　排斥同胞间婚姻　298

第十三章　猴群中的反抗　*303*

第一节　溺爱式养育的坏处　*305*

第二节　适得其反的分离　*307*

第三节　孩子疏远父母　*312*

第四节　被赶出家门　*315*

第五节　抢亲　*317*

第六节　年少婚配，往往后悔　*321*

第七节　代际冲突如此产生　*322*

第八节　动物中的幼儿园　*326*

第九节　何时奋起反抗？　*328*

第十四章　坏学生的死刑判决　*331*

第一节　人类常犯的错误：以为动物"愚蠢"　*333*

第二节　令人惊讶的教育才能　*335*

第三节　人类智力的进化　*339*

第四节　不体罚行得通吗？　*341*

第五节　动物母亲们专横吗？　*344*

第六节　权威和公正问题　*348*

第七节　人类教授为鸟担任飞行教师　*351*

第八节　未学得谋生技能者沦为同类相残的凶手　*354*

第九节　和平的根源：亲子之爱　*357*

附　录　家庭和睦与社会和平的亲情之根
　　　　——《温暖的巢穴：动物们如何经营家庭》导读　*359*

推荐序

我曾经是一个昆虫生态学家，受过系统的生物学训练。转行社会学后，我也经常思考人类行为乃至疾病的生物和社会基础，并且关注着医学、动物行为学、社会生物学以及和人类进化与人类行为有关的各种研究和进展。大多数社会科学家都会努力和艰难地在两种极端观念之间找平衡。

第一种可以简称为遗传决定论。这类观念在传统社会十分盛行。在任何传统社会，显赫的地位一般都会被论证为来自高贵的血统。在当代社会，虽然各种遗传决定论的观点在社会上广泛存在，但从总体上来说，遗传决定论的观点不会像在传统社会一样占据主宰地位，并且因为种族主义思想的式微，它们常常被视为政治不正确。与遗传决定论观念相对的是文化决定论，或者说白板理论。白板理论的核心思想是人生来相似，因此也生来平等，不同个体和群体在行为上的差别都来自社会结构或文化上的差别。白板理论有其宗教基础，但是作为一个世俗理论它起源于17世纪。白板理论是自由主义思想，同时也是马克思主义和其他左派社会主义思想的基础。白板理论对于追求解放的社会下层具有很大的吸引力，因此具有一定的革命意义。但是，至少从个体层面来看，人与人之间在遗传上的差别还是非常明显的。当然，除了一些严重的遗传疾病外，绝大多数遗传差异体现的只是不同个体在有限程度上的各自特色而已，但这差别却构成了人类基因和基因表达的多样性的基础，大大增进了人类作为一个物种在地球上的总体生存能力。可是，如果我们在教育、医疗乃至体育训练方式等方面完全忽视不同个体或群体在遗传特性上的差别，这仍然会带来一些误区。更明确地说，白板理论本是一个追求平等的革命理论，但因为它漠视了个体之间与群体之间在遗传上的各种差别，反而会将某些个体和群体，尤其是一些在社会上处于边缘地位的个体和群体置于不利的位置。

我们很难通过动物行为学知识来准确地确定大多数人类个体行为的生物学基础。个体行为的生物学基础很复杂。从个体行为或疾病和基因关系的角度来讲，很少有某一种行为或疾病是由单一基因决定的。此外，虽然某些基因与人类的某些行为或疾病有着很强的对应关系，但是这些基因在人体内不见得会表达，并且有些基因的表达与否与个体的社会行为有着不同程度的关联。但是，动物行为学知识仍然可以为我们提供一些统计意义上的规律。比如，吸烟肯定是社会行为，但是具有某些遗传因子的人更容易对尼古丁形成依赖；战争也肯定是社会行为，但是男性更容易接受甚至崇拜战争暴力。动物行为学知识还能反过来加深我们对文化的力量的理解。比如，人类的饮食行为和性行为明显来源于动物的取食和交配行为，但是任何动物都不会像人类一样发展出复杂的甚至可以说是千奇百怪的饮食文化和性文化。总之，动物行为学知识有助于我们深入了解人类行为的生物学基础，以及文化行为和本能行为之间的复杂关系。

与其他动物相似，在面对生存、繁殖等基本问题时，人类发展出了一套应对策略，其中大量的应对策略与其他动物的应对"策略"有着不同程度的相似。正因此，动物行为学知识可以为我们提供类比的素材，能为我们考察人类社会的各种规律提供启发。比如，在环境压力下，动物有两种生存策略：R 策略和 K 策略 *。R 策略动物对环境的改变十分敏感，它的基本生存策略是：大量繁殖子代，但是对子代的投入却很少。因此，R 策略动物产出的子代往往体积微小，它们不会保护产出的子代。R 策略动物在环境适宜时会大量增多，但是在环境不适宜时，它的种群规模和密度就会大幅缩减。K 策略动物则能更好地适应环境变化。它们产出的子代不多，但是个体都比较大，它们会保护甚至抚育子代。K 策略动物的另一个特点是它的种群密度比较稳定，或者说会稳定在某一环境对该种群的承载量上下。简单来说，R 策略动物都是机会主义动物——见好就长、有缝就钻、不好就收；K 策略动物则是一类追求稳定、有能力控制环境，并且对将来有所"预期"的动物。

我想通过一个具体例子来简要介绍一下 R 策略和 K 策略行为在人类社会中的体现：假冒伪劣产品和各种行骗行为在改革开放初期很长一段时间内充斥着中国市场。对于这一现象，学者们一般会认为这是中国的传统美德在"文革"中遭受了严重破坏所致。其实，改革开放初期"下海"的人本钱都很小，但他们所面对的却是十分不健全的法律体系、天真的消费者、无处不在的商机以及多变且难以预期的政治和商业环境。在这些条件下，各种追求短期赢利效果

---

* 这里的 R（Rate 的首字母）实际含义是谋求尽可能大的出生率，因此，生物学意义上的"R 策略"可以简要意译为"多生不养护策略"。K 是德语词 Kapazitätsgrenze（相当于英语中的 capacity limit）的首字母，其实际含义是"（考虑环境对种群的承受力，）将出生率和种群规模及密度控制在环境可承受（即资源可支持）的范围内"；因此，生物学意义上的"K 策略"可以简要意译为"少生多养护策略"。为了适应讨论类似的社会现象的需要，社会学家们在使用表示这两种策略的术语时，可能会在其生物学意义的基础上对其含义有所拓展或改变，这是读者应该注意并仔细辨析的。——主编注

的机会主义行为（R 策略）就成了优势行为。但是，一旦法律发展得比较健全，政治和商业环境的可预期性提高，消费者变得精明，公司和企业的规模增大和控制环境能力增强，这些公司和企业的管理层就会产生长远预期。在这种时候，追求稳定环境的 K 策略就成了具有优势的市场行为。这就是为什么通过假冒伪劣产品和各种行骗手段致富的行为在改革开放初期十分普遍，但是在今天，各类公司和企业越来越倾向于通过新的技术、高质量的产品、优良的服务、各种提高商业影响的手段甚至各种垄断行为来稳固和扩大利润。能从改革开放初期一直延续至今并且还能不断发展的中国公司有一个共同点，那就是它们都经过了一个从早期的不讲质量只图发展的 R 策略公司到讲质量图长期回报的 K 策略公司的转变。中国公司或企业的 R—K 转型的成功与否及其成功背后的原因，是一个特别值得研究的课题，却很少有人对此做系统研究。

以上的例子还告诉我们，一个动物物种的性质（即它是 R 策略动物还是 K 策略动物）是由遗传所决定的，基本上不会改变。但是公司或企业采取的 R 策略和 K 策略却是人为的策略，因此能有较快的转变。更广义地说，动物行为的形成和改变主要是由具有较大随机性的基因突变和环境选择共同决定的，因此动物行为具有很强的稳定性。与之对比，人类行为的形成和改变则主要由"用进废退、获得性状遗传"这一正反馈性质的拉马克机制决定。*

通过以上的例子，我还想说明，虽然动物行为学能为我们理解人类社会中各种复杂现象提供大量的启发，但是类似现象背后的机制却

---

* 近几十年生物学的研究发现，基因突变与环境会有有限的互动，或者说基因突变也有着一定程度的拉马克特性。

可能是完全不同的：决定生物行为的绝大多数机制都是具有稳定性的负反馈机制，而决定人类行为的大多数机制却具有极不稳定的正反馈性。通过对动物行为机制和人类行为机制的相似和区别的考察，我们不但能更深刻地理解生物演化*和人类文化发展之间的复杂关系，还能更深刻地了解人类文化的不稳定性。具体说就是，任何文化都必须要有制度、资源和权力才能维持和发展。这一常识不但对文化决定论来说是一个有力的批判，也可以使我们多一份谨慎和谦卑。

最后，通过对动物行为学的了解，以及对动物行为和人类行为之异同的比较，我们还能加深对社会科学的特点和难点的理解。比如，功能解释在动物行为学中往往是可行的（例如，动物需要取食就必须有"嘴巴"），但是功能解释在社会科学中往往行不通。大量的社会"存在"，其背后既可能是统治者的意愿，也可能是社会功能上的需要，更可能是两者皆有。再比如，我们对于某一动物行为机制的了解并不会在任何意义上改变该机制本身的作用和作用方式。但是，一旦我们了解了某一人类行为背后的规律，该规律的作用和作用方式很可能会发生重大变化。关于诸如此类的区别，笔者在几年前发表的《社会科学研究的困境：从与自然科学的区别谈起》一文中有过系统讨论。此处不再赘述。

我常常对自己的学生说，要做一个优秀的社会学家，除了具备文

---

* 这里的"演化"在赵老师写的《推荐序》原文中用的是"进化"，经赵老师同意后改为"演化"。之所以将"进化"改为"演化"，原因之一是本书系已统一将 Evolution 译为"演化"，但更重要的原因是为了避免"进化"一词所具有的误导作用。Evolution 的完整含义不仅包括正向的演化即进化，也包括反向的演化即退化，还包括（在环境不变的情况下）长期的停滞（既不进化也不退化）。将 Evolution 译为"进化"，只是表达了其上述三方面含义中的一个方面，更严重的问题是：它会使未深入学习过演化论的人误以为任何生物的演变都只有一个方向，误以为生物（乃至社会）都是从简单到复杂、从低级到高级单向变化的。——主编注

本、田野、量化技术等基本功，具备捕捉和解释差异性社会现象的能力外，还必须学会在动态的叙事中同时玩好"七张牌"，并熟悉与社会学最为相关的三个基础性学科。这"七张牌"分别是：政治权力、军事权力、经济权力、意识形态权力的特性，以及环境、人口、技术对社会的影响。三个基础性学科则是：微观社会学、社会心理学、动物行为学（特别是社会动物的行为学）。从这个意义上来说，一个合格的社会科学家必须具备一定的动物行为学知识，并且对动物行为和人类行为之间的联系和差异有着基本常识和一定程度的思考。

前段时间，我翻看了尤瓦尔·赫拉利所著的《人类简史》。这是一本世界级畅销书，受到了奥巴马和比尔·盖茨这个级别的名人的推荐。但我发觉整本书在生物学、动物行为学、古人类学、考古学、历史学、社会学、现代科技的知识方面有一些似是而非、不够严谨之处。如果读者对以上学科有着广泛的认识，便可以看出书中的问题。从这个意义上来说，我非常希望我的同事赵芊里主持翻译的这套动物行为学丛书能在社会上产生影响，甚至能成为大学生的通识读物。我希望我们的读者能把这套书中的一些观点和分析方法转变成自己的常识，同时又能够以审视的态度来把握其中有待进一步发展和修正的观点，来品悟价值观如何影响了学者们在研究动物行为时的问题意识和结论，来体察当代动物行为学的亮点和可能的误区。

是为序。

赵鼎新

美国芝加哥大学社会学系、中国浙江大学社会学系

2019-9-26

温暖的巢穴：动物们如何经营家庭

第一章

自私化作爱

母亲的天性

第一节　令人费解的分娩时刻

让世界充满爱的秘诀就是母亲热爱自己的孩子。假如她拒绝为年幼的生命全身心地付出，那么，孩子就无从体验到被爱的幸福，也就无从把这种感觉给予别人，他们将来为人父母时也无法把爱继续传递给自己的孩子。于是，严寒就会侵入我们文明世界的社会生活，也会将不幸带给这个世界。

"母爱"究竟是什么？如何产生？又是如何产生影响的呢？从神秘主义的模糊认识论直至全盘否定观，这些如今已对儿童的心灵造成伤害。因此，若要了解这一造物的神奇成就，我们就应该进入它以最原始的形式呈现的地方——在毫无矫饰的自然中，在动物的世界里——去寻找答案。

在智利圣地亚哥的一家动物园里，白耳狨斯坦拉虽然没有哭喊出声，可它明显强忍着分娩的阵阵剧痛。当孩子降临时，母亲斯坦拉意识模糊，随后胎衣也被排出体外。

这时，令人难以置信的一幕出现了。斯坦拉无比温柔地抱起了胎衣，仔细查看一阵后，小心翼翼地把它紧贴在胸前，却对自己真正的孩子置之不理，任其躺在地上。

几乎所有关在笼中独自长大的猴子都从未与群体中的其他猴子一起经历分娩，所以，它们的表现也很相似：毫无经验的母猴也会把产下的幼崽和排出的胎衣像双胞胎那样一起搂在怀里。

分娩是怎么回事？孩子又该长成什么模样？它们无从知晓，没有谁事先指导示范，让它们理解，它们只是感觉到令自己异常疼痛的东西被排出体外了。所以，即使斯坦拉要报复这个刚刚摆脱的、让自己饱受折磨的家伙，谁又能责怪它呢？虽然这样的事情并不会发生。

相反，这只刚刚成为母亲的动物身上开始产生一种神奇的力量，促使它爱上手中这个不可思议的东西，即便只是胞衣而已。

这就是动物身上神秘而伟大的母性，能让万物超越思想，使个体的利己主义转变成对孩子无私的爱。没有哪个动物母亲能够抗拒自己从这一刻起向无私、忘我的转变。

与白耳狨斯坦拉相似的情况，还发生在每只产崽的母狗身上。西格弗里德·古特曼（Siegfried Gutmann）教授家中养着的一只雌性猎獾狗，是在柏林这类大城市长大的典型宠物犬；直到高龄，它才得以生育下一代。在产下第一只幼崽时，母狗对发生在自己身上的事情一无所知，只是不知所措地在房间里来回走动，身后还拖着脐带未断的幼崽。

突然，幼犬发出一声尖细的呼叫，刹那间唤醒了母亲混沌的意识。后者停下脚步，似乎在聆听发自内心的声音，然后转过身，咬断脐带，吃掉胎盘，再从上到下非常温柔地把这个初到世界的孩子舔舐干净。这次生产中余下几只幼崽的出生，以及之后的几次生产过程，这只母狗自始至终处理得当。

由此可见，**正是新生儿的急声呼叫唤醒了**母亲身上那种此前从未被感觉到的、如今却要付诸实践的**母爱意识**，它与理性或同情毫无关联；然而，在处理时，动物母亲们总能采取唯一正确的方式。

假如对于分娩一事，人们以往从未耳闻也不曾眼见，那么，他们也会像上述的动物那样表现愚蠢，将自己的孩子置于生命危险之中。这似乎令人难以置信，但是通过生活于近巴拿马加勒比海域中常年被棕榈树覆盖的珊瑚礁上的圣布拉斯印第安人（San-Blas-Indianer）的相关例子，我们能够证实这一点。

当地的女孩子和年轻妇女在首次经历临产的阵痛前，谁也不知道阵痛与怀孕的关系。所有相关信息都被严格封锁。这项让人毫无思想准备、惊世骇俗的禁忌十分严格：任何违犯者都会被医师抹上一种致痛的荨麻毒药，之后多日不得不忍受剧痛折磨。

与有些国家流传的"鹳鸟送子"不同，这里的海岛居民告诉少男少女们：婴儿是从生活在不远陆地上的母兽的两角之间长出的，后来岛上男人发现了他们，就用皮筏带回来送给自己的妻子。

因此，年轻妇女初次怀孕期间，甚至首次分娩时，完全不知道会发生什么，就连她们的母亲也不敢告诉女儿逐渐隆起的肚子以及疼痛意味着什么。年轻妇女只会以为自己病得很重，即将死去。所以对她们来说，接下来的分娩如同一次死亡经历，而最后的结果就是一个伟大的奇迹，恐惧瞬间转变成欣喜。

美国芝加哥人类文化学家霍华德·基勒（Howard Keeler）教授曾经数月生活在这些中南美洲的印第安人中间，他认为这一禁忌有着鲜为人知的意义。死亡的恐惧急转成为极度的欣喜，跌宕起伏的首次分娩巩固了年轻母亲与自己孩子间的情感纽带，让母亲在思想和情感上紧张，同时又充满柔情。他认为这在现代文明社会早已罕见，可正是这样的经历给她们的性格深深地打上幸福、平和的烙印。

动物母亲也一定感受到了相似的东西，这听上去颇为怪诞，但正是对生产的无知使它们感觉濒于死亡，于是，一种原始的情感力量在它们的心灵世界逐渐集聚，让它们时刻准备着保护刚刚落地的新生命。

建立牢固的母子情的关键时刻就在分娩时分。如果把一匹牝马、一头母牛、一只山羊或绵羊和刚娩下的幼崽立即分开一两个小时，那么，母畜们将再也不能产生母爱之情。

让我们想象一下：幼崽出生不足两小时，如果这时实验人员回来，把幼崽交还它们的母亲，那么母畜会怎么做？它们不仅认不出孩子、拒绝接受，还会粗暴地踩踏、啃咬甚至杀死孩子。

但是，如果**分娩后的最初 4 天里**，这位哺乳动物母亲一直把幼崽亲密地带在身边，给它喂奶，舔舐、清洁它的身体，给它保暖，这样，母亲**对孩子的照料欲**就会**充分觉醒**。如果行为学研究者在这之后再偷偷抱走它的孩子，那么，它就会不停呼唤自己的宝贝，不知所措地东奔西跑、四处寻找，最后把半路上偶遇的某个小动物当作自己的孩子，全心全意地照料它。

有一头母鹿，确切地说是一头雌性狍子，在树林中到处呼叫，因为它的未满周岁的幼崽被在此散步的"好心人"误认作"弃儿"救走了，最后，母狍竟一厢情愿地悉心照顾起一只野兔……直到野兔消失于土堆中。

就这样，第一种情况是母亲排斥亲生孩子；第二种则相反，母亲的表现简直荒唐，居然不分青红皂白，强拽来别的动物代替自己

温暖的巢穴：动物们如何经营家庭

的孩子，好在其身上宣泄骤然爆发的母爱本能。

这些匪夷所思的母亲照料孩子的现象，如同一个迷宫，在我们面前显现其中神秘莫测又令人悚然的自然力，它错综复杂、不可名状，给人的感觉如同读到歌德的《浮士德》中"奔向母亲吧！"时发自内心深处的战栗。

或许真的没有什么比这比方更恰当了，这些大自然的造物拥有的天性，神秘而又超乎理性地发挥着它万能的魔力。

第二节　至善之物

是什么让雌性动物萌生了母爱？是激素吗？

1972 年以前，通过给动物注射激素来人为激发其母爱行为的实验一直没能成功。就在这一年，美国罗格斯大学新不伦瑞克校区的约瑟夫·特克尔（Joseph Terkel）教授和杰伊·S. 罗森布拉特（Jay S. Rosenblatt）教授成功取得了一些前所未有的发现。他们从别处取来 5 只初生的大鼠幼崽，放到一只从未交配过的雌性大鼠柔软的窝里，然后抽取另一只刚产崽母鼠的血液，注入前一只母鼠体内。14 小时后，前一只母鼠开始表现得像位母亲：在没有任何准备，也没有外界诱因的情况下，它开始把幼崽舔舐干净，然后放到安全的地方，还任由幼崽吮吸自己的乳头，当然它不可能泌乳。

对这只母鼠母爱本能的产生起到关键作用的是从那个真正的母亲体内抽取的血液，抽取时间既不能早于产崽前 24 小时，也不能晚于产崽后 24 小时。说来奇怪，一只已经行使母亲职责数天的母鼠的血液，无法唤起未交配的母鼠的母爱冲动。这一点是 1972 年以前从未引起人们注意的，因此，那之前的所有类似试验都以失败而告终。

以上再一次证明，那些重要物质恰恰产生于母亲全身心投入的分娩时分。

其作用过程至今仍然是个谜，它使分娩前后的母亲机体产生某些激素，这些之前一直闲置的激素，如今唤醒了维持和保护幼崽生命所必需的母亲的种种知觉与特性。

分娩一天后，这些激素就会消失。不过没关系，因为它们早已给母亲布置下任务，促使其慈爱地关怀和照料幼崽。这个"机器"一旦启动，即使没有"马达"，也照样运转。确实，接下来的母爱行为就再也控制不住了，母亲拼命要送出自己的关怀和照顾：一旦自己的孩子丢失或死去，母爱就转移到"别人"的孩子身上，甚至会像上文的那头失去孩子的母狍一样，不合情理地爱屋及乌，硬是把母爱转嫁给替代对象。

分娩也使母兽的身体发生非同寻常的变化，在很短的时间内，使子宫的角色从提供胎儿发育的场所、通过脐带供给胎儿营养，调整为催生乳汁。另一方面，随着生理改变，母兽的心灵也发生了意义深刻的变化。

由此我们联想到在数量惊人的人类家庭里，一些孩子遭到父母不可宽恕的虐待、毒打，有时甚至因父母的一时冲动或蓄意伤害而死亡，我们不由得希望，不单单是老鼠，**人类也应有这样的激素，来激活真实的母爱**。当然，这种产生善意的物质不可能从其他母亲身上提取，所以，至今尚无可能获得所谓的"人性良药"，而且，我们也绝不需要它，这点我将在下文加以说明。

大鼠的例子至少清楚地表明，微量激素就可以对母爱现象产生巨大的影响。甚至目前已有成功的案例，通过药物注射，将暴躁的动物父亲改造成尽心尽责的"母亲"。

与威廉·布什（Wilhelm Busch）*的观点相反：当父亲易，当好父亲……似乎也并非难出一大截，这一点可以被那么多正在无精打采、手忙脚乱、十万个不乐意地擦着婴儿屁股的一家之主证明。经常听到那些操劳终日的母亲发问：难道没有什么能唤醒男人身上那种誓为孩子献身的爱，终有一天让父亲自愿挑起那些几乎总被推到女性成员身上的重担吗？回答是，有这样的东西——可惜目前只发现在笑鸽身上才有。

1967 年，这种药剂首次被使用于一只名叫匹特的年轻雄鸽。它被单独养在美国加利福尼亚大学伯克利分校一间容许自由飞翔的笼舍中。戴尔·F. 罗特（Dale F. Lott）教授和同事谢尔娜·科默福德（Sherna Comerford）把一个盛着几枚鸽蛋的鸟巢放进匹特的笼中，匹特像所有单身汉一样保持原状，什么也不做，那些外来鸽蛋对它来说，就如同几块毫无意义的石子。

接着它被打了一针，血液里被注入两种激素——**孕酮**和**催乳素**，十万分之一克，小到几乎可忽略不计的剂量。忽然，匹特饶有兴趣地把目光投向鸽蛋，开始咯咯地叫起来，它绕着鸟巢转了五圈后，竟然张开翅膀，坐到那窝鸽蛋上，一心一意地孵起蛋来。

此时，教授想要和匹特玩一会儿，可他再也得不到注射激素前匹特那热情友好的问候了，他被当作偷蛋贼遭到无情的啄击，匹特身上哪还有和平鸽的影子！它仿佛着了魔，一下子失去了原先的判

---

* 威廉·布什（1832—1908），德国著名漫画家，连环漫画《马克斯与莫里茨》的创作者。——译者注

断力。为了保护这几颗不久前还与自己毫不相干的鸽蛋，这只雄鸽甚至愿意牺牲自己的生命。

就这样，一个毫无育儿经验的单身汉被改造成富有自我牺牲精神的"母亲"，它的角色也从人类的游戏伙伴转变为鸽蛋的守护神。就像童话写的那样，仙女用施了魔法的饮料把一个饱经苦难的小矮人变作高贵的王子，这个实验不仅让一只只顾自己的雄性动物成功转型，自愿承担起母亲义务，而且还让它付出了更多：仅仅通过两种微乎其微的药剂，就使毫无育儿经验甚至对幼崽怀有敌意的单身汉去悉心照顾那些裹在石灰质壳里的小生命，方法竟还正确无误，仿佛此前受过幼雏哺育的专业培训。

只是因为突如其来的化学物质进入了血液循环，而且还是少得可怜的十万分之一克的剂量——这难道不是母爱的神秘之处吗？这微不足道的物质竟然拥有驾驭万物情感世界和行为态度的原始力量，甚至能驱使单身汉们举止如母亲，无论它们是否真的心甘情愿。

有些细节更是让人惊讶不已：如果只给雄鸽注射其中一种激素——**孕酮**，那它只管**孵蛋**，雏鸽破壳之后，它从不会考虑到要给它们喂食、为它们保暖、给它们保护等。它只对鸽蛋负责，对这辛勤劳动的结果——那些叽叽叫的雏鸟——却漠不关心，直到加注了第二种激素**催乳素**后，这个单身汉才照料起那些小家伙来。

这说明，在鸽身上存在**两种**不同的**母爱本能**：第一种让"普通的"利己主义者变得乐意去孵化，第二种让孵化者又转变成雏鸟保姆。

这确实有点不可思议，几十年来众所周知的事实是：雌性动物体内含量微乎其微的激素——孕酮，可以让子宫做好接受卵的准备；

同样微量的另一种激素——催乳素，则可以激活乳腺使其产生幼崽的食物。这些事实确实有点不可思议、难以理解。而现在科学又向我们证明：同样通过这两种物质可以对动物的内心生活、感知和意愿产生深刻影响，由此增强其对孩子的爱，并使其甘愿为家庭奉献自己。

第三节　在感觉的迷宫里

通过激素增强母性的现象在卵生动物中十分普遍，甚至还存在于鱼类中。

例如：双斑伴丽鱼的父母是否哺育孩子，竟只取决于水的气味。这个令人瞠目的结论，由位于德国塞维森的马克斯·普朗克行为生理学研究所的沃尔夫迪特里希·屈梅（Wolfdietrich Kühme）教授研究得出。

产下的所有鱼卵刚被雄鱼授精，就马上由研究人员取出并放入另一只特制玻璃容器中，这时，它们的父母行为一如往常，如同未生孩子那样。

小鱼钻出鱼卵后，像以往一样，研究人员只把它们所在容器中的水引入其父母所在的容器中。不久，这些父母的身体由往常的深棕色变为"育儿工作服"的颜色，即闪亮的橘黄色。需要说明的是，雄性双斑伴丽鱼的身体颜色变化没有雌鱼那么厉害。此外，它们开始用鳍扇动小石子，好像那是自己的小鱼苗，还守护水中漂浮的小颗粒，以防它们落入"强盗"之手。

动物出现这种情况的原因在于：水中的气味由远处的孩子发出，

尽管父母所在的容器里根本没有它们的孩子，可这种气味依然唤起它们作为父母的行为意识。说来也怪，对这些动物来说，照料的对象在面前与否并不重要。导致巨大转变的原因，竟然来自一种浓度达到引发照料行为阈值的气味刺激。

通过这种被命名为**信息素**的化学通信物质，鱼体内的各种激素连锁反应就像一束绽放的烟花。德国法兰克福大学动物研究所的库尔特·菲德勒（Kurt Fiedler）教授，通过研究丽鱼、太阳鱼、隆头鱼和攀鲈，揭开了其中的奥秘。至少6种不同的激素参与其中，每种激素在繁殖周期的每个不同阶段，以不同的数量组合释放到血液中，它们控制着鱼类为保护孩子而作战的意愿强度，还涉及建造泡沫巢穴、性结合、孵化以及哺育等方面的行为。

后来，有人再度通过注射激素，使动物父母做出一些荒唐可笑、对人类却不无教益的举动。例如，一条没有子女的莫桑比克罗非鱼，被用化学方法处理后，陷入高涨的孵化激情中，它甚至去孵化水丝蚓——自己的食物。最终，它却因废寝忘食地工作而饿死在丰盛的食物中。

有时，某些偶然发生的事情也会引发一连串令人捧腹的情景。例如，作为家禽，养鸡场里的公鸡根本配不上"父亲"这个称号。假如带着一群小鸡的母鸡在路上撞见公鸡，它会带着孩子们对这个骄傲得不可一世的"君王"敬而远之，因为这个"暴君"会猛啄任何靠自己太近的小家伙，甚至害死自己的孩子。有时，护雏的母鸡不得不像泼妇一般抵抗它们"父亲"的攻击。

但是，不久前，美国芝加哥大学发现了一个奇怪的现象。动物学家约瑟夫·K. 科瓦奇（Joseph K. Kovach）教授给一只公鸡喂了一丁点酒精度为 33% 的**烧酒**，结果，这只公鸡不仅略有醉意，而且突然产生了十分明显的**母性**。它整夜守护那些被实验人员放到身边的小鸡，像母鸡那样把它们掬在温暖的翅膀下面，第二天早晨还带着它们到投放饲料的地方。

可一等醉意消失，公鸡重新变得暴躁，实验人员不得不把它请出小鸡的屋子。这就是布莱希特戏剧中所展示的"潘蒂拉老爷效果"。*

当然，仅凭这不足以得出酒精可让父亲产生母性的结论。酒精只是抑制了公鸡的攻击性，但它足以使公鸡把因攻击性受抑而潜藏未露的照料本性展现出来。从这个角度来看，它对于父爱行为极有意义。

美国匹兹堡大学的艾伦·E. 费希尔（Alan E. Fisher）教授向一只雄性大鼠的下丘脑注入雄激素睾酮，这时，极为罕见的现象出现了。本来这种药剂可以增强雄性特征，教授也正拭目以待：这只大鼠会摇身一变而成为"大力神鼠"，而作为好色之徒，在这种状态下，这只公鼠难免会做出有伤风化的举动——迫不及待地与每一只被送进笼中的母鼠强行交配。

但实际上，这个"超人"居然坐怀不乱；不仅如此，还轻轻咬住母鼠尾巴，把它拖到笼子另一侧的窝里。母鼠马上挣脱出去，这时，公鼠一把抓住它的脖子，以那种母鼠惯常拎幼崽的方式，又把它小心翼翼地放回窝里。"我简直目瞪口呆，"费希尔这样描述，"毫

---

* 布莱希特（Bertolt Brecht，1898—1956），享有世界盛誉的当代著名德国戏剧理论家、剧作家，创立了"间离效果"的戏剧表演理论。《潘蒂拉老爷和他的男仆马狄》是他的剧作之一。——译者注

无疑问，母鼠的反应会和我一样。"

化学物质会对动物的心灵世界产生如此奇特的影响：**雄激素**会使雄性动物做出**母爱举动**。

接下来，教授把碎纸屑扔进笼中，公鼠马上用它们来扩建原来较为简陋的窝，它仔仔细细地铺展纸屑，然后，又把教授从别处移来的 5 只幼鼠安顿进去。只不过，它无法给孩子哺乳。

这些例子应该可以证明，原则上，动物界的母爱完全不像许多人所想的那样。

第四节　药物能改造坏父母吗？

有的人发自内心地希望拥有孩子，这样，他就能倾其一生地爱他，但是也有些人不想要小孩，可孩子却在某一天不请自来，那么，这孩子将不幸地忍受父母的冷漠。某些事物，诸如是否要孩子的意愿，是否要在一堆孩子中生活下去并为他们承担责任，以及与此紧密相连的伦理价值等，都在我们的生活中起着非常重要的作用。

动物则完全不同。实现养育自家孩子的期盼，仅仅是人类才有的动机。任何一只动物都不会在某个时候希望自己有个孩子！绝对没有一只动物知道交配与怀孕之间的联系。*

---

* 这种主张人类与非人动物有截然分明的**界限**的观点已证明是**不切实际**的。荷裔美国动物行为学家弗朗斯·德瓦尔（Frans De Waal），英国著名动物和人类行为学家德斯蒙德·莫利斯（Desmond Morris）等人都认为：**人类与非人动物**（在各方面）的**差异**（都）只是**程度上**的，不存在人类独有而其他动物全无的特性。参见：Frans De Waal, *Chimpanzee Politics: Power and Sex Among Apes* (Baltimore, MD: JHU Press, 2007); Frans De Waal, *Our Inner Ape* (New York: Riverhead Books, 2005); Desmond Morris, *The Naked Ape: A Zoologist's Study of the Human Animal* (New York: McGraw-Hill, 1967)。——主编注

但是，只要动物的孩子降临这个世界，那么，大自然就会使动物母亲释放巨大的身心力量来保护孩子。它们的全身被突如其来的快乐和完完全全的幸福感充满，就在它们为孩子无休止地忙碌、把自己的喜好和性欲摆到最后，甚至为孩子牺牲生命的时候。

相比这种直觉驱使的、无法驾驭的原始力量，诸如同情、仁爱、助人为乐等人类价值观应该被划入较高层次的道德范畴；但是从保护幼弱生命的效果来看，前者在很多方面值得重视。比如，动物并没有价值观，再者，一部分人道德信念不够坚定，承受不住长期的重负。

所以，在动物界，万物只信赖母爱等动物本性。

这不仅仅是形象化的说明，在现实中，造物主真的为动物预置了母爱行为模式，这一点能被上述激素实验中动物滑稽可笑的表现所证明。

于是，就有人冒出这样的想法：给缺少母爱的人注射点激素来人为增强。比如，通过这种手段把那些对孩子冷酷无情的妇女改造成尽心尽责的母亲。但是，原则上讲，这种想法是生活在城市中的人背离自然、没有根基的机械式理解的典型产物。通过人为手段干预自然万物，只会加剧弊病。

因此，我们不必为目前尚无改善方法而遗憾，因为我们人类母亲为产生育儿冲动所需的激素量极少，就像动物母亲不必为爱孩子而在分娩时打上一针一样。

母亲的机体产生激素、释放微量高效物质的诱因总是发生了对它来说重大的事情。初看起来，我们会觉得：它们像微量内分泌物一样微不足道，以致许多人认为它们无足轻重，甚至可以被忽略。

但是，它们能产生的精神力量却很可能强大无比。

决定一只动物成为慈母的关键时刻就在分娩后很短的时间内，不管它是牝马、母牛还是雌山羊，是雌鸡鼬、母狗还是雌羚羊，是狮子、大象还是海豹，是鼠、鲸、刺猬还是沙漠疣猪。母兽只要一**嗅到**刚从自己体内出来的那个东西的**气味**，内心马上就会产生强烈的愿望：要为这个小家伙清洁、哺乳，要保护它！为了它，可以不顾一切！

这简直令人难以置信：仅仅是鼻子充满了幼崽的气味，就足以把它与孩子牢牢地拴在一起，使它在一段时间内不愿与之分开。

如果在哺乳动物母亲嗅到气味之前，实验人员就把它的孩子取走，它就不会惦念没在身边的孩子。如果实验人员夺走它的孩子之后又让陌生的孩子取而代之，它在仔细辨别它们的气味后，就会把它们认作自己的孩子。它的母爱本性霎时觉醒，从此认定这个外来孩子就是自己要倾心照料的对象。

这就是母子休戚相关的真实感觉，其他诸如"血缘的呼唤"或什么神秘凝聚力等等的猜测只会混淆事实真相，我们还是尽快忘了吧。

整整 5 分钟的仔细嗅闻，就足以让一只刚产下幼崽的母山羊把任何一只从别处抱来的羊羔当作自己的骨肉，甚至包括一只 28 天大的羊羔；当然，更大一点的羊羔会被母羊识破骗局，并遭到它拒绝。但是，只要是比这小些的羊羔，那么，只需 5 分钟的嗅闻就足够建立母子情感纽带，而这种关系在此后历经数月都牢不可破。

经过认真细致的研究，杜克大学（位于美国北卡罗来纳州达勒姆）的动物学家 P. H. 克洛普弗（P. H. Klopfer）教授认为：有可能是在**分娩**过程中，确切地说，是在**宫颈扩张**的过程中，更多神经激素催产素被释放进血液，一方面刺激子宫肌肉并启动乳腺分泌乳汁，另一方面瞬间激活潜伏在下丘脑中的"预先编制"的母爱行为模式。

如此看来，**分娩时刻**无疑就是**母爱**天性的**启动**之时。

第五节　猛鸷化身为雏鸡母亲

先决条件在于，要找到能让母爱行为落到实处的事物。产后的母兽仿佛全身心都为接纳孩子而敞开着，这时要是谁刚好出现在它身边，谁就会被牢牢锁定为母爱的对象。

举个令人捧腹的例子：德国马克斯·普朗克行为生理学研究所的艾雷尼厄斯·艾尔-艾贝斯费尔特（Irenäus Eill-Eibesfeldt）教授把几只幼鼠放到正在产崽的鸡鼬下面，冒充它的孩子。这个年轻的母亲马上接纳了它们，尽管家鼠正是鸡鼬喜欢捕食的猎物，可它一样对它们呵护有加，直到 3 年后这些家鼠寿终正寝。

在德国曼海姆市附近的布尔施塔特小镇上，有家小型私人动物园里以前也发生过一件滑稽可笑的事，那儿有一只雌性欧亚鸶单独住一间鸟舍。到了春天，它有了孵卵的兴致，于是，它在巢中产下 3 枚蛋，并开始孵化。因为鸟舍中缺了雄鸶，未受精的蛋当然不可能孵出雏鸟，所以，动物园主人雅各布·鲁（Jakob Ruh）取走了它们，换了两枚受精鸡蛋放在它的肚子下面。

那么这只从小吃过无数麻雀和鸡的鹰科动物会马上认出破壳而出的雏鸡，把它们当作美餐吃掉吗？这个母亲根本没有往那方面想！鸡的天敌鸶居然成了自己美食的妈妈，尽心尽职地照顾雏鸡，而且，请注意它是只从未有过养育孩子经历的鸳，仅仅出于天性，就把自己孵出的动物一概当作亲生孩子，才不管它们长什么模样。

从这些不寻常的现象，我们可以认识到本质。正如鸡鼬和它的鼠孩子、欧亚鸳和它的雏鸡孩子的事例告诉我们的那样，动物母亲本身根本不知道自己的下一代必须具有怎样的外形。有专家说：它们没有与生俱来的本能的关于孩子外形的认知，这个认知能力必须经过学习才能获得。当然，它们生来具有粗略的认识：凡是由自己孵出或分娩后马上需要哺乳或喂养的动物就是自己的孩子。

此外，通过欧亚鸳的表现，我们还可以得出结论：母爱本能明显强于捕食欲。这的确有一定的意义！

雏鸡出壳以后，欧亚鸳甚至对继续以麻雀和小鸡为食有了顾虑，从此，它只吃牛肉和猪肉。它还把猪肉、牛肉撕成小块，送到雏鸡面前，而雏鸡则完全像幼鸳那样从它嘴里取食。这对于以谷类为生的吃素的小鸡来说，无疑是个惊人的转变！值得一提的是，这只欧亚鸳与这两只鸡成为一生的亲人。

在特定的前提条件下，作为替身的孩子还可能以更怪诞的面貌出现。奥地利维也纳的兽医费迪南德·布伦纳（Ferdinand Brunner）博士报道过一只看家护院的母狗，由于它受到不正确的对待，加上大城市生活的孤独，致使它退化到对发情期一无所知，所以它一直没有孩子。

有一天，它却开始表现出假怀孕的种种症状。碰巧的是，随后几天，牵狗的皮带正好放在它的窝里，从此这只母狗便自然而然地把皮带当成了自己的孩子。它一再小心翼翼地把这件没有生命的物品安顿在窝里，温柔地把皮带舔舐干净，衔在嘴里散步，它还牢牢看护着这件可笑的东西，敌视并凶狠地威胁靠近皮带的一切，以至主人可以接近母狗，却不敢触碰一下皮带。有时母狗就带着皮带躺在马路上，连汽车驶近也不避让。

一个"玩具娃娃"性质的没有生命的物体竟被动物母亲当作孩子接纳，可以算是一个极其罕见的特例，而这只能以这只母狗失去常态来解释。一般情况下，要让母亲与孩子真正建立起情感纽带，有一点是绝对必要的：小家伙会对母亲的接近做出反应，会依偎在母亲身边，要求吃奶；如幼雏是鸟，那么雏鸟会张大小嘴，叽叽喳喳叫个不停。

这就是为什么几乎总是只有生命体才会被认作孩子，而且，这也解释了本章开头描述的现象：白耳狨为何片刻之后就放下胞衣，转身走向了自己真正的孩子。

第六节　在本能的奇妙世界里

动物的母爱之火充分燃烧绝不意味着这个母亲能立即胜任所有的繁重任务（关于这些任务后文将做具体阐述）。因此，必须防止年轻妇女初为人母时就遭遇噩梦般的经历。同样地，对于动物来说，需要完成的一大堆工作太复杂了，以至于它们单凭一种本能无法胜任。因此，为了能让它们至少在正常情况下始终恰当地处理事情，动物母亲身上还需要具备其他同样神奇的东西。

有一个诀窍最能让我们看清这个魔幻世界。只要研究人员设计一些不寻常的情景，那些我们司空见惯的现象就会显现出它们背后的真相。令人啧啧称奇的现象归根结底出自造化之手。

这个实验叫"一只鸡鼬袭击火鸡母亲身边的小火鸡"。不过，这里的"鸡鼬"只是一个底下安装了轮子的标本，研究人员只要牵动绳子，就能让它移动。移动的标本鸡鼬把那只真正的小火鸡吓得连连尖叫，这时，火鸡母亲直扑敌人，展开反击。而一般情况下，鸡鼬有能力把雏火鸡连同母火鸡一同咬死。

在我们人类看来，母亲为保护孩子不顾个人安危的表现是世界上最自然不过的事，可能没有人会抱有与之相反的想法：比如，母亲害死自己的孩子而去讨好鸡鼬。然而，这样的事在不同寻常的情形下发生了。当时，在马克斯·普朗克研究所工作的沃尔夫冈·M.施莱德（Wolfgang M. Schleidt）教授做了如下实验：

他在离火鸡母亲10米远的地方摆上鸡鼬标本和一只真正的小火鸡，并做了二者声音的调换。具体方法是，教授在鸡鼬标本肚子里安装了一个微型扩音器，在操纵鸡鼬标本攻击时不放任何声音，之后则不停地播放录制好的小火鸡叽叽喳喳的惊叫，而一旁真正的小火鸡因为嘴被胶带封住而一声不响。

这时极其荒唐的事情发生了：火鸡母亲勃然大怒，冲向自己的孩子，试图啄死它。要不是研究人员及时出手，它险些得逞了。接着，它把鸡鼬标本——自己不共戴天的敌人——一把搂到翅膀下，一边还疼爱地"咯咯"叫着。

只有通过这种匪夷所思的情景，我们才可以得出结论：火鸡其实根本就不认识出生没几天的孩子，它疼爱那些小家伙并不是因为知道它们是自己的孩子，也不是因为它们有小火鸡的外形，而仅仅是因为它们发出"叽叽"的叫声。它救孩子的行为也不是因为看到小火鸡处于危急状态（我们所理解的合理原因），而仅仅是由一个声音信号而触发的。

反之亦然，假如寻求保护的小火鸡发不出声，那么，火鸡母亲就会把它当作威胁孩子的敌人。因为鸡鼬像小火鸡那样叽叽叫，它反倒把这只大怪物当成自己孩子，给予慈母般的照料。这种事的确荒唐，就好比只要狮子肚里发出婴儿的啼哭声，人类母亲就会将自己的孩子与一头成年狮子相混淆。

所有这些都让我们对这种本能现象、对与人类差异甚大的动物们在这个世界上的生活方式产生了一些根本性的认识。

第七节　杀害冒死救出的孩子

尽管母爱在许多动物母亲身上被唤醒后，它们会爱得热烈而又真诚，但值得注意的是，它们并不真正懂得如何照顾孩子。在幼崽出生的头几天里，动物母亲们不是凭完整的"个性"来辨认孩子，而只是通过识别某个"证明"信号，完全基于本能地认出自家孩子。这个信号可能是一种声音（如雏鸟的叽喳叫声），也可能是特定的视觉、嗅觉或触觉信息。

这样一种"盲目"的母爱出现在所有这类的动物身上：它们一窝同时孵化或一胎同时产下好几个孩子。而在生单胎的动物如斑马、马、绵羊等中，母亲嗅过幼崽气味一次后便能立即辨认出它们。

在所有多子女的家庭里，自然做出了这样的安排：只需一个独特而简单的信号——把孩子的复杂形象抽象成一种简单的信号——就能激发母亲救援孩子的行为。在正常情况下，这种本能都能正确地指导动物母亲怎样行动，但倘若某个偶然因素（如某位教授）干扰了信号，那么，动物的母爱就会陷入走不出的迷宫之中。

人类用此类奇特的实验得到了如此具有划时代意义的发现！只有通过对异常情况的考察和研究，我们才能认识到"寻常之物"的真实本性。

鉴于其非凡的意义，这儿不能不提到由诺贝尔奖获得者康拉德·洛伦茨（Konrad Lorenz）教授所做的著名的疣鼻栖鸭实验。当一只母疣鼻栖鸭领着它的一群孩子摇摇摆摆地经过这位研究者时，他突然伸手抓住旁边一只另类的小鸭——一只绿头鸭，这只小鸭自然发出阵阵尖叫，疣鼻栖鸭母亲听到呼救声，一下子变得十分恼怒，嘎嘎叫着朝他扑来，扑棱着翅膀击打他，并迅速张嘴咬住小鸭，把它从教授手里夺了下来，然后立即把救下的孩子带离危险之处。

得救的小绿头鸭现在试图靠近疣鼻栖鸭的小鸭群，这时，那位母亲的行为瞬间改变，对这只自己刚才拼命救下的小鸭进行猛烈攻击。这下，小鸭又得感激教授及时出手相救了。

该如何解释疣鼻栖鸭的这一系列互相矛盾的行为呢？

一开始，它对异种小鸭发出的呼救做出反应，是因为这只小鸭发出的声音与它自己的孩子的声音相似到极易混淆。然而，因为绿头鸭的羽毛颜色与疣鼻栖鸭的不同，在仅仅几秒钟后，它就认出了这个不速之客，并判断它是敌人。因为视觉信号与听觉信号相互冲突，于是，这位母亲的行为就在两个极端之间转换了。

在调换丽鱼幼鱼的实验中也出现了类似的闹剧。丽鱼属于比较罕见的一夫一妻制的鱼类，丽鱼夫妇一起守护鱼卵，一起保卫幼鱼。在这个过程中，若出现错误，就可能导致一场悲剧。

花斑腹丽鱼幼鱼在成长过程中要更换三套色彩差别很大的未成

温暖的巢穴：动物们如何经营家庭

年"服装"，好比婴儿服、童装及少年装。一位研究人员从别家取来一条稍大点的幼鱼，送给一对尽心尽责的丽鱼父母，把它混进了一群近 40 个的丽鱼宝贝中。丽鱼父亲目光敏锐，一下子通过服饰的差异认出了这个外来者，决定把它吃掉。

然而，刚把幼鱼吞到喉咙口，他的味觉便马上发出了警报："注意！同类孩子在口中！"丽鱼父亲立即把它吐出，外来的幼鱼顿时安然无恙，犹如"约拿在鱼腹中"*一样。可是，这个孩子刚被吐出，又立即被丽鱼父亲的眼睛看到，视觉信号又告知它发现了一个敌人，于是，那条花斑腹丽鱼又一口把幼鱼吞进去，又再次把它吐出……就这样，它不停地吞吞吐吐，至少重复了上百次。

这个名副其实的死循环一直要到幼鱼不慎被丽鱼父亲的牙齿刮伤流血，才会被打破；这时，抑制吞咬的机制就会失灵，别家的幼鱼最终消失在了丽鱼父亲的胃中。

与疣鼻栖鸭一样，花斑腹丽鱼父母的行为也是由类似的直觉指引着；只是在这儿，起作用的是视觉和味觉。一旦这两种信号相互矛盾，动物父母就无法从父爱或母爱本能和攻杀敌人的本能同时起作用的混乱中理出头绪，它们就会被搅得晕头转向。

第八节　四声啼哭挽救生命

在救助孩子时，即便像家猫这样聪明的动物也表现得不那么理智。请允许我们以极低的人类的道德和理性标准来衡量猫（也包括

---

* 出自《圣经》，约拿被水手扔进大海以镇住风浪，一条大鱼将他吞入腹中，三天后把他吐回了陆地。——译者注

其他普通动物），讲述一只母猫和一窝刚出生的幼崽发生在窝边的故事。

保罗·莱豪森（Paul Leyhausen）教授是位于德国伍珀塔尔市的马克斯·普朗克行为生理学研究所的一个工作小组的组长。他观察到下列情况：母亲给孩子哺乳后慢慢离开窝，其中有一只小猫比别的兄弟姐妹吃奶时间长些，它咬着乳头没放。于是，这只小猫就被母猫拽着离开了窝，在被拖了一小段距离后，小猫掉在了地上，母猫任由它孤零零地躺在那儿。

一开始，这个被丢弃的小家伙试着靠自己找回家，尽管刚出生不久的它眼睛还看不见，它还是探着小脑袋来回摸索、寻找，浑身颤抖着慢慢向前爬行。行动时，它只有一条腿在滑动，于是，它爬出了一条螺旋状的线路。尽管大致上朝着窝的方向，可是因为地面不平整，它有时会被引向弯路。最终，它无助地躺在地上。而这时，母猫早就回到了家，为那小猫的一窝同胞保暖。

看到这种情形，我们若用人性化的判断就会期待母猫有如下举动：它看见面前的孩子处境可怜、束手无策，顿时心生怜悯，接小猫回家。可事实上，这样的事根本没有发生，母猫既不挪身，也不出声，仿佛它根本不担心那未开眼的孩子会有被冻死的危险。

这时，特别的事发生了：那只孤苦伶仃的小可怜短促地叫了一声，与此同时，母猫有所察觉，但它依旧躺着没挪窝。

小猫发出第二声叫唤时，母猫蹲坐起来，然后标本一般地维持这个姿势一动不动，仿佛刚才只是被一只无形的滑轮往上拎了一点，现在又停顿下来。

小猫第三次呼叫时，母猫好像有点不情愿地把身体往上耸了耸，但四肢微屈的姿势仍旧保持不变。

直到孩子发出第四次叫唤，它才出动，慢吞吞地朝小猫挪去，终于勉为其难地把孩子领回家。

在这个案例中，母猫逐步释放救助孩子的本能，给我们留下了深刻印象。与之相比，再没有什么别的超越理智的力量能控制动物母亲。这一点，我们必须清清楚楚地说明，以免在比较动物和人类的母爱行为时犯下严重错误。

对于猫来说，唯有孩子的求救声才能唤起母亲的营救本能，而且呼救的"电话铃声"还要响四次才行——这时，母爱本能才能强烈地爆发出来，母猫除了施救别无他法。

大自然就是以这种看似机械的本能反应，来让自己创造的万物做出人类一般的举动，以免孩子丧失性命，因为它们不像人类赋予爱护孩子以道德层面的义务、理解和认识。代替理智的是一些让我们感到不可思议的力量，这种力量所推动的行为则可称为"类道德行为"。

我们怎样才能清楚地认识这种"奇迹"？

这就是本能行为的实质：外部刺激（小猫的叫唤）诱发母亲身上对这种原始力量的体验，这种原始力量会燃起内心强烈的渴望，要求动物顺从这种（对内驱力的）内迫感，直到既定目标（把孩子带回家）实现，这种强烈的渴望才会熄灭。也就是说，本能是通过产生特定感觉来引导行动的。一种感觉的出现甚至可以准确无误地预示着某个本能正在操纵着某个动物。

由此，我们跨进了一个我们人类不再陌生的领域。

第二章

救生员，役畜，殉难者

母爱的英勇行为

第一节　斑马撕咬狮子

当事关自己孩子的时候，斑马母亲甚至能够与一头狮子拼杀。这件事发生于 1973 年，在东非恩戈罗恩戈罗火山口附近的一个自然保护区内。

4 辆越野车载着游客驶向一群斑马，在距离目标约 800 米时，灌木丛中跃出一头母狮，利用汽车当作掩护，向猎物靠近。这不愧为适应现代社会的狩猎战术。等汽车挨近这群斑马时，狮子向这群毫无防备的斑马发起突袭，咬死了一匹小斑马。

其余的斑马纷纷逃窜，但是，那小斑马的母亲则刚跑出几米就重新转过身，冲向狮子，死死咬住后者的喉咙，将它摔倒在地，然后，就像图片记录的那样，斑马母亲压在狮子身上。足足 20 秒钟后，母狮挣脱出来，斑马母亲这才带伤跑回斑马群中。它狂怒地实施了成功的报复。

还有一首根据真实事件谱写的歌曲，讲述了一对生活在罗马尼亚某村庄的白鹳父母的故事。

这天，茅草屋起火，屋顶上恰恰住着这对白鹳和三只雏鹳。令人窒息的烟雾弥漫窠巢时，它们轮流守在窠巢旁边。起初，它们展开翅膀，遮盖在雏鹳上方，抵挡炽热和飞溅的火星；接下来，火焰蔓延得更近，它们依然没有抛弃那些不会飞的孩子。

目前尚不确定它们后来的行为是偶然为之还是有意识的：这对交替守护孩子的白鹳先穿过消防车射出的水柱，浑身湿透后再回到窠巢上面，它们扑打翅膀，不仅给雏鹳带去新鲜空气，同时也冲淋着孩子的摇篮。就这样，它们顽强坚持，直到火被扑灭。白鹳父母很可能宁愿自己被烧死也不愿孩子发生不测。

网纹长颈鹿母亲在保卫孩子时，甚至会向狮子发起攻击，使出踢腿招式把它踹出 5 米之外。同样，在危险情况下，家鼠母亲会发出尖锐刺耳的叫声，自杀式地扑向牧羊犬；海豚母亲会疯狂地冲撞一头鲨鱼，直到自己骨骼尽数折断而死、沉入水下；凤头麦鸡母亲会发疯似的尖叫、扑打翅膀，试图阻止一整群羊经过草地时踏到它筑在地上的巢。欧洲野兔母亲可向上腾跃 1.5 米，用后腿猛蹬来犯的鸢；帝企鹅在暴雪严寒中，在南极长达 252 天的黑沉沉极夜里，一连数周不吃不喝，一心只为后代健康成长；海豹母亲为哺育、照料孩子，短短几周内体重锐减约 91 千克，瘦成皮包骨头……类似的例子数不胜数！所有这些大自然的创造物，它们原本都是极端的利己主义者，然而，它们的行动却服从一种我们称为母爱的更崇高的维护生命的力量。

你知道一个野猪母亲（带着孩子的雌性野猪）能跳多高吗？当它那群不足 1 岁的小野猪钻过篱笆时，它能屡创"运动"最高纪录。当然，一开始它会尝试绕过篱笆，一旦行不通，而它又无论如何必须守在孩子身边，这种情形就会促使它创造出最好成绩：一头 300千克重的野猪可以立定跳到 1.1 米高，这数据绝对真实可靠。

在我们这儿散步的每个人都有可能陷入和狮子遭有蹄类动物攻击相当的境地。假如他出于疏忽，或是因为好奇，而过于接近天鹅的巢或它们的孩子，那么，疣鼻天鹅父亲就会像一名拼尽全力也跑不动了的运动员一样摇摆而来，嘴里像毒蛇般地嘶嘶作响。奉劝各位最好认真对待这一警告，否则，天鹅会用嘴死死咬住你的裤子，然后用翅膀使劲拍打。天鹅保护孩子时，其强壮的肌肉能产生很大力量，它的一次"扇击"可以打断人类儿童的腿和小型犬的脊柱。

白腰杓鹬的巢筑在地面上，当遇到"大个头"扰乱分子企图在巢边制造麻烦时，白腰杓鹬会以正儿八经的"大卫对战歌利亚的绝招"*上前应战。在德国梅克伦堡市，这一不时出现的巨鸟就是大鸨，这种鸟比保卫家园的白腰杓鹬足足大 36 倍，这两种鸟之间的差别相当于人和大象的差别。尽管如此，白腰杓鹬母亲并没有被吓倒，它绕着大鸨打转，伸出足有 15 厘米长的喙，精准地朝着大鸨屁股上那个黑洞直刺进去，于是，战斗取得大捷。

正像这样，很多动物母亲都拥有独特的智慧和难以想象的牺牲精神。平时给人肥胖、迟钝印象的海象在关键时刻也会有令人惊讶的表现，正如丹麦极地科考员阿尔温·佩德森（Alwin Pederson）所描述的：

> 在阿拉斯加与西伯利亚之间的白令海中，坚固的冰层逐渐向浮冰过渡。一头北极熊不是饥饿难耐就是绝对缺乏经验，它悄悄接近一只看似孤零零躺在一大块浮冰边缘的幼海象。北极熊刚抓到幼海象，后者就大声呼救。就几秒钟，水中跳出 20 头

---

* 　出自《圣经》，非利士巨人歌利亚被少年大卫用石头打死。——译者注

个个重达 1.5 吨的庞然大物，纷纷扑向北极熊，北极熊慌忙逃入水中。而在水下，这些大家伙才真正占据绝对优势，长达 75 厘米的海象獠牙从四面八方刺向北极熊。

与此同时，母亲把严重受伤的孩子夹在前肢间，带入水中，开始进行抢救。在动物中，它的救助方式以往只在海豚身上被观察到过。

母亲先让孩子躺在自己的脖颈上，保持小海象头部露出水面，这样它就可以呼吸，但以同样的方式救助受伤的成年公海象就没那么容易了。为此，又有 4 头海象立刻赶来充当担架员，另有海象担任哨兵。在这座"野战医院"周围，不断有海象赶来接替施救的"白衣天使"。就这样，海象群几乎一连数天没有休息，坚守在冰面上，直到所有伤者——幼海象和成年海象都能凭借自己的力量游动。一个典型的救助孩子的举动发展成了成年海象群中的一场互助行动。

在这里，我们可清楚地看到成年动物群体中利他性社会行为的源头。在所有无私行为、为了集体而放弃个体利益的事例中，我们所观察到的一切都有它的起源：为了自己的孩子，全心全意照顾幼崽的动物父母可以牺牲自我。由此，毫无疑问，**母爱行为是一切较高层次的社会行为的源头**。

第二节　给护犊欲"换挡"

不管是卵生的昆虫、鱼类、两栖动物还是爬行动物，不管是鸟类还是哺乳动物，不管在撒哈拉沙漠的炎炎烈日下还是在北极地区的极夜里，原始的本能力量总能让照顾幼崽的母亲立即做出正确反应。有些动物的母爱本能在一夜之间或短短几分钟内就可被激发，有些动物的则需要慢慢地逐步苏醒。因此，有个问题显得十分有意义：母爱的"英雄形象"什么时候会在动物母亲身上表现？什么时候不表现？为什么？有个实验能告诉我们这一切：

美国南极研究人员 E. B. 斯珀尔（E. B. Spurr）博士曾在阿德利企鹅中测试父母保卫雏鸟、抵抗敌人的决心。对手当然还是由一只企鹅标本充当，研究人员把它固定在车架上，连上一根 3 米长的棍子，然后，让它慢慢地来回移动。在岸上时，阿德利企鹅的视力欠佳，所以，它们就把这只逼真的仿造物当成了真企鹅，并以为它正要入侵自己哺育孩子的营地。阿德利企鹅怒不可遏，使出连续不断的喙击这一撒手锏；结果，那个假冒的企鹅狼狈地连连遭到家园保护者的"耳光"。

在用石子筑好巢后，雌企鹅便开始以每分钟 5 次的频率喙击那个木头假想敌。雄企鹅从一开始攻击性就要强许多，每分钟可进攻 20 次。在产下一枚蛋后，雌企鹅们的战斗决心陡然增强，而父亲们的战斗力则增加不多：两者会在一分钟内分别对木制企鹅攻击 25 次。在产下第二枚蛋后，它们的保护意识再次增强，攻击频率都提高到了每分钟 50 次，几乎每秒钟喙击一下。当小家伙们钻出蛋壳时，父母捍卫家园的行动堪比神话中的狂暴武士[*]：两者的喙击频率都可达到

---

[*] 狂暴武士，指在中世纪前和中世纪的北欧、日耳曼历史与民间传说中，崇拜奥丁并在王室和贵族身边当卫士和打手的武士，常常在出没的社群中恣意烧杀抢掠，他们骁勇善战，常身披兽皮，促成欧洲狼人传说的发展。——译者注

每分钟 80 次。

上述数据都是平均值，具体到个体时则表现不一。有时，企鹅母亲保护雏鸟的表现比企鹅父亲强很多，而有时父亲会更厉害些。这时，个体因素在行为多样化上就得到了一定的体现。

因此，我们不得不产生这种想法：在动物界，似乎有一种"变速器"控制着母爱的强度等级。

银鸥同样如此，母爱强度也随着孵化重要性的增加而逐渐提高。刚开始时，它表现出令人费解的迟钝：虽然雌银鸥每次回巢时都不会出差错，能在沙丘中认出自己筑巢之处，但它完全不知道自己生的蛋是什么模样，甚至伏在蛋上孵了数天，依然弄不清楚。

诺贝尔奖获得者、英国牛津大学的尼科·廷伯根（Niko Tinbergen）教授曾做过这样的实验：他把大量银鸥蛋拿走，换上一些稀奇古怪的东西，甚至把一些有棱角的木制积木放入巢中，而银鸥照旧不知疲倦地伏在上面孵化。

有一次，他让银鸥在其筑巢的沙丘中做出选择：一边是真蛋和它的巢，旁边紧挨着巢的地方有一个沙坑，里面放着一只鸵鸟蛋大小的木头巨蛋。银鸥毫不犹豫，选择了那只绝对反常的巨蛋。为了孵化这么个大家伙，它得先费力爬上这座"蛋山"；攀爬时，它不是滑到左边，就是滑向右边。尽管如此，它也不轻言放弃，而真正属于它的一窝蛋就在眼前，可它就是视而不见。

其实，对那些完全依靠本能的动物来说，这并不是个罕见现象。假如引起孵化行为的只是些信号，那么，在一些反常状况下就有可能产生其刺激效果比正常情况下强烈得多的信号，这种刺激就叫"超常刺激"。

人类也屈从于这种现象，比如画报封面上女性硕大的胸脯就属于超常刺激，它能诱惑行人掏钱买下杂志。

因此，正常信号不是总能稳定地发挥作用，超常信号则往往会制造严重混乱。

第三节　可怕的"圣巴托罗缪之夜"*

海鸥随时都有遭遇敌人的危险，尤其是在漆黑的夜晚。赤狐们会在集体孵化的鸟群中四处作案，制造血腥的"圣巴托罗缪之夜"。当海鸥伏在一窝蛋上孵蛋时，黑暗中什么都看不见，强盗赤狐却能凭借灵敏的鼻子辨认方向，大开杀戒，一个小时内就可咬死多达 35只海鸥，远远超过它肚皮的容量。

为此，廷伯根的同事汉斯·克鲁克（Hans Krunk）博士研究发现：只要夜里天色黑到狐狸潜入无法被及时发现的程度，所有正在孵蛋的红嘴鸥便会离开自己的窝，在飞行中度过剩余的黑夜，直到黎明来临。

就这样，海鸥们把全部的蛋留给狐狸，这使得狐狸不仅能大快朵颐，还可以把吃不完的蛋藏起来，以备日后缺粮时用。这时的海鸥似乎在安慰自己："宁愿明天再补生一枚，也比今夜为了保卫区区一枚蛋而丢了性命要强。"

雏鸥出壳前两天是特别关键的时期。这时候，雌鸥短短 10 分钟的离开都会是致命的，蛋中的小生命会被活活冻死。如果海鸥母

---

* 圣巴托罗缪之夜是发生在 1572 年 8 月 23 日夜至次日凌晨的惨案。法国天主教徒在巴黎屠杀胡格诺派（新教）信徒，因 24 日为圣巴托罗缪（Saint-Barthélemy）节，故名。——译者注

亲在这两夜向恐惧投降，那么，没有一个孩子能够存活下来。因此，在不见一丝月光的黑夜中，它们尽管惶惶不安，却仍坚持伏在巢中。

第二天清晨，尼科·廷伯根和汉斯·克鲁克目睹了前夜屠杀后的惨状：仅仅一个夜晚，至少230只孵蛋的红嘴鸥被8只狐狸咬死，尸骨被丢弃在一边。

然而，曙光微露时，奇迹出现了，海鸥父亲们飞回来，就落在鸟巢边它们死去的伴侣身旁，它们继续孵化那些幸免于难的蛋。几个小时过后，就有雏鸟破壳而出，从此它们就依靠父亲照顾、喂养，死去的母亲总算没有白白牺牲。

这里还有一个问题需要弄清：雏鸥出壳前的最后两个夜晚，是什么让海鸥母亲孵卵的决心大大增强，以至于不惜牺牲自己的生命？肯定不是因为它们理解了自己行为与结果的必然联系。实际情况是，在出壳前两天，蛋里的小家伙就已经能发出柔弱的叫声，正是这些声音让母亲的孵化欲得到惊人的增强，它们宁愿牺牲自己也不愿舍弃孩子。

在楼燕身上，我们也观察到了相似的视死如归的精神。有一天，一位女读者打来电话，说她家中正在孵蛋的楼燕忽然间变得"温顺"起来，伏在窝里允许她抚摸。殊不知，这只小鸟对伸向它的手是多么恐惧，只是离楼燕雏鸟破壳只剩两天了，被孵化欲操控的它，意志力空前增强，这阻止了它的逃离。如果这位女士知晓这一点，她就一定不会再以这样的方式向它表达友好之情了。

有一点倒是值得注意：与阿德利企鹅不同的是，海鸥父母的英勇气概随雏鸥的出生又减弱了。假如接下来的夜晚仍然乌云密布、伸手不见五指，海鸥父母们又会把雏鸥孤零零地留在窝里，尽管此时它们的叽叽叫声比一天前在蛋中响亮得多。难道，它们对已出壳的孩子的爱还不如对未孵化的蛋的爱？

显然，这是大自然的安排。离开那些对寒冷极其敏感的蛋，可能就意味着正处于这个阶段的所有后代的死亡，由此造成的巨大的生命损失将导致种群灭绝，所以必须不惜一切代价予以避免。至于雏鸟，虽然它们中的很多确实会被狐狸伤害，但总的来看，也只占了群体的一小部分。因此，造物主通过先增强、继而减弱母性的调节方式，使得种群在其不同发展阶段，始终能在父母辈和后代各自的生存价值之间实现最理想的平衡。

由此可见，动物中的父母之爱也有助于维持种群的繁衍。

有时出现的事情的确与人类对动物行为的想象背道而驰。以下的记录展现了这一点：

德国石勒苏益格-荷尔斯泰因州西海岸的北罗克岛是鸟类的家园。每年的 5 月份，超过 2 000 对银鸥在这里孵化，波涛拍岸发出的轰鸣声会被成千上万银鸥的合唱淹没。乍一看，这里的一切似乎再正常不过。

然而，有这样一片区域，地上的鸟窝如同被施了魔法，几乎所有破壳的雏鸟都残疾了，不是少条腿，就是缺了只翅膀，小脑袋耷拉在畸形的身体一旁。

难道有人给鸟喂了"康特甘"*？当然不是。原来，有鸟类看护员出于好心，为了帮银鸥解除育雏的辛苦，用把针戳进蛋壳的办法来杀死里面的胚胎。但是，从蛋壳外面无法知道胚胎的发育情况，

---

* 康特甘（Contergan）亦称沙利度胺，一种镇静剂，孕妇服用此药可致胎儿畸形。——译者注

如果它们还很小，那么，扎进的针往往杀不死胚胎，而只是对某些器官造成了伤害。

这种令人震惊的现象却直到雏鸟出壳后才展现出来。一直以来，自然界被公认为通行弱肉强食法则，"不值得生存的生命"会被健康的同类无情淘汰。海鸥父母们的行为却证明这种观点是多么荒谬，因为实际上，孩子的残疾越严重，就越能得到父母忘我的照料。当鸥群中健康的小海鸥已经学会展翅飞翔离开父母时，那些没有飞行能力的残疾海鸥，体形已和父母一般大小，却依然要靠父母喂食和保暖！

在目睹了这些可怕的事实后，鸟类保护者们立即停止了用针扎蛋、使劲摇晃蛋等行为。

毋庸置疑，**父母加倍呵护残疾儿**，起因已不同于最初雏鸟的啼叫或其他激发本能的信号，而是由于目睹了小生命的无助——从这一点上看，动物父母的行为已向着同情弱者的人道现象迈近了一步。

类似的现象也在一只雕鸮雏鸟身上得到了科学验证。因为双侧翅膀关节僵硬无法飞行，它得到了父母超出通常哺育时间一个月的喂养。

第四节 母亲值得为护幼而牺牲生命吗?

近来，行为学研究领域流行用商学中的"收益成本核算"模式来解释母子情的强度，其要点是：动物母亲为自己的孩子只做适度牺牲，以使自己的基因能最大程度地延续下去。

有些特殊例子可能与这种说法相符合。雌章鱼在短短一生中只有一次生育后代的机会，为此，即使冒着生命危险，它也要竭力保卫自己的卵。因为一旦失去它们，它的一生就变得毫无意义。因此，它不惜与敌人殊死搏斗，虽然这么做为后代赢得的仅仅是一次小小的出生机会。此外，小章鱼只要钻出卵，便无须母亲的照料就能生存。所以，孩子出生之时注定是章鱼母亲的寿终之日。那么，它提前几天牺牲自己，也就无足轻重了。

而对于长达 3 米的翻车鲀来说，情况则截然相反。一条雌翻车鲀在产卵高峰期可产下多达 3 亿颗鱼卵，自然，为了保卫区区一颗卵与凶猛鱼类搏斗甚至付出生命的代价，就毫无意义了。

出于这个原因，包括翻车鲀在内的可大量产卵的鱼类丝毫不懂得母爱，它们在产下以天文数字计的鱼卵后就消失得无影无踪。不过在这种情况下，数亿颗卵中的绝大多数都会成为其他动物的食物，没有多少能幸免于难。动物的产卵量正好与父母为提供保护和照顾而付出的努力成反比。

现在有必要从另一个角度再谈一谈影响母爱强度的因素。

在德国北海堤岸前方的低洼草地上，一只出生已有些日子的羊羔可怜巴巴地咩咩叫着。一大群羊中，它和母亲走散了，现在它觉得自己被整个世界抛弃了。而母亲距离它早已超过 1 000 米，似乎一点也不关心自己的孩子。

终于，在大约一个小时后，这位母亲似乎竖起耳朵分辨着，难道它听到了远处羊羔的呼唤吗？接着，它开始朝自己的孩子奋力奔跑，甚至有时撞倒了前面站立的同伴，几乎穿越了整个羊群。我连忙取出摄像机，以为自己即将见证一对母子重逢时的悲喜交加。然而，我所期待的一切都没有发生。母羊冷静地停下脚步，将乳房朝向羊羔的头，而羊羔则程式化地屈下前腿，就着乳头开怀畅饮。即便这样，不也是一种值得注意的母爱表达吗？

这一切可以如此解释：即便母羊心中对孩子的爱强烈到为孩子甘愿把自己送入狼口，可那毫无意义，因为没有母亲陪伴的羊羔不会被同群中的其他母羊收养，只能成为孤儿。可以说，母羊的自我牺牲对孩子的存活毫无价值，所以，绵羊体现出来的母爱强度相对弱一些，且在羊羔几周大后几乎降至零。

因此，大自然以另一种方式使稍大的羊羔还能定时吃到母乳：母羊的乳房胀痛，逼迫它给自己的孩子喂奶以减轻疼痛，这是母爱的一种替代方式。

上述例子都围绕着"收益成本核算"原则，计算牺牲生命是否值得，但除去两种极端，中间的大部分区域并非总是如此，如果这种核算真的如某些动物学家所坚持的那样，是条自然法则，那么，我们就应该能得出如下推论：母斑马的繁殖期平均有 10 年，每年能产下一头驹子，假如一头母斑马为第一只小斑马牺牲了自己的生命，那么，后面 9 个可能的孩子就得不到出生机会，所以，它就不会为了一个孩子去冒生命危险。

然而，前面提到的斑马母亲就是为了替孩子报仇而掀翻狮子，并撕咬后者的喉咙，这个例子足以反驳上述荒谬的理论。

同时，可以确定的是，不可能每头母斑马都能表现得如此"英勇无畏"，这样的英雄气概只会出现在少数动物身上。可见，尽管母爱受制于本能，但也不是能单凭数学公式、按纯粹的"收益成本核算"模式就能够计算出来的。母爱本能在释放巨大的精神力量时根本就不计较值得与否。

温暖的巢穴：动物们如何经营家庭

第五节　鱼被鸟收养为子

当一个动物母爱爆发而自己的孩子不见踪影时，母爱就会突破一切理性所设置的界限。哈根贝克斯所讲述的克拉拉的事例就证明了这一点，克拉拉是德国汉堡施泰林根区的一家动物园里的一只来自印度尼西亚婆罗洲的雌性红毛猿*。

多年前，由动物园饲养员抚养类人猿幼崽长大的做法还被视为进步。给克拉拉注射了安眠药后，饲养员抱走了它几天大的孩子。克拉拉苏醒过来，陷入了彻底的绝望。这时，碰巧有只四处游荡的猫在克拉拉所在笼子的围栏前坐下。克拉拉马上攀着横杆过来，把前爪伸过栅栏，充满爱意地把猫从头到尾抚摸了一番。

这只猫也一定立刻感受到那份发自心底的爱，从此，它每天都来看望克拉拉，一待就是好几个小时，享受克拉拉轻轻地挠痒与抚摩，就这样，转眼过了好几周。

可惜后来这种奇特的母亲与养子关系突然终结。有一天，这只

---

*　在汉语中，四种大猿的西方语言（以英语为例）名称 orangutan、chimpanzee、bonobo、gorilla 迄今分别被通译为猩猩、黑猩猩、倭黑猩猩、大猩猩。由于这些名称过于相似，汉语界缺乏专业知识的普通大众乃至大多数知识分子都搞不清它们之间的区别，因而经常将这些词当作同义词随意混用或乱用，给相关的语言交流和知识传播带来很大的不便与困扰。为了解决这一困扰华人已久的问题，经长期考虑，主编赵芊里提出一套大猿的新译名：一、将 chimpanzee 音意兼顾地译为青潘猿；其中，"猿"是人科动物通用名，"青潘"是对"chimpanzee"一词前两个音节的音译，也兼有意译性，因为"潘"恰好是这种猿在人科之中的属名，而"青"在指称"黑"［如"青丝（黑头发）""青眼（黑眼珠）"中的"青"］的意义上也具有对这种猿的皮毛之黑色特征的意译效果。二、将 bonobo 意译为祖潘猿，因为这种猿的刚果本地语名称"bonobo"意为人类"祖先"，而这种猿也是潘属三猿之一，是青潘猿和（可称"稀毛猿"的）人类的兄弟姐妹动物，而且是潘属三猿之共祖的最相似者。三、将 gorilla 意译为高壮猿，因为这种猿是现存猿类中身材最高大粗壮的。四、将 orangutan 译为红毛猿，因为这种猿是唯一体毛为棕红或暗红的猿，红毛是这种猿与其他猿的最明显的区别。本书此后出现大猿名称时都按此翻译，不再说明。——主编注

猫竭尽全力,终于成功突破阻碍它们母子相亲相爱的栅栏,没等它完全站稳,那红毛猿母亲已经伸出手,真诚地把这个"另类"继子搂进怀里。那只猫几乎透不过气来,可不管它怎么喵喵直叫,四肢又踢又蹬,母红毛猿就是不肯松手。直到两天后,饿坏了的猫终于挣脱了母红毛猿的怀抱。不用说,这场母子游戏就此结束,成为历史。

因此,动物的母爱可以是这样的:时而表现出高度的牺牲精神,时而也会极度丧失理智,甚至会出现滑稽的一幕——(正如前文提到的例子)一个失去了孩子的母鹿会一心要照顾一只野兔。

在生活在南极周边的帝企鹅群中,母亲会因强烈思念失去的孩子而做出过分举动,这甚至会极大地威胁到其他雏企鹅的生命。

如果有只企鹅母亲不幸失去了孩子,它会不顾一切,去偷别人的孩子,好让自己重新获得给予雏企鹅母爱的机会。如果它没被发现就成功地盗走了孩子,那么对孩子来说,一切还算不错,但实际情况很少这样。在多数情况下,偷窃者会被当场抓获,随之,两位母亲间将爆发一场激烈的斗争,它们狂怒地相互拍打、啄击,而被争夺的对象——那个无辜的孩子则会被踩死。每年都会有许多雏企鹅因为危险的母爱泛滥而失去生命。

同样的情况也发生在小家鼠和褐家鼠身上,实验人员把它们的幼崽拿走后,母爱也会演变成绑架孩子的举动。

下面一则惹人发笑的故事几年前发生在一个实验室里:有个小家鼠母亲,在自己的一窝鼠崽被动物饲养员拿走后,啃穿了3厘米厚的木板笼子,不屈不挠地踏上了寻儿之路。可是,这条路没能把它带到它自己孩子身边,而是通往了住着一只褐家鼠和它的5只鼠崽的邻居的笼子。每当褐家鼠去食料槽时，小家鼠母亲就会闪身而过，叼起一只幼褐家鼠溜回到自己的地盘，像母亲一样照料它。第三天，小家鼠母亲在盗窃最后一只幼褐家鼠时，被褐家鼠母亲当场逮住。不过，母褐家鼠没有实施同类动物的一贯做法，把母小家鼠咬死，反倒是一再把这个强盗当作自己的孩子来对待，于是母小家鼠趁机又用牙轻轻叼起剩下的那只幼褐家鼠，带回自己的家，然后给它哺乳。

母褐家鼠把它那得不到满足的母爱宣泄在母小家鼠身上，而母小家鼠同时又把自己的母爱倾注到母褐家鼠的孩子身上！可见，动物母亲内心涌动的母爱本能一旦爆发会有多强。

偶尔，动物甚至会喂养谋害了自己孩子的凶手的幼崽。1972年，德国劳恩堡的森林里，一对大斑啄木鸟把家安在一棵老树上，而就在这棵树往下半米处，一对大山雀筑巢而居。几乎同时，两层楼的居民都迎来了它们破壳而出的孩子，显然，大家都面临着粮食危机。一天早晨，一只大斑啄木鸟啄开了大山雀的鸟巢，把其中的雏鸟作为食物喂给了雏啄木鸟。然而，从此，大山雀父母居然以不可遏制的热情喂养起大斑啄木鸟的孩子来，仿佛它们就是自己的孩子。

1958年春天，一张新闻图片在全世界广为流传。画面上有一只鸟，确切地说是一只北美红雀，正衔着昆虫站在鱼池边；在离它10厘米的前方，许多锦鲤探出水面，朝着这只小鸟张大嘴巴……正等着它来喂食。位于美国北卡罗来纳州谢尔比的鱼塘主人解释说：这只北美红雀失去了自己的孩子，从此，它就一直醉心于往那些锦鲤张大的嘴里塞食物。在没有自己孩子的情况下，它只能把无法得到满足的母爱冲动倾注在锦鲤身上。

类似的事情也发生在位于德国不伦瑞克市动物学家奥托·V. 弗里施（Otto V. Frisch）教授所驯养的寒鸦身上，给孩子喂食的冲动让它四处搜寻漏斗状洞孔，好让自己把食物塞进去。不久，它找到了一个合适的对象——教授的耳朵！于是，它不知疲倦地把毛虫、蚯蚓往里塞。

这样的迫切喂食在我们看来很反常，可在鸟类世界中却屡见不鲜。而把这一现象利用到极致的就是大杜鹃。大杜鹃雏鸟不择手段害死养母真正的孩子，把它们推出巢外。但是，雌鸟非但不报仇，反倒一心一意把自己的爱集中到这个"坏小子"身上。甚至，在大杜鹃雏鸟的体重已远远超过养母，比如达到养母白喉林莺体重的 6 倍时，它依然端坐在对它来说狭窄不堪的巢里，当乞讨食物的大肚子懒鸟。养母每次给它喂食时，似乎连自己都要被它吞下肚去，可它还是没完没了地索要食物。这个不断长大的大杜鹃雏鸟张开的大嘴，成了引发雌鸟喂食行为的超常刺激。

第六节　博爱的根源

一只身长 80 厘米的蓝紫雄金刚鹦鹉给一窝娇小的雏鸟鸫喂食，还把它们抚养长大，谁相信会有这样的事情？德国埃斯林根的家庭医生格特·朗（Gert Long）博士见证了这一跨物种的伟大的爱。

这只大个头金刚鹦鹉是朗博士的宠物，名叫莫卡，披着一身闪闪发亮的蓝紫色羽毛。在主人家，这只鸟不像通常那样被脚环、链条拴着，它可以在房子、花园里随心所欲地四处飞行。

一个暖洋洋的春日，莫卡在一簇刺柏中发现了一个鸟窝，里面住着 5 只雏鸟。开始，它只是远远地观察乌鸫父母如何给它们的孩子喂食，后来，它自己也抓住一只毛虫，飞到乌鸫窝边，把食物塞进了其中一只饿得叽叽叫唤的小鸟张得大大的口中。

乌鸫父母当然不知道，比自己身材高大许多的鹦鹉是完完全全的素食主义者，从来不可能吃体形较小的鸟类——莫卡只是觉得喂食好玩而已。乌鸫父母被吓得逃之夭夭，再也没敢露面。

幸亏，聪明的莫卡，这只天生以谷粒、坚果和水果为食的鹦鹉马上领悟到，这窝乌鸫孩子需要的是它不曾吃过的东西：甲虫、蜘蛛、潮虫、毛虫、蚯蚓等等。另外，它似乎觉得有义务把养父的任务承担下来。日复一日，从早到晚，它马不停蹄地为自己保护着的雏鸟找来食物。最后，5 个乌鸫孩子中的 3 个被它成功养大，恐怕真正的乌鸫父母也未必能完成得比它更出色。

这个例子与上文中的大山雀父母、喂锦鲤的北美红雀以及大杜鹃的养母等事例，在行为方式方面有着本质的区别。鹦鹉此前并没有孵过蛋，因而并没有什么可触发它哺育本能的事情发生，尽管如此，它仍然去喂养与照顾雏乌鸫。究竟是什么促使它这么做呢？

母爱或父爱冲动带给动物的是一种无法比拟的快乐，它的目的在于，让动物做好准备焕发出充足的工作效率和奉献精神。这样的快感明显地表现在一些有过类似经历的动物身上，但也可能会在动物们的那些冲动尚未起作用的阶段释放。

我们把已达意识领域的行为热情称为"爱好"，而不再称作诸如"本能"、"欲望"或"内心冲动"等词；到了这一步，哺育孩子的行为已从作为其根源的本能上解放出来。与通过无意识产生作用的本能相比，作为行动动机的爱好虽然在强制性和可靠性上弱一些，但它已延伸到了独立个体自觉意识的层面，从中，我们已经能看到更高层次的母爱形式。

这也是下列有趣现象产生的基础。

豚尾狒狒生活在非洲南部，雌狒狒年轻时就已经参加母亲教授的照料孩子的课程了，这就使得它们特别渴望能够去照顾一些有生命的物体，尽管自己尚未感受过成为母亲的巨大幸福。然而，让它们扮演母亲角色去照料玩具娃娃的几次试验均告失败，其原因正是它们所照料的对象必须是有生命的。

可如果牧场主让它们去照看山羊的话，那么就再合适不过了。从前，在非洲西南部的不少牧场，霍屯督部落的一些牧人就会让雌豚尾狒狒代替自己干活，并取得了惊人的成功。相关细节，我会在书中的其他地方加以描述。

超越了本能的（基于爱好的）**照料行为**是个体得以组合为群体的**社会基石**，也是**博爱**的根源。

第七节　青潘猿用奶瓶喂孩子

更了不起的是，在荷兰阿纳姆的一家动物园里，弗朗斯·德瓦尔博士做出了种种努力，想方设法来补救几十年来管理员们在抚养青潘猿幼崽上所犯下的过错。

这一错误是：长期以来，不少动物园工作人员认为，对于在动物园内出生的猿猴幼崽，最好的做法就是由饲养员像抚养人类幼儿那样把它们养大。所以，幼崽一出生，便会被从其母亲身边抱走，因为那时的人们觉得，在猿母亲身边，幼崽的健康得不到保证，万一它生病，青潘猿母亲也不肯把它交给医生治疗。这样，动物园就会失去一个珍贵的青潘猿后代。

这些青潘猿幼崽拥有一间儿童房，设有小床、吊杆，还有各种玩具。幼崽出生后被裹在襁褓里，每天探望它们的不是兽医，而是儿科医生；它们从未见过自己真正的父母。动物园在这些小家伙身上花费了如此巨大的人力物力，以至遭到参观者们的强烈抗议：这世上有那么多人类儿童尚且处境艰难，对待动物幼崽怎能如此奢侈？在这期间，所有得到如同产科医院般精心护理的青潘猿幼崽在体格上都发育良好：个个充满活力，体格健壮。

直到 8 年后，这些青潘猿性成熟时，不对劲的情况才表现出来。动物专家为它们中的每一个都配上一位异性伙伴，并期待会出现两情相悦的场面。结果发现这些发育得如此之好的青潘猿是可怜的行动矮子，它们在极度恐惧和过度攻击中来回撕扯，没有一对能够互相走近，更别提交配了。而如果因此给青潘猿进行人工授精，灾难就会在分娩后立刻发生。

据德瓦尔报告："最糟糕的要数青潘猿施嫔，它生下了一个又一个漂亮健康的宝宝，却死活不愿接受它们。有一次，我看到，施嫔刚经历分娩，就冲着浑身还湿漉漉的幼崽又吼叫又威胁，仿佛要求这个无助的宝贝为它痛苦的生产负责。"

就这样，人类花费了巨大的人力物力，却在心灵的自然性层面上，以不恰当的照料方式，把这些青潘猿养成了一群可怜的行为能力退化了的废物：它们没有能力去爱，不管是对交配伙伴，还是对自己的亲生孩子。它们那种错乱的彼此恐惧与攻击的关系抑制了它们内心爱的萌芽。

于是，面对这样的青潘猿母亲，管理员只能把孩子从它们身边抱走。这简直是个没有尽头的恶性循环！如今，德瓦尔想尽一切可能的办法，希望帮助它们渡过难关，最终他采取的办法就是把照顾孩子的任务重新交到青潘猿手中。

　　所幸的是，阿纳姆动物园不只养着全世界最大的一批在人类庇护下成长的青潘猿，还拥有一些岁数较大的青潘猿。后者的本性尚未被人类的婴幼教育理论带来的"好处"彻底毁灭，还记得很久以前在原始森林里的本色生活，从小就懂得母爱，能够并愿意把这些传递给自己的孩子。

　　其中的一只雌青潘猿名叫奎芙，美中不足的是，它没有足够的奶水来喂养孩子。于是，德瓦尔博士想出了一个了不起的主意：在奎芙以行动证明它真心喜爱一个行为错乱的同类幼崽后，他教会了它如何用奶瓶给养子喂奶。在刚开始时，奎芙端着奶瓶总想自己喝光，当饲养员阻止时，它还会变得非常生气。终于有一天，它突然开窍了，从那一刻起，它再也不会死死抱着奶瓶不放，还出色地学会了用奶瓶喂奶。奎芙现在完全把小家伙当成自己的亲生孩子，从此再也没让它离开自己。

　　此刻，青潘猿的母爱已越发接近人类的了。

第三章

聪明反被聪明误

人类的母爱

第一节 分娩后母子间的情感联系意味着什么?

讨论非人动物的母爱会因一个问题而变得颇具意义,那就是类似事情是否同样会发生在人类身上。

美国的一位妇科教授(出于大家可以理解的原因,在此需隐去姓名)在1974年进行了一项颇有教益的实验。有位临产的年轻女士来到他所在的医院生产,她断然声明分娩后她绝对不要自己的孩子。

类似的情况在近几十年来已变得司空见惯,婴儿一出生就被从产妇身边抱走;这时,母亲连孩子的面都没见过。紧接着,孩子被送走,被人领养,亲生母亲对他的下落一无所知。

但这一次,这位妇科医生的处理与以往不同。在婴儿刚生下时,医生认为还没有找到符合产妇要求的养父母,也许产妇会因此愿意让孩子在身边待上几天。

事情就这么定了。通常,在产科医院,母亲每天能见到婴儿6次,每次20分钟,并在这段时间内给他们喂奶。而这位母亲每天总共有5小时可和孩子待在一起,婴儿赤身裸体地躺在妈妈床上,而妈妈则轻轻地揉揉他这儿,摸摸他那儿,深情地凝视着这个小生命。

4天后,教授笑容满面地走进房间说:"夫人,恭喜,我们终于为您的孩子找到了一对特别理想的养父母，现在，能否请您把孩子交给我？"

意想不到的一幕出现了，这位女士4天前还毅然决然地宣称，自己像憎恨瘟疫一样憎恨这个还未出生的孩子，如果不把他送走，她就会掐死他。而现在，她却又一次激动得满脸通红地说："您试试！教授先生，您敢碰一下我的孩子！这可是我的孩子，这世上没什么可以把他从我身边夺走！"

在病房门外，这位专家向他的同事们通报胜利的喜讯："这个实验充分验证了我的假设，**分娩后的这几天里，通过与孩子的密切接触**，这位女士的情感已经由拒绝、憎恨转变为**对孩子无限的爱**。"

在此后的6年里，教授在不为人所知的情况下观察到这位母亲经常和这个孩子一起散步。同时，教授也向她的亲戚和家庭医生打听，所有人都一致证实：这位女士是位不多见的好妈妈，从过去到现在，她对孩子永远充满柔情和慈爱。

由此可见，大自然施与成为母亲的动物的伟大奇迹同样也能对人类产生深深的影响。

在人类和动物身上，重大事件都发生在**分娩前后**。对于这两者，母子间亲密的身体接触都对母亲产生与孩子的情感联系起到了关键作用。一些微乎其微、似乎无足轻重的诱因在无意识中产生作用，创造了家庭的温暖，并为整个生命历程决定了发展轨迹。另外，一旦母爱天性被唤醒，无论是人类还是动物母亲都会始终不渝地为孩子的幸福而存在。

为了避免误解，这里要说明的是：绝不是说人类的母爱与动物的完全一样，不是的。但是，那种点燃潜藏于动物身上的育儿冲动的本能力量对人类同样具有强有力的影响。

人类与动物之间的区别在于其他的层面：只有我们人类，才能超越那些本能，拥有更广泛、更多样的伦理价值。特别有意义的是，这些心灵的、精神的以及本能的力量是如何对人类和其他动物同样产生影响的。

关于母爱在分娩后的觉醒这一点，似乎原始民族比生活在现代文明中的人了解得更多。艾雷尼厄斯·艾尔比尔-艾贝斯费尔特教授曾为我播放过一部科学纪录片，影片以惊人的方式清楚说明了这一点。

在巴布亚新几内亚生活的一些部落，实行着一种极不人道的、残酷的计划生育方式。如果一名妇女已经有了三个孩子，那么，再出生的婴儿一落地就得被处死。一台隐蔽式摄像机拍下了他们处死这么一个幼嫩生命的经过。

根据巫师的指令，母亲独自一人在村外一间偏僻的茅屋边生下孩子，等她断开脐带，便侧身坐着；这时，她必须把目光从婴儿身上移开，连抚摸一下都不行。母亲的双耳被蜡堵住，这样，她就听不见孩子的啼哭。过一会儿，她抓起身边早已备好的长满绿叶的树枝，盖在婴儿身上，接着又抓起一根，就这样把树枝覆盖在上面，直到孩子无法被看见。

母亲满脸沮丧的神情，与医院里刚接受过流产手术的女病人相似，但这些巴布亚新几内亚的妇女没有流露出一丝要保护与挽救孩子的意愿，也没有表现出绝望挣扎的征兆，更没有对自己所在部落的憎恨。在几小时后，她便站起了身，回到三个活蹦乱跳的孩子身边。没过几天，她又恢复了原先的生活，仿佛那可怕的一幕根本没

有发生过。尽管她生下了一个孩子，可是并**没有与这个孩子建立情**
感上的联系，也只有这样，她才能经受得住丧失孩子的打击。

　　了解巴布亚新几内亚的这些做法对我们也富有意义，因为在所
有的文明社会里也会发生类似的情形，例如流产，虽然母亲并非故
意扼杀婴儿。

第二节　道德力量的影响

　　因为医学需要，胎龄 7 个月大的早产儿一出生就必须立刻被放
入保温箱中。在里面，婴儿由电热器保温，靠机器保证呼吸，由塑
料导管提供营养，医生则用各种仪器进行远程监控。在这里，"保温
箱孩子"往往得独自度过好几周，母子间连一次身体接触、爱抚的
机会都没有。

　　这会造成怎样的心理后果呢？美国克利夫兰州立大学克劳
斯·H. 马歇尔（Klaus H. Marshall）教授和约翰·H. 肯内尔（John H.
Kennel）教授对此展开调查研究，结果令人震惊。在全美遭受父母严
重虐待的青少年中，不低于 39% 的人出生时为"保温箱孩子"。除
去少数例外情况，这样的孩子往往在生活中找不到一个全身心爱自
己的人。

　　即便"保温箱孩子"不曾遭受直接虐待，在此后的生活中，也
多半没有什么能令他们开怀大笑的经历。他们的父母可以一连几小
时撇下嗷嗷待哺的婴儿，去看电影或跳舞；他们就算待在家里，也
会听任孩子长时间啼哭，而不去照看或安慰一下——孩子因为痛苦
发出的哭闹、陷于困境后求助的呼声只是搅扰他们的噪声罢了。在

孩子长大一些后，尽管他们没有遭到父母的打骂（不考虑例外），可依然得不到爱与关心。正因如此，他们缺乏对心灵健康成长不可或缺的最基本的信任，以及建立自己与他人之间的情感纽带的能力。

这些父母（除虐待孩子的外），确实可能已经完成了他们道义上该做的一切，他们负责了孩子的衣食住行，等孩子长大些后，还提供零用钱、赠送礼物。而我们也可以这么说：谢天谢地，他们遵守道德约束，做到了这一切；要不然，就像动物中分娩后母子立即分离所导致的后果一样，这些孩子就会被彻底毁了。

这些道德力量早已成为我们自诩的、人类的母爱比动物的高出一等的理由。只是这里有一个疑问：光是这些就可以带给孩子足够的家庭温暖，帮助他们保持身心健康、幸福成长吗？

第三节　思念，穿越重重阻隔

关于母爱，第二个人类所特有的因素在另外一些为数不多的"保温箱孩子"的父母身上显现出来：他们每天面对着一群儿女，即使这样，却依然全心全意地爱着他们。这种承担了所有压力的母爱，从动物心理学的角度根本无法解释，可我还是了解到好几个这样的家庭，母爱带给了孩子们无尽的幸福。

事情是这样的：在一次报告会上，我做的报告就是有关"保温箱孩子"的调查，其中提及马歇尔和肯内尔两位教授的观点，即那些孩子令人同情却无法改变注定了的悲惨命运。

报告结束时，一个18岁的年轻姑娘走到我面前，神采飞扬地说："请您仔细看看我，我就是这么一个让人怜悯、命途多舛的人！"可面前的她浑身上下处处洋溢着幸福。

于是，我对这件事开展了追踪调查，并了解到了下列情况：这个女孩名叫赫尔嘉，在她还未出生时，父母就特别渴望拥有她，一直充满着期待迎接她的降临。当她因为早产而躺在母亲无法触及的保温箱中时，有些事情正在悄然进行，而这样的事唯有人类才可能做到，那就是纯粹的想象力为母亲插上翅膀，穿墙破壁，消除了母女间的距离。在脑海中，母亲无时无刻不陪伴在远处保温箱中的孩子身边，轻轻地抚摩她、热烈地拥抱她、温柔地轻吻她。这就足以使母亲在情感上保持与孩子的紧密相连，仿佛保温箱中的婴儿未曾与母亲分离。

只有当父母不想要孩子或孩子来得不是时候而给父母带来种种问题时，因早产与父母分离的情况才会给孩子造成痛苦！这时，孩子的安康完全依赖父母的道德自律。如果孩子处境艰难（遗憾的是常有耳闻），那是因为虐待儿童的可能性实际上已被预先设定。

人类的母爱不仅包含了本能的成分，还包含了只有人类才有的道德力量；*动物的母爱则仅仅由本能点醒。所以，我们人类首先必须重新认识到：这种在无意识中发挥作用的力量其实也潜藏在我们身上。没错，我们甚至迫切需要它，为我们对孩子付出的爱奠定一个不可动摇的基础。这种本能力量的存在已经无法被忽视，如果谁无视它们，并且还要执意改变家庭制度，谁就会形成种种错误思想。正是因为那些将人引入歧途的教条——近来我们已经被迫接受了太多——给孩子造成了灾难性的后果，这已非人性所能承受之重。

----

* 这种主张道德是人类独有的观点已被证明是不成立的。参见：弗朗斯·德瓦尔.灵长目与哲学家：道德是怎样演化出来的［M］.上海：上海科技教育出版社，2013.——主编注

如今，我们了解到：人类的母爱由本能与文化两个方面构成，这使现代人得以第一次从本能的桎梏中摆脱出来并自觉掌控内心的冲动，这或许就是人类超越动物的根本前提。

尤其当人的精神动力发生变化，无法长年累月地为孩子承受种种辛劳、压力或贫困时，仅仅依靠道德自觉是不够的。让我们来回忆一下，正是本能的力量赋予一位母亲最最幸福的感觉，即使她需要旷日持久地艰辛劳作，甚至牺牲自我——这样的母亲才是大自然为了孩子的顺利成长而创造的真正的"守护天使"。

第四节　养母与亲妈的差距

联系上文，这里不得不提到一点，现代幼儿心理学创造了一个后果严重的新概念——"身心影响者"，即养父母。这一概念使人们的内心产生如下想法：婴儿并非一定需要亲生母亲，任何其他人，只要他关心、照料孩子，都可胜任母亲的职责。这导致了当下不利于家庭发展的种种典型弊端！

相比几十年前在孤儿院、儿童医院、收容院等开设的诊所中不停更换护理人员对孩子的影响，"身心影响者"概念的提出已经算是向前迈出的一步；但是，现有的证据表明，只有在一种情况下，一个人才能完全替代亲生母亲，那就是他不仅理性地做好了照顾孩子的充分准备，而且在感情上也为此倾注了全部的爱和忘我的献身精神。部分亲生父亲和养父母也许能做到这一点，但那些一心只想挣钱的人绝不可能！当母亲不是一种职业，不是诸如幼儿园老师所需履行的职责。

为了从根本上得到认识，请各位读者设想一下：如果在动物界安排"身心影响者"会怎样？就算以食物引诱，有哪一头北极熊、哪一只金雕、哪一头蓝鲸会去为陌生孩子担当"身心影响者"这个角色？

虽然我们知道，有些动物，尤其是猴子，往往表现得特别喜欢孩子，也会收养孤儿，有时还会掳走别人的幼崽，甚至的确有时能完成我们称之为"日托保姆"的任务（本书另有章节对此详细描述）。但是，迄今为止，所有关于这一领域的研究都只说明了一点：没有哪个动物孩子能与养母建立起如同与亲生母亲一样紧密的情感维系；而另一方面，没有哪个替代母亲在可靠性和自我牺牲方面能与亲生母亲同日而语。

如今精神疾病的最大来源，就在于我们这些所谓理性的人的愚昧无知：只承认人类母子维系中的道德因素，而对于建立这一因素的基础——本能——却视而不见，更不愿承认。我们必须再次弄清楚，基于情感的对孩子的爱和基于道德义务的爱的区别，两者的相互关系在母亲和外祖母对孩子的照料中得到了很好的体现。

外祖母难得照顾孩子短短几个小时，于是她力求把这任务完成好，所以说她激动不安也并不夸张，她可不想把事情搞砸，甚至有点过分担心，祈祷老天保佑不要出什么乱子。但是，也就仅仅两三个小时后，她的注意力便分散了，而恰恰在这时，危险开始逼近孩子了。

母亲照看孩子时，精神上则要放松得多，同时她还尽可能干些别的活，可是，她的"第七感觉"一直在孩子身上。危险的苗头刚露出，她就能及时排除。夜里她可以睡得很沉，不管室外狂风大作

温暖的巢穴：动物们如何经营家庭

还是闹哄哄的马路交通都影响不到她，但一旦婴儿呼吸困难，喉咙里发出轻微的呼噜声，她马上就能警觉起来，来到孩子身边。

这里有一点很值得注意，这种"第七感觉"也令外祖母怀念，因为没多少年以前，她自己也是位母亲，也曾拥有这种超能力。但这里涉及的某些东西，显然是我们的记忆能力鞭长莫及的，它们是本能赋予每一位亲生母亲的，会随着身份的转换而消失。

第五节 暴力和反叛的种子

可怜的早产儿在保温箱内一待就是好几周，只能在没有母亲陪伴的遗憾中成长，无法建立起与母亲的情感联系。而在这种极端事例和顺其自然的行为之间，还有大量形形色色的变了味的现象，这是德国比勒费尔德大学心理学教授克劳斯·格罗斯曼（Klaus Großmann）在对非自然分娩产科医院里的例行操作进行研究后所得出的结论，关于这一点，在后文我会做更加详细的说明。

在一家常见的产科医院里，与保温箱中的早产儿一样，新生儿几乎与母亲完全隔离开。新生儿出生时在母亲手里只停留短短的 20 秒，这是千真万确的。数小时之后，母亲才得以再次见到被褥褓裹得严严实实的小生命。接下来的白天里，母亲也只有 5 到 6 次机会给孩子喂奶，每次仅仅 20 分钟。就这样，在分娩后关键阶段的大多数时间里，母亲和孩子总是被分离，母子身体的直接接触的机会更是寥寥无几，而这将阻碍母子间情感凝聚力的充分发展。

这样的做法虽然并不会直接导致将来的虐童行为，但至少已播下了缺乏母亲关爱与呵护的种子，而家庭温暖的缺失则会严重阻碍儿童社会行为的发展，削弱他们与家庭成员和周围人建立友谊的能力，由此危害家庭关系，继而发展为超常的代际冲突，并使他们逐步走向暴力、刑事犯罪，直至恐怖行为。

过错其实并不在父母，而更应归咎于产科医院，在那儿，人类基本的心灵需求被忽视。而正是这个过失，致使 20 世纪 50 年代中期以来，联邦德国几百万人民遭受着不同程度的爱的缺失。所有这些个别现象叠加起来就成为如今关乎社会命运的头等大事，汉堡科学时事评论员埃尔温·劳施（Erwin Lausch）博士将其形容为"骇人听闻"。

还有，对待新生儿的方式也野蛮粗暴，令人愤慨。新生儿和襁褓中的婴儿一起躺在所谓的"哭闹病房"里，没有人理睬这些处于极度困境中的孩子。

显然，没有人设想过这些对孩子意味着什么。新生儿刚刚离开母亲子宫的庇护，相当于经历了一场休克。紧接着人们又剪断他的脐带，又为促使其自主呼吸而拍打他的臀部，这些行为是多么野蛮啊！关于这一点，我将在有关分娩的章节中加以陈述。而在自然保护区中，任何一位青潘猿母亲和婆罗洲红毛猿母亲对待新生儿都比某些产科医院更为"人性化"！

接下来，让我们看看美国儿童精神科医生 T. B. 布雷泽尔顿（T. B. Brazelton）描述的那种极其糟糕的情况：孩子天生就是妈妈手上捧着、怀里抱着的宝贝，他渴望亲近母亲，渴望母亲温柔的触摸、传递过来的体温、具有安抚作用的心跳声。可是，他离开了母亲，离开了他熟悉的全部世界，孤零零地躺在小床上，耳边充斥的净是同病相怜者惊恐不安的啼哭，他们的惶恐感染了他。于是，他也开始哭闹，直到筋疲力尽，昏睡过去。可醒来时，这种恐惧依旧笼罩着他。

当一只找不到母亲的小鸡叽叽叫着、发疯似的四处乱跑时，不仅其他母鸡急忙赶来帮忙，连旁观者也会满怀同情地出手相助。人类孩子惊恐不安的啼哭也会本能地触动一位好母亲的心灵。但如今，她却被那些助产士、护士和医生阻拦："必须让孩子哭闹，这样他才可能拥有强壮的肺。"一派胡言，简直令人无法容忍！或者，他们又会说："如果不让小孩啼哭，就会促成他的反叛倾向。"事实恰恰相反：播下反叛种子的不是父母无微不至的关心，而是冷酷无情地让孩子身陷孤独困境之中。

最后还有第三条理由，说新生儿还不具备感受外部环境刺激的能力，他们根本不知道自己究竟是躺在母亲身边，还是伴随着其他婴儿的啼哭躺在"哭闹病房"里，反正他们80%的时间都在睡眠中度过。这一观点缺乏依据，本书将在第七章以最新的研究成果加以反驳。

第六节　母子情建立的关键时刻

因此，那个年代产科医院每天的所作所为无疑都在残忍地摧残孩子，年轻母亲们似乎具有本能的感觉，可无助的她们只能屈从于所谓的科学和医院的无形权威，除了相信他们所说的，还能做什么呢？

令人欣慰的是，1980年起，一切都朝良性方向转变了。联邦德国出生人口的减少使许多医院不得不听从准妈妈的意愿，否则，它们的产科将面临空置的窘境。出于竞争需要，汉堡几乎每家医院都被迫提供"自然分娩"和"母婴同室"服务。健康的母性本能终于战胜了冷漠的"病人工厂"。孩子们一定会感谢他们的母亲的。

因为，动物最深重的痛苦也都无法与人类婴儿们的痛苦相提并论，甚至可以说，它们的痛苦是无关紧要的；在人类社会，婴儿遭受痛苦所造成的后果更深远、更强烈。如果人类孩子在他们生命的最初几天便被剥夺了安全感和被爱护的期待，那么，就此埋下的非理性和仇恨的种子在之后的生活中总会有爆发的一天。

一些专家最早清醒地认识到了这一点，其中一位是美国俄亥俄州克利夫兰州立大学的诺尔玛·M. 林格勒（Norma M. Ringler）教授。这位女医生原本只是想减轻一点新生儿刚步入人世时的痛苦，出乎意料的是，她发现了母亲们在行为上令人惊喜的改变。

她所做的变革只是在她的医院里创造了一些条件，使那些几十年前准妈妈还在自己家里生孩子时就普遍采用的做法得以延续：在分娩后，母亲有足足一小时的时间来认识自己的孩子；在接下来的3天里，她们每天有5个小时去爱抚孩子，和孩子玩耍。为了保证母子间亲密的身体接触，婴儿几乎是赤裸的，仅仅裹了一块尿布，室内有取暖器负责保暖。这比母婴同室更胜一筹。

上文提及的马歇尔和肯内尔两位教授用隐蔽式摄像机记录下了**分娩后母子间最初的接触**：一开始，母亲花 4 到 8 分钟的时间，仔细端详自己的宝宝。然后，用指尖小心、温柔地轻触他的小胳膊小腿，用手心轻轻抚摸宝贝娇小的身体。最后她抱起孩子，让他离自己 20 厘米远，开始深情地、长久地凝视孩子的眼睛。仿佛在这一瞬间，她要用自己的整个内心、全部认知和所有感觉去拥抱这种深深打动自己的创造生命的美妙。就这样，她顿时领悟到分娩的伟大，那种成为母亲的心灵升华的感觉油然而生。**这几分钟就是决定未来的关键时刻**。当然，随后几天长时间的母子接触也同样有利于巩固和加强母子情。

这些结果都超出了大家的预期。4周以后，透过单向镜面玻璃，人们观察到，在爱护、关心、鼓励孩子等方面，所有从一开始就与孩子有着亲密接触的母亲比那些从实行母婴分离的产科医院走出的母亲要表现得出色许多，从逗弄孩子时表情的变化上也能看出前者更从容，更关爱孩子，更容易为孩子欣喜，她们自己也变得更开朗。

后期的调查结果与我们的预期相吻合：几年过后，林格勒教授证实，那些母亲一如既往，极其关注孩子的成长，并把更多的精力倾注在孩子身上。事实证明，无论承受多大的压力，在孩子初生几天内建立起来的亲密的母子情始终能保持稳固和持久。

第七节　天性的文化史

比勒费尔德大学心理学教授克劳斯·格罗斯曼注意到：父母与孩子间日益加深的隔阂（确切地说，是成人对孩子抱有的那种不利于其身心发展的态度），在当今已相当惊人；而在时间上，它恰恰与孩子不是在家中而是在产科医院出生的趋势完全吻合。

对不知情的人来说，继续在孩子出生的最初几天里分离母子造成的变化似乎无足轻重，可实际上，它产生着极大的影响，其所导致的冷酷和野蛮已在给我们的时代面貌打上烙印。

纵观世界史，这一现象绝非个例。早在公元元年前后，就已在罗马帝国中盛行。当时上层阶级的妇女都把生下的婴儿交给乳母哺乳和照看，自己则对孩子漠不关心，其后果众所周知：这个肆无忌惮地征伐世界的民族，这个危害社会的奴隶主统治的民族，这个醉心于角斗和逐猎的野蛮民族，在荒淫无度中加速败落，尼禄*的杀妻弑母就是忽视儿童成长的始作俑者们所遭到的报应。

1760 年前后的法国，无论贵族还是平民，都视聘用乳母照管婴儿为时尚。根据记载，仅仅在巴黎，每年 2.1 万位母亲中就有 1.9 万位把孩子扔给乳母。得到的后果是，先有 1789 年法国大革命时期的暴虐无道，接着是拿破仑统治时期的降临。

法国社会学教授伊丽莎白·巴丁特（Elisabeth Badinter）从中得出的却是一个错误结论。她认为如果能把历史进程中母子关系中出现的巨大转变记录下来，也只能证明母爱"并非独立于时间和空间，而是固着于妇女天性中的，它并非与生俱来的本能"。

她完全不理解人类母爱这种天性之所以屈从于文化的转换，是因为母亲在分娩后即刻与孩子建立联系的方式与方法（是否及如何建立联系）在很大程度上受当时的文化、传统、时尚和世界观的影响。而这涉及诸多精神因素，因此才形成了母爱天性的不自然表现（扭曲），而在多数情况下，直接当事者及所在社会不得不吞下苦果。

如同一粒种子，它能否生长、长势如何取决于种子是落在沙漠、岩石、沼泽还是肥沃土壤里。但是种子还是种子，天性还是天性。所以，我们必须重新回到自然分娩之路。

为避免误解，我在此声明：通常，分娩应该继续在医院的产科

---

* 尼禄（37—68），古罗马皇帝（54—68），即位初期施行仁政，而后转向残暴统治，处死其母及妻，因帝国各地发生叛乱，逃离罗马，穷途末路中自杀。——译者注

温暖的巢穴：动物们如何经营家庭

进行，从医学角度出发，这是必须遵循的。但同时，不要让母亲和孩子心灵的幸福安康为单纯的身体健康做出牺牲，这两者其实并不相互排斥。

第八节　回归家庭温暖

我们必须打破这样的恶性循环：在产科医院出生的第一代人，如今自己也把孩子生在了产科医院；这是缺少爱的一代人，他们对孩子的期待，无论在质量还是数量上，都比他们的父母更少。正如我们所见，他们只能期待在医院的无菌条件下建立母婴情感维系；长此以往，心理危机的总体形势就会一代比一代恶化。

其实，彻底扭转这种局面并不需要多少额外付出，前文提到的"母婴同室"或者林氏方法都不存在什么风险，这已经得到了成千上万次的证明，而且，各地也无须额外增加花费便可实现。阻碍实施的障碍其实来自医疗系统的教条主义。相比唤醒母性和母子间亲密的身体接触，医生把卫生保健看得更重。可是，正如克劳斯·格罗斯曼教授所强调的，撇开病理学上的特殊情况，母亲并非威胁孩子健康的传染源，反倒是医院那些消毒神话不仅把人际关系灭杀了，还扼杀了母爱的自然发展。

马歇尔和肯内尔两位教授甚至还允许身体健康的母亲触摸、轻抚躺在保温箱中仅三天大的早产儿。事实证明：这么做既没有增加感染，也没有妨碍医院的正常护理工作；相反，在接下来的时间里，母亲对孩子的关爱程度极大地增强了。

尽管这项措施在一些医院获得了巨大的成功，并引起重视，但令人费解的是，持反对意见的顽固不化者仍有很多。1977 年 4 月，汉堡一家大型妇产科医院的主任医生还宣称："在婴儿初生阶段，母子间直接的皮肤接触是否重要，迄今尚无定论，但现在就有大量证据能证明母子两人的卫生保健的重要性。"遗憾的是，持类似观点的不止他一个，汉堡另一家医院的一位医生附和道："目前没法确定身体接触对母子情感维系具有重要意义，新生儿 80% 的时间是在睡眠中度过的。"

在此请允许我提出一个责任问题。近 20 年来，有这么一群由教师、社会学家、心理学家、政客、新闻记者及电视评论员组成的人，总是不厌其烦地一再试图说服我们：诸如家庭冷漠、忽视儿童、情感缺失等等过错都应由父母一方承担。他们说："是家庭毁了我们，因此，你们应该去摧毁那些破坏我们的事物，去解放家庭，把孩子从父母身边夺过来。"照此说法，难道千百万人都成了罪人？但是，无人提出这样的疑问：为什么那么多的父母都突然之间变成了坑害孩子的人？为什么已在数千年人类历史中得到认可的家庭制度如今突然就变得令人怀疑了呢？

而本书概述的关于自然发展过程的事实，可以宣告父母们在许多方面是没有责任的，因为他们与孩子一样是当代婴幼医护理论的牺牲品。在很多情况下，父母们不能给孩子充分的家庭温暖，让孩子的心灵健康发展，这不是他们的过错，而应归咎于我们这个时代的病弊。兴利除害，并最终帮助所有置身其中的人重获保持健康所必备的知识，就是我撰写本书的目的。

第四章

狒狒群中的日托保姆

雌性动物的社会角色

第一节　社会制度的试金石——生存

　　母子间一旦建立起牢固的情感纽带，心灵上就会产生巨大的变化，极端利己主义会被无私忘我的助人为乐所取代，许多问题也就迎刃而解。没完没了的辛苦劳作，操不完的心，这些本来没有一个动物愿意承受，现在，却被一些动物心甘情愿并满怀幸福地承担下来。

　　但一些智力水平较高的动物，尤其是猿猴类也会经历随之而来的情感冲突。就像我们人类，一位平时十分称职的母亲，偶尔也会因长期的居家而烦闷，她们会自问："从早到晚围着孩子和家庭团团转，我这到底是为了什么呀？"有时，她们也会暗自在心里向往一下"隐退"，去享受生活，去实现自我，或者去进行艺术创作。不过，最后，毫无悬念地，她们还是留在孩子身边……在阿拉伯狒狒身上也发现了与此类似的现象。

　　发生在阿拉伯狒狒身上的故事确实令人激动，让我们不得不想要描述相关细节。该研究由瑞士苏黎世年轻的动物学家汉斯·西格（Hans Sieg）主持，他历经数年，深入埃塞俄比亚中心地带的遍布碎石的半荒漠地区进行考察。

这个实例之所以令人印象深刻，是因为它发生在全世界最贫瘠的地区之一，没有人能够从那儿的土地上获得足够食物维持生命，即便土著民族布须曼人也做不到。这些狒狒每天除了要面临饥荒的威胁外，还要抵御各种猛兽的袭击。这种极端恶劣的环境不允许动物在组织集体生活中出现细小的差错、任何看似微乎其微的奢侈行为，以及身处任何群体关系中多余的位置，否则，它们很快就会全部灭亡。

可惜人类社会组织中的弊端和错误从来都不会马上显现，总有一个相对安全的缓冲期使得错误在掩盖下逐渐积累……直到有一天灾难爆发。就这点而言，请允许我们把目光投向动物，看看它们对社会有怎样更清晰的认识，因为在动物界存在着一块能准确检验社会制度的试金石——生存。

我们先来说说生活在埃塞俄比亚半荒漠地区的雌阿拉伯狒狒。它们的生活实践证明有两个方面与生存密切相关：雌狒狒一方面要尽心尽力地履行"为人母，为人妻"的职责，要维护整个家庭的团结；另一方面，作为外勤"劳动者"的雌狒狒要为全家的生计贡献自己的大部分力量。

如何分派这两个对立的任务呢？这群动物的解决方案十分简单：雄狒狒拥有两个妻子，一个主内，只管奉献爱与伺候孩子，另一个负责外部事务即找到食物。要是再有第三个妻妾呢？那它们就无法承受了，上上下下全都得饿死。

那么，是什么动机促使雌狒狒选择这个或那个职位呢？

一开始，汉斯·西格注意到，一只被他称作娜巴的雌狒狒总是走在整个队伍前方20到39米处，另一只名叫佛丽达的雌狒狒则相反，它总是带着 3 个孩子守在叫弗洛恩德的帕夏*身边。难道娜巴是这个家庭中的灰姑娘，不受待见？

一天，这群狒狒朝一片荆棘丛走去，并在距荆棘丛 30 米处，停止了行进的步伐。莫非这里面暗藏猛兽？或许是一条蚺、一只土狼、斑鬣狗、胡狼、獴，或者是一头豹？直到娜巴鼓起勇气闯进那个未知世界而并没有遭遇不测时，其他成员才敢相继跟进。这么说，娜巴还是一个不得不为其他成员牺牲的炮灰吗？如果确实如此，它为什么要这么做？

过了一会儿，左斜方出现了一棵树，这儿唯一的一棵树。娜巴一直记得，去年同样的季节，它在那儿摘过果子。原来，负责对外事务的雌狒狒必须清楚地记住近年来在什么时候、什么地方能获得根茎、野生菌、浆果等食物。如果没有这种人类无法想象的对地点和时间的记忆力，而要在半荒漠中漫无目的地寻找，那么，它们全家早就会为饥饿付出生命的代价了。

第二节　迷你内宫中的分工

娜巴也知道那棵树附近暗藏危险，一对胡狼的洞穴就在那儿。不过，半小时前，娜巴已探查到胡狼已到远处捕猎地松鼠，所以，暂时没有风险。侦察敌情和躲避敌人，也是负责外勤的妻子的任务。

那么，娜巴在家里是否也有发言权，能决定或改变全家的行进方向呢？类似的提议，如涉及寻找食物或避开危险，总是由它发出，

---

* 帕夏是奥斯曼帝国高级军政官员的称号，在德语中引申为习惯让妇女伺候的人，此处用来比喻拥有雌性后宫的雄性动物。——译者注

而能否获得批准，还得由帕夏弗洛恩德定夺。娜巴走几步便回头张望，看看帕夏和其他成员有没有跟上来。狒狒帕夏则已经习惯了娜巴一心为家的好意，几乎总是接受它的建议。弗洛恩德虽说是"一家之主"，可它往往顺从妻子的想法。

就在几周前，弗洛恩德试图重树自己的权威，要娜巴看看在家里究竟谁说了算，因而，它决定不跟随娜巴改变线路。而恰恰在那时，娜巴改变了方向。走在前面的它发现两只斑鬣狗正在一簇灌木的树荫下休息，所以，狒狒一家必须避开它们。这时，娜巴用动作示意这个固执的家伙，表明自己极大的恐惧，终于，弗洛恩德明白过来，做出了让步。看来，只要有充分的理由，狒狒妻子也可以违背比自己体形大两倍的强悍丈夫的意愿，实现自己的意图。

娜巴到达目的地后，嗖的一声爬上了树，几乎没等弗洛恩德发现，就吧嗒吧嗒地开吃了。弗洛恩德一跃而至，尽享美食。接下来发生的事表明了两个妻子典型的相互关系。佛丽达，另一个妻子，在树下迟疑不决，显然，接近树上那另一个妻子让它很不自在。它开始朝弗洛恩德发出乞求，直到弗洛恩德打出手势，鼓励它上树来到自己身边。

不到10秒钟，娜巴，这些宝贵食物的发现者，悻悻地下了树，在附近地上徒劳地翻找稀少的根茎。

娜巴绝非被弗洛恩德和佛丽达驱逐下树的，千真万确，它没有受到一点威胁。可是，待在佛丽达身边令它难堪，它自觉地与之保持距离，甚至不惜把辛苦找到的食物拱手相让。两个妻妾之间（除了最初的磨合阶段之外）从不发生争斗（虽然它俩确实相互厌恶），因为家庭冲突频发会让全体丧命。

在雄狒狒帕夏及它的宠妻享用食物的地方周边半径 15 米的活动区是主外的妻子急于摆脱的无形禁区。接下来，娜巴只好从自己新发现的食物源（比如一片刚经罕见的雨水浇淋、短暂开花的野地）找点吃的，如果它的搜寻面积比较大的话。只是，它只能吃到几小口，因为其他眼明手快的家庭成员很快就会飞奔而至。

从供养全家的角度来看，这样的食物分配显然有失公平，却具有十分显著的效果。这听上去有点荒谬，可正因如此，娜巴就得在别的家庭成员享用食物时不停地开发新的食物源，它不加反抗地接受了这种安排，我们马上就能看到这种现象背后的缘故。

第三节　负责外勤和照料孩子两者不可兼顾

首先，让我们来了解一下内勤妻佛丽达的权利与义务。它整天围着帕夏弗洛恩德团团转，片刻不离左右，向帕夏奉献自己的柔情蜜意——抓住每个机会轻轻抓挠帕夏华丽的皮毛。

此外，它还满怀爱意地照料三个孩子。值得一提的是，这三个孩子中，只有一个是它亲生的，其他两个是娜巴生的，这个现象还是首次在动物界发现。外勤妻娜巴无法带着孩子工作，为了侦察敌情、寻找食物，它无法给予孩子必要的关注，也因为有太多致命的危险——毒蛇、蝎、蜘蛛等——潜伏在它没注意到的地方。

看来，佛丽达担任了"同事"娜巴孩子的"日托保姆"。只有在夜里，在宿营的岩石上，娜巴才把孩子领回自己身边。这时，所有家庭成员都和睦地围坐在一起：中间是帕夏，左右挨着佛丽达和娜巴，它俩和弗洛恩德之间分别是各自的孩子。

这倒是挺有启发意义的。原来，在阿拉伯狒狒的"原始"社会中就已经出现了"日托保姆"。

傍晚，在回家的路上，它们遇上了合用一处宿岩的另一个狒狒家庭。这时，佛丽达不时跑到邻家的雌狒狒那儿，轻轻地给它抓挠，以此来维护与邻家的友好关系。在这样恶劣的环境中，动物们要生存下来，就必须避免敌对，努力维持友谊。简言之，这是内勤妻具有的维护社会关系职能。

汉斯·西格对戈壁环境中的狒狒社会结构的发现成为轰动一时的新闻。在如此艰难的生存条件下，如果没有一个妻子"外出谋生"，全家就注定要饿死；但若没有专职"家庭主妇"同样行不通，没了它就没有一个孩子能活下来。若无这样的社会分工，阿拉伯狒狒这个物种恐怕早就从这个星球上消失了。

这一发现让我们看到，在时刻受饥饿威胁的半荒漠地区，在敌害无所不在的危险包围中，在极端恶劣的气候条件下，那些一夫两妻的动物家庭竟然还可以"奢侈地"多容纳一只成年动物！它们分工合作、彼此友善的目的很单纯：为了照顾孩子、家庭和睦、族群团结。而如此单纯正当的目的却往往为当今的人类社会所不齿。

然而，恰恰在那种每天与死亡如影相随的、最微不足道的差错都可顷刻间造成死亡的地方，我们发现，在阿拉伯狒狒这样的动物群体中，一心一意照顾孩子和家人的母亲同样是群体的重要组成部分，没有它们，群体就绝无延续的可能。

那么，谁将成为内勤妻，谁会担任外勤妻呢？这两个雌性的社会地位排序、它们各自在家庭成员心目中的地位又如何呢？还有，它们为集体的忘我付出会得到褒奖吗？

根据对几个狒狒家庭的观察，在黑夜和白天的空闲时段内，所有家庭成员都紧挨着窝在宿岩上，帕夏给两个妻子捉虱和抓挠的用时基本上一样长。由此，我们可以得出结论：它对两个妻子一样宠爱，同样珍惜。

在白天的觅食时段中，内勤夫人是它的宠妻。这一点，如果单从外在表现来看，其实很难观察得到。除非两个妻子间爆发争斗，帕夏出面调解时每次都偏袒内勤妻子；至于争吵的起因和谁是谁非，帕夏从不过问。外勤妻娜巴清楚地知道事态会如何发展，它在争斗中没有获胜的机会。因此，它从不挑起争端，总是小心地与内勤妻保持一定距离。

由此推测，内勤妻显然更受宠爱，只不过，这样的生活并非完全甜如蜜。尽管得益于身处帕夏身边，佛丽达往往在食物方面受到照顾，就像上文所述的那样可以坐享食物。但一旦食物不够充足，比如只有一段根茎、一只蘑菇或一小洼水时，帕夏就会毫不留情地独吞，而不会给前一刻还宠爱有加的佛丽达留下一星半点。

当家庭遭遇斑鬣狗、豹等天敌而需要被保护时，这位丈夫必须拥有充沛的体力，所以，从这一点来看，它独吞食物的自私行为归根结底也有益于全家。

其实，佛丽达之所以总能与贪食且专横的帕夏形影不离，是因为它已练就了一身本领。比如，要是它偶然发现一点吃的，就会趁着其他狒狒不注意时把食物踩在脚下，再背着弗洛恩德一口吞下。在通常情况下，它只能得到一家之主饱餐之后的残羹剩饭。与此相比，负责外勤的娜巴则拥有更多自由，还能充分发挥主动权。

一只雌狒狒又是如何获得内勤或外勤职位的呢？这就要从它们

的经历中找答案。

9个月前，娜巴还是帕夏的亲密随从，最受宠的妻子，另一个妻子担任着外勤。可是，有一天，外勤妻子"因公"牺牲，死于一只雕的利爪之下。接下来的一周，它们深刻体会到饥饿是如何来临的。没有了侦察员兼食物搜寻员，有一次，全家差点落入一条长达5米的非洲岩蟒的口中，因为再没有谁向它们发出警告。

在一望无际、单一少变的荒漠地区，内勤妻不会像外勤妻那样时刻牢记食物源和危险源；没完没了地操心孩子与关注帕夏，这些已占据了它的全部注意力，它的大脑再也装不进别的东西。而丈夫对外界事物特征的注意还不及对妻子可能有的吃食举动的关注，以便随时冲过去维护自己的权益。

外勤妻必须对栖息区域了如指掌。举个例子：每天早晨，这一家总要离开宿岩去寻找食物，距离它们约1千米的干涸河床上有一座铁路桥，每次它们都要从桥下穿过。有一次，娜巴趁弗洛恩德没理睬它时，独自绕了一小段远路攀上桥。它径直走向一块铁板，上面的凹陷处有个小小的水洼，它呼噜噜一口气喝个了精光。

可它从哪儿得知此刻那里暂时有水呢？（用不了多久水就会蒸发完！）因为前一天晚上，只有这儿下过雨，也就是荒漠地区偶尔出现的零星雨点。娜巴在宿岩处观察时，把下雨和铁板上的凹槽联系起来，第二天早晨，这种联系就派上了用场。这对于一只动物的大脑来说，该是多大的成就啊！

第四节　朋友妻不可欺

当娜巴还是帕夏宠妻时，它对此可是一窍不通。外勤妻死后，弗洛恩德就寻思着给自己物色一个新人。怎么操作呢？从别家帕夏那儿偷一个？海狗就有这样的习俗，这迫使每个丈夫必须不分白天黑夜地看护好自己的妻子。狒狒如果这么做，显然有悖于在半荒漠中生存的自然法则，这种极端恶劣的生存状况要求群体内部保持绝对的和平。

因此，阿拉伯狒狒实行的是固定配偶制，不管内勤还是外勤绝对不能再做同一宿岩上其他雄狒狒的妻子。这一引起大家高度关注的行为方式，是由瑞士苏黎世的动物学家汉斯·库默尔（Hans Kummer）教授通过实验测试得出的。

他把一只身体较弱的雄狒狒和它的妻子放在笼内，几天后，又向其中放入一只身强力壮的雄狒狒。可这个新邻居根本没有考虑凭借自身的优势与它争夺妻子，那新邻居宁可带着矛盾的心情、克制地蜷坐在一个角落，背对着那对夫妻。显然，它在尽最大努力来压制内心的强烈冲动。

当然，只有当这个占据身体优势的后来者把那只雌狒狒的所有者视为自己的宿岩群体中的同伴（即朋友家的帕夏）时，它才会表现得那么"谦谦君子"，不去破坏别家的婚姻。一旦换成陌生狒狒，它早就扑上去夺人之妻了。

可见，"抢妻"这样的手段，弗洛恩德是绝不会予以考虑的，因为四周各家的父亲都是它的同伴，对一个想填补空缺的帕夏来说，得到新任妻子的最好机会是等别家女儿长大成熟。

与其他猴子不同的是，在阿拉伯狒狒中，在孩子长大成年后，母亲对女儿的爱会逐渐变淡。尽管不把女儿逐出家门，因为那样等于逼后者走上绝路。但母亲会非常粗暴地对待"年轻的女士"，把它从身边推走，并不断以莫须有的罪名惩罚它。总之，母亲会让女儿在家里过着地狱般的生活。

　　母亲对女儿的粗暴行为的意义显而易见：在如此贫瘠的半荒漠地区，一个狒狒家庭难以养活多于两个的成年雌狒狒。而在非洲物产丰富地区生活的东非狒狒，它们的家庭则是牢固的雌性团体：母亲、姨妈、女儿、孙女等济济一堂。这就是自然环境给动物的社会组织及母亲对孩子的态度打下的烙印。

　　在这样的背景下，在傍晚时分，当多个家庭齐聚在一处宿岩时，如果有一只雄狒狒朝这么一个不受待见的女儿走来，温柔又体贴地依偎在后者身旁时，这个女儿自然会毫不犹豫地跟这个外来者走。可以这么说，雄狒狒利用了受母亲冷落、欺压的姑娘对幸福童年的怀念，给予了它重新拥有曾经的爱和安全感的机会，从而顺理成章地使那个姑娘成为自己的新任妻子。

　　当弗洛恩德把大部分注意力放在新宠佛丽达身上时，也就不可避免地冷落了它原来最亲密的伴侣娜巴。当两个妻子开始发生对抗时，它在调解时总是袒护佛丽达。就这样，娜巴逐渐被排挤出去了。佛丽达则竭尽所能，施展魅力。在白天觅食时段，只要发现娜巴想靠近弗洛恩德，佛丽达就在一旁纠缠，阻止娜巴接近丈夫。

　　就这样，娜巴从家中的"灵魂"沦落成了专职寻觅食物的"员工"。此后，在多数情况下，它的地位都低于那个年轻娇柔的新宠了。

　　　　　　　　温暖的巢穴：动物们如何经营家庭

那么，娜巴为什么不彻底离开这个家庭呢？为什么在独立的路上停滞不前了呢？原因是多方面的。

有一次，汉斯·西格观察到，两只负责外勤的雌狒狒结成联盟，坚信离开帕夏它们也能立足。第一天傍晚，它俩遍体鳞伤回到宿岩；第二天晚上，它们再也没能回来。没有雄性"御林军"的保卫，它们只能死在天敌手下。

可以这么说，相对于娇小的雌狒狒，雄狒狒虽不能与"金刚"相提并论，至少也可以同"人猿泰山"媲美。它们所拥有的那副牙齿在尺寸和力度上都毫不逊色于地松鼠。所以，一只雌狒狒如果打算离开原来的帕夏，又还想活下去的话，就必须马上另寻庇护者。

但事情可没那么容易。如果食物难以获得，处境又比较糟糕，狒狒帕夏就会抵御扩大后宫的诱惑，赶走第三只雌狒狒。

另外，雌狒狒还得为自己的孩子着想，孩子的命运会让它感到烦恼和痛苦，它不得不把母亲的职责和旧家庭捆绑在一起。以前也出现过这样的情况：有一位帕夏正好空缺妻子，但它毫不留情地杀死了投奔自己的雌狒狒带来的孩子。再说，外勤妻的孩子平时在"幼儿园"受"日托保姆"的照顾，它们也往往不愿离开，很少有孩子会愿意随亲生母亲去流亡，它们更爱待在自己熟悉的家里。

这么看来，"日托保姆"方案的大问题已在阿拉伯狒狒身上显现出来，白天，孩子都由他人照料，每天与亲生母亲长达几个小时的分离，使得孩子与母亲的关系疏远了，这着实令人忧虑。

第五节　不公平的优点

让娜巴留在原来家庭的第三大忧虑则与食物有关。在一望无际的戈壁滩上，每个家庭总是在同一个狭长地带来回迁徙，左右两侧各约 200 米以外的区域就是邻家的觅食通道。

也就是说，外勤妻对于食物源的认识只局限于自己的食物通道。对于一个投奔而来的新人来说，跟着丈夫穿行在陌生的食物通道上，开始时两眼一抹黑，和盲人也没什么两样，因此危险时时伴随左右。尽管在帕夏身边，新内勤妻也算得上得宠，地位比原先有很大的提高，但是，要跟着这支队伍，它还得先忍饥挨饿一阵子，至少要等到被它挤成外勤的另一个妻子熟悉自己的工作为止。

许多外勤妻宁可忍受低一等的地位也要留在寻找食物比较成功的原团队，因为这比待在一个自己地位提升但缺粮少食的新家里要强。事实上，在阿拉伯狒狒约 20 年的一生里，它们通常仅两次、最多三次重组自己的家庭。

这让我们看到，尽管在这群动物的生活中存在那么多的残酷和不公，然而，每只狒狒在这样的分工合作中获得的好处却又如此重要：外勤妻寻找食物和水、侦察敌情，得到的回报是，内勤妻照顾它的孩子，强壮的丈夫保护它免受猛兽袭击；否则，在这样的荒野中，它活不过两天。

内勤妻享受到了同样的保护，而且还得到了别的好处，可以尽情享用"女同事"找到的食物。当然，它得到这么多，意味着至少也要做出相应的付出：对丈夫极尽温柔体贴，给予孩子安全与爱，教授孩子生活技能，维护家庭团结、内部和睦，并与别的狒狒家庭保持友好关系。

在当今人类社会中，母亲的作用被许多人鄙视；但在狒狒社会中，操持家务的母亲则得到了至少能与"挣钱养家者"不相上下的地位。

狒狒帕夏从一个妻子处得到食物，从两个妻子那儿得到后代，而它的外勤妻的孩子又从另一个妻子处得到关爱和照顾。

要在条件如此恶劣的荒野和如此残酷的生存斗争中存活下来，换成任何其他的家庭模式都是绝对行不通的。对于生活在这种环境中的狒狒来说，这种不公正地对待个体的集体制度是维持生存的唯一出路。当事关群体命运，即事关集体中每个成员的生命安危时，个人的公平公正只能排在后面。

狒狒们似乎觉察到了这一点，因此没有谁站出来抗议。在这儿，没有制度颠覆者发动变革，因为这么做无疑等于自杀。

当然，在狒狒的生活中，也有一些事情不能一概简单地以相互依赖是其生存基础来解释，我们可以把它们理解为迈向真正利他主义的第一步。

在这群动物中，大于家庭的社会单位是由数个家庭构成的家族。在狒狒家族中，有几只独来独往的雄狒狒，它们是老前辈，曾经的帕夏。但它们早已把团队领导权交给了年富力强的后生。它们自愿留在团队里，但已失去生育下一代的资格，它们靠自己获取各种生活所需。尽管如此，它们仍然把曾经的家庭幸福藏于心中，一旦整个家族陷入严重危机，比如遭遇一群斑鬣狗的袭击，这些久经沙场的老将就会挺身而出，投入战斗。

这时前辈与继任者并肩战斗，它们的毛发浓密而威武。当它们怒发冲冠时，它们就能取得最强的威慑效果：许多敌害一看到它们的模样就立刻丧失了进攻的欲望；而一旦投入战斗，前辈们就会以大无畏的姿态向敌害发动反攻，仿佛已将生命置之度外。

然而，当它们赶跑或消灭敌害后，它们不图回报与感恩，而是像以往一样以独行者的姿态再次踏上自己的旅程。

第五章

命运被预先确定

存在于卵或子宫中的影响

第一节　在家可给予温暖之前

美国康奈尔大学的威廉·C. 迪尔格（William C. Dilger）教授对情侣鹦鹉做的实验引起了轰动，这种与虎皮鹦鹉相似的鸟也叫牡丹鹦鹉。这一属的鸟共有两个种，它们运输筑巢材料的方式完全不同。

其中的费希氏情侣鹦鹉（棕头牡丹鹦鹉）用像剪刀一样的喙把大树叶剪成长条，它们只把留在喙里的那条叶片衔到筑巢工地。而属于另一个种的桃面情侣鹦鹉，为了节省路上的时间，它们不把叶片衔在嘴里，而是夹在背部羽毛之间，一次最多可运输 5 条叶片。在扇动翅膀飞行时，它们看起来就像挂满流苏的小丑。

有一天，研究人员突发奇想，如果让这两种工作方式天差地别的"搬运工人"杂交，那么它们的孩子即"费希氏-桃面情侣鹦鹉"将会以怎样的方式工作呢？答案很快揭晓：整整三年，这种杂交鹦鹉连一个巢都没能筑完。

每当撕下一条叶片或纸片时，它们就会本能地受到来自内心的冲动，非得把叶片插入自己背部的羽毛之间，而它们又天生缺少父母的灵巧，与其说叼着叶片往羽毛里插，还不如说是对着羽毛碰撞。最后，它们好不容易碰巧把叶片夹进羽毛中，却又忘了把嘴松开，这下，要空运的货物又被扯了出来。或者，它们又认为刚放到背上的叶片是身体上的脏东西，于是又把自己上上下下清洁一番，就又把叶片剔除掉了。

最后，经过五六十次的失败尝试后，这些混血儿终于把叶片衔在嘴里，向它们总也竣工不了的巢飞去。可这些动物丝毫没能"吃一堑长一智"，下一次，它们又不会直接用嘴叼上筑巢材料，而是再次笨拙地把叶片往背上的羽毛中插，捣鼓12分钟后，还是徒劳。在历经了三年这样的"实习"后，它们依旧像第一天干活时那样瞎折腾。

这种杂交鹦鹉从父母中的一方那儿继承了把筑巢材料放入羽毛中的本能，又从父母中的另一方那儿继承了从羽毛中剔除异物的冲动。这两种互相冲突的本能使它们陷入两难境地，于是，就形成了这种影响生活能力的举动，即使通过学习也难以纠正。直到第四年，这些鸟儿才终于明白过来，学会了一开始就把叶片叼进嘴里。

这么一只笨小鸟都能成功从这种棘手的本能夹缝中脱身（尽管学得慢了点），那么，拥有发达大脑的人类不应对解决类似的本能问题更加充满信心吗？

然而，上述例子清楚地表明：即使把筑巢材料剪成长条衔在嘴里这么一套简单的本能动作，在动物身上也都是预先设定好了的。

对于鸟类而言，传承自父母的最早活动之一便是收集筑巢材料，以我们的理解来观察，似乎没有什么比这再简单、再无须思考的了：鸟寻找草茎，用嘴衔住，带回筑巢的地方。可事实上，即便这样的行为也受本能操纵，这使得事情与我们想象的完全不同。实际上，这些鸟的命运在尚未出生时就已无条件地由父母的本能行为方式决

温暖的巢穴：动物们如何经营家庭

定了。鸟筑巢时的其他行为方式，如选择巢址等，也同样如此。

巢中的蛋和雏鸟时刻面临着数不清的危险——悄然爬行的小型哺乳动物、猛禽、以树为家的蛇等，都在伺机行动，为自己开发食物源。

用于孵卵的巢，不仅是鸟父母的安全之所，对于企图吞食未出巢的雏鸟的敌害来说，也是一个充满吸引力的地方，所以，鸟父母必须身怀绝技，才能让孩子躲开天敌的魔爪。

比如，在非洲许多地方生活着一种织布鸟，它们是麻雀的近亲，能编织精美的球形巢，巢上还连有一根长绳，将巢悬挂于伸向空中的枝条上。可即便是这样的保护还不够，鼬或非洲树蛇经常不顾一切地攀爬上摇摇晃晃的"高空秋千"，一直向前推进，直到与鸟巢一同摔到地面上，然后就地用餐。

但是，没有保护网的"高空秋千"往往能让强盗退避三舍，也就是说，只要把巢挂在悬在湖面或河面上方的树枝上就可以规避危险。那么，我们现在似乎就可以得出结论：这些鸟会优先考虑把孵化场所建在水面上方。

可事情真的没那么简单，比勒费尔德大学行为学专家克劳斯·伊梅尔曼（Klaus Immelman）教授通过研究证明了这一点。因为在非洲的很多地方，到了鸟类筑巢的紧要关头，一般的小河都是干涸的，直到小鸟钻出壳时雨季才真正开始；所以，鸟儿必须把巢安在将来会有潺潺流水的地方。

这简直太复杂了，显然比基于原始本能就能解决的问题要棘手许多，可事实就是如此。这一点倒是多亏了人类的文明成就而变得一目了然：因为，近年来，织布鸟也会把它们的巢筑在那些永远不会涨水，但看起来却与枯水期河床相似的地方——铺着沥青或混凝土的公路上方。织布鸟往往把它们与干涸的河床混淆起来，或会选址在波形白铁皮的屋顶上方，因为屋顶会给它们传递出小水塘的视觉信息。

令人惊喜的是，那些哺乳动物与树蛇似乎同样成了"河流湖泊模拟物"错觉的牺牲品，因为它们也不会去打扰那些悬在马路或屋顶上方的鸟巢。

准确地说，在这儿，促使织布鸟做出筑巢选择的仅仅是一个信号刺激（一片被周围的明显反差所衬托出的无植物覆盖的表面）；同时，这也促使各种盗巢贼做出了回避行为。

所以，每只鸟都会本能地把巢安在那些最利于雏鸟将来生存的地方，比如各种鸟都会偏爱地面上方某些特征明显的地方。

连在地面孵卵的绿头鸭都会这样做。那些落户于城市的母鸭居然把高层建筑的平顶，甚至公寓楼的露台当作孵化场所，在那儿把后代带到这个世界上来。这样的误打误撞之所以没有使它们的孩子遭受灭顶之灾，是因为它们披着一身又轻又厚的绒毛，还有一副弹性十足的没有钙化的骨骼，这些使得它们从 20 米高空纵身跃向马路这条"沟壑"时，能像跳伞运动员一般飘然而至，不会损伤任何部位。

乌鸫总是以不高于两米的灌木丛为家，这相当于住在一楼。可就在这儿，有时人类的成就又给它们设下了陷阱。自 1950 年以来，城里流行栽种欧洲山毛榉作为庭院篱笆。这种树的秋季老叶要待来年春天新芽冒出时才会脱落，因此，这些庭院植物几乎一年四季都能隔断街道另一侧投来的目光。

可是早在树叶脱落前，乌鸫就建好了第一个巢，以为将巢藏在枯叶里可以很好地躲避猫的觊觎，可每当孵化工程刚进行到一半，叶子便纷纷飘落了。这时猫悄然靠近，纵身一跃，轻轻松松地就把乌鸫母亲连同雏鸟一网打尽。可到了第二年，乌鸫还是会把巢安在这种致命的矮树篱中。

在"最高层"即"顶层阁楼"筑巢的有鹳、红隼、白尾海雕等猛禽。苍鹭在高大的老树上集群孵卵，它们的巢穴布局犹如公司里的等级制：级别越高的领导，其办公室的位置也越高。这倒不是为了欣赏美景，而是因为巢中雏鸟会经常向下方住户洒出白色污秽。

不过，大家千万别鄙视这些粪便，不同种类的鸟儿有目的地利用它们来保护孩子。

很久以来，爱鸟的朋友们一直无法解释：与别的燕鸥及其他在地面孵化的鸟类相反，白嘴端凤头燕鸥产的蛋的颜色浅亮到几乎发白，非常引人注目。为什么这种鸟不怕因此而招来敌害呢？因为它们是在洞穴里产蛋孵蛋的，所以不用费心去伪装。1978 年，H. F. 西尔斯（H. F. Sears）详细地解释了本来极易暴露的白色为何不会招来致命祸患：在沙地里，白嘴端凤头燕鸥父母向外扒沙刨坑并筑巢，与此同时，它们在鸟巢周围轰炸式地投粪，不久，四周便布满了白色污迹；于是，没有哪个强盗能从中区分出哪些是垃圾哪些是蛋。

某些种类的鸭子采取的措施收效更佳。假如一只绿头鸭或欧绒鸭在孵卵时遇到麻烦，比如有褐家鼠出没，它们就会在离巢前在蛋表面盖一层稀薄的粪便。平常，这类东西根本就吓不倒褐家鼠，可在孵卵期间，母鸭的腺体分泌物具有一种让天敌不堪忍受的恶臭，当其被混合进排泄物后，褐家鼠就难以招架，倒了胃口。

第二节　婴儿摇篮——危险的磁石

另外一些鸟的巢极易受敌人威胁，这迫使它们朝一个令人惊诧的方向行动：离开鸟巢！下文就有一个例子：

在新加坡，城市的天空逐渐昏暗，台风外围的乌云正在逼近，阵阵狂风开始吹打研究所屋顶上的电视天线。英国动物学家、鸟类研究专家约翰·帕克斯（John Parks）博士不由地把担忧的目光投向上方。几天前，一对凤头雨燕在手指粗的天线横杆上筑了一个鸟巢，这可当属世界奇观。

这对楼燕的亲戚像杂技演员走钢丝一般在铁杆上筑了一个小小的凹坑，它比用来搁煮蛋的蛋盅还要小得多，也许用一把没柄的茶匙来比喻才更贴切，从下往上看，它不过就像是树枝上长出的一个节疤而已。

不用说，第一阵狂风就会把这迷你鸟巢中唯一的那枚蛋卷到地上，可等台风过后，博士惊喜地发现鸟蛋居然还躺在原处，安然无恙。这怎么可能呢？他爬上梯子一看，谜底揭开了：凤头雨燕父母用唾沫把蛋牢牢地粘在巢里！

有些鸟把巢隐藏在浓密的树叶中，凤头雨燕则会把巢伪装成大树杈上的节疤。南美的黄喉紫须伞鸟的做法也与此相似：它们利用蜘蛛网和唾沫建起微型巢，巢的底部就是树枝，因而无须遮掩。

生活在热带海岛上的白燕鸥甚至不筑巢，它就在丫杈里产下唯一的一枚蛋，然后孵化——站着孵。

东南亚的雉鸻更往前迈了一步，它们建的是一个不规范的巢，不过，那只是用于临时存放鸟蛋的，并不是孵化场所，因为它们的巢像浮子一般漂浮在睡莲叶面上，要是真的有鸟打算在此孵蛋，它肯定要沉入水中了。

因此，雉鸻父亲会将蛋从巢里扒到翅下腋窝处，每侧两枚；然后，像我们测体温时在腋下夹着温度计一样，牢牢夹住蛋，直到雏鸟破壳。同样，刚出壳的雏鸟也会采取这种方式取暖。当父亲稍稍活动腿脚时，我们就可以看到：每只翅膀下都有四条细细的小腿在晃荡。一旦浓密的叶丛中有猛禽靠近，那个父亲就会发出猫一般的尖叫，把敌鸟赶跑。

为了保护好孩子，自然界的生物竭尽所能，使出了种种妙招。由此联想到的另一个常见现象也值得大家去理解：故乡情结，那种内心无法遏制的渴望。动物父母自己在哪儿看到了地球上的第一缕光明，它们就要让自己的下一代也降生在那儿。这背后隐藏着一个原则（当然是无意识的）：我孩提时在哪儿顺利成长，哪儿就有我孩子存活的机会。

比如，每年到了产卵期，蟾蜍都能准确无误地重回自己的出生地，并在那里产卵。英国动物学家 H. 休瑟（H. Heusser）博士对这种无尾目动物进行了大量观察，研究它们如何以每天 600 米的行军速度走出森林，奔向数千米远的湖泊或沼泽地。在这个过程中，它们一直保持着正确无误的路线；这些路线并非连接两点的直线，而是蜿蜒穿行，需考虑丘陵的地势起伏等种种因素。"蟾蜍的远征"开始时，蟾蜍们都一致对准产卵地的方向；接近目的地时，它们会走上不同的岔路，直奔各自祖上的产卵老宅而去。

这些两栖动物到达自己出生的小水塘后，脚下的地方会渐渐在晴热天气下蒸发变干，但它们绝不会跑到毗邻的邻居家，去寻找一个更深的留有水的池塘，即便这么做对它们来说轻而易举。然而，它们留在了原地，使劲地将洞挖向更深处；然后，等待下一场雨带来充沛的水，助它们继续完成产卵大业。

接下来的那年冬天，一条新建的高速公路正好穿越通往它们产卵地的路径。可是等到次年 3 月，这些蟾蜍义无反顾地踏上这条混凝土大道，再次奔向自己的故乡，它们仿佛完全把性命豁了出去，顽强地匍匐在车道上，一群接一群地横穿车道。而距离高速公路旁不到几米远的地方就有成片的池塘，但它们就是无视这一切，因为它们心意已决，一定要回到那个自己出生的地方去产卵。它们对故乡竟是如此忠贞，至死不渝！

那么，蟾蜍是依靠哪个感官来毫厘不差地找到自己的（或许面貌已改的）故乡的呢？这至今还是个谜。

还有其他数不清的动物遵循这条忠于故乡的古老法则，只是对于它们而言，归乡之路可不是穿越几千米，而是几千千米。

在远洋生活了 3~6 年后，鲑鱼已经性成熟。此时的它们就得从遥远的大洋出发寻回自己出生的河流，比如莱茵河。如果河水不受污染，它们甚至能够逆流而上，直至到达位于瑞士阿尔卑斯山脉中的溪流上游，那儿正是它们当初被孵出的地方。

与之相反，鳗鱼在中欧湖泊里生长几年后才踏上返乡之路，回归北大西洋中的马尾藻海的渴望一直占据着它们的内心，因为幼小的它们正是从那儿出发的。

海龟在一望无际的茫茫大海中航行几千千米，只为到达一个小岛，在它们确认安全可靠的海滩上藏好自己下的蛋。

南非纳塔尔大学的海龟专家乔治·休斯（George Hughes）博士

说，几年前，他认为自己也能为玳瑁蛋找到合适的孵化所，且与动物亲自寻找的不相上下。在德班南部的海滩上，在他认为合适的地方，他每隔一段距离就埋下几只蛋，总共埋了几百枚。

在第一个位置上，两个月后的一次大潮汛把他埋下的蛋冲入水中，玳瑁蛋全军覆没。在第二个位置，一群蚂蚁爬过来瓜分了那些蛋。在第三个位置，这位动物学家把蛋埋深了约一手宽，这一失误导致小海龟在出壳后没能通过向上钻出地面的考验，不幸夭折。第四个位置的沙子过细，先出壳的那批小海龟掩埋了所有跟在后面出来的弟弟妹妹们，致使后者不幸死亡。

就这样，专家的学识屡遭挑战，由此看来，选择出生地作为孵化摇篮的自然法则完胜了人类的聪明才智。

所有的候鸟也按照相同的法则处理孵化一事。比如，春季从南非飞向中欧的家燕不仅要找到它去年生活过的村庄和住过的屋舍，而且能准确无误地找到它出生的巢。倘若它们被别的家燕驱赶，它们倒不会像蟾蜍那么呆板，而会在邻家另找一处临时寄宿点。

可以这么说，出于为后代的安全考虑，大自然早就向动物内心注入了要返回出生地的渴望，一种强烈的思乡之情，以及那种在熟悉的环境中才能拥有的安全感。这种感觉我们人类同样拥有。

第三节　蛋中雏鸟发出信号

"孵蛋是世界上最简单的事情，"不少人这么认为，"生下蛋后，鸟就坐到上面，一动不动，极尽偷懒的本事，直到交班时被替下。"可专家们对此持不同观点，如荷兰动物学家 G. P. 贝恩茨（G. P.

Baerends）教授和 R. H. 德伦特（R. H. Drent）博士。

在西尔莫尼库克岛上观察银鸥时，他们发现巢中的三枚蛋的摆放绝对不是随意的。假如一直不挪动它们，就会发生用简陋孵化器孵卵时常出现的状况：胚胎与蛋壳粘连，胚胎死去。

银鸥蛋必须时不时地被翻转，虽然不用像在锅里煎肉饼时那么频繁。蛋黄能在蛋白中自由转动，胚胎必须尽可能被保持在蛋黄上部，这样它才能得到充足的热量。在上层蛋壳与父母肚皮不被羽毛覆盖的孵斑之间的温度为 39.5 摄氏度，而在蛋的底层与巢接触的部位测得的温度仅为 12 摄氏度。如果把蛋放错了，那么未出壳的胚胎就会被冻死。

而正在孵化的银鸥，如前文所记录，甚至连自己下的蛋和鹅卵石或小木块都无法辨别，那它又是如何能觉察，蛋中的孩子在重力作用下是处于正常位置健康发育，还是东倒西歪受到伤害了呢？从蛋外面谁也没有办法看到。

也许正在孵蛋的鸟是靠孵斑处的热敏感官细胞来获取孩子生长是否正常的重要信息的，因为胚胎自己逐渐开始产生热量。就这样，银鸥父母不断用脚翻动蛋，直到蛋上最热的一端位于上面为止。

蛋里的"住户"发育地越成熟，自身为孵化贡献的热量也就越多。在临近破壳时，雏鸟自己可提供必要热量中的约 3/4，而父母提供的仅占 1/4，蛋的上下端温差从 27.5 摄氏度减少到 4 摄氏度。现在，虽然鸟父母的温度觉非常灵敏，却再也无法辨别此刻孩子是否痛苦地头顶朝下了。

所以，距雏鸟破壳还剩两天时，神奇的现象开始发生。蛋中"住户"会发出阵阵"抗议"，它不停地叫着，直到感觉舒服了为止。

　　　　　　　　　　温暖的巢穴：动物们如何经营家庭

近20年胚胎学最令人惊讶的发现是，许多雏鸟第一次发声表达并不是钻出壳时的叽叽叫声；在出壳两天前，这些还未完全成熟的小家伙们不仅能同自己父母"说话"，而且还可以和同样还住在蛋里的兄弟姐妹们"聊天"。

其实这个现象不难被发现，在孵化的最后阶段，人只需把耳朵紧贴巢中的蛋就能听到里面的小家伙发出的稚嫩叫声。当周围保持安静时，我们就可以和它们对话了。如果是鸡蛋，我们就大声发出母鸡的咯咯叫声，如果是鹅蛋，那就模仿母鹅的叫声，我们马上就能得到它们从蛋中发出的微弱的回答。

有一种叫白头鹞的猛禽，早在史前时代就已经发现并利用了这一现象。一旦白骨顶鸡母亲离开隐蔽在芦苇丛中的鸟巢，白头鹞就在附近来回磨蹭芦苇，凭着自己极度敏锐的听力，它就能捕捉到蛋里轻微的叽叽声；就这样，它找出了鸟巢，掠走一整窝蛋。

蛋中的小家伙和外面世界之间的"交谈"甚至包含好几个"话题"。

话题一：假如蛋里居民所处的位置让它不舒服或凉快过头，它便开始以柔弱尖细声音"哭泣"。这时，母亲或父亲若没把它调整回正确的位置，它就一刻不停地"哭诉"。后来，刚出壳的雏鸟就是从这个语音的基础上发展出所谓的"孤独者的呼喊"，也即"寻求结交的邀请"，它相当于我们人类婴儿要求同母亲接触的哭声。

话题二则由母亲引起。从第一枚蛋开始"说话"的那一刻起，鸟母亲那家喻户晓的咯咯声就首次响了起来，意思是"别害怕，我正在你身边呢，会好好照顾你的"。未出生的小家伙能听懂，并安静下来。

话题三来自与母亲发出的安慰声相同的声音的物体。雏鸟在蛋里就已经熟悉了母亲的声音，这一点非常重要，因为它们对那个叫做"妈妈"的动物的模样一无所知，因此大自然就为所有雏鸟们做出了预先设定，破壳后只去接近那些活动着并发出那种自己熟悉的声音的物体，只有那个东西才是值得信任的。

顺利提一下，也有儿科医生猜测：人类的新生儿也能一出生就辨得出自己母亲的声音。

至于对母鸡，这里面的生物学意义很明显：这么一大群家禽集结于一处，要是不这样，就会造成不愉快的混淆。

美国北伊利诺伊大学的 J. 布朗·格里尔（J. Braun Grier）教授做了一系列有趣的实验，对它们内在的联系进一步探究。他在两只孵蛋箱 A、B 里各放入 12 枚鸡蛋进行孵化，A 箱时不时地为蛋里的小家伙播放《铃儿响叮当》的旋律，在孵蛋箱 B 则播放儿歌《开开门，理查德》。

两天后小家伙们钻出了壳，看见自己的左右两边各有一只母鸡标本，一只肚里装着的麦克风发出了《铃儿响叮当》，而另一只肚里传出《开开门，理查德》。现在，这群小鸡们可以自由选择，两个中哪一个是自己的母亲。它们毫无例外各自跑向播放它们熟悉旋律的那个标本。

在塞维森，马克斯·普朗克行为生理学研究所的动物学家利用了这一研究结果。当一窝灰雁蛋的破壳倒计时还有两天时，实验组长经常朝它们发出"喂喂喂"的叫声，他并没有太刻意去模仿灰雁的音调。小家伙钻出壳时，实验人员就以相同的声音招呼它们，这些地球上的新公民根据声音马上认出了他们，并认可他们为母亲。

第四节　商定破壳日期

蛋中的小家伙们的话题四，是蛋与蛋之间的。兄弟姐妹们相互约定破壳时间，因为对所有即将离开窝的雏鸟来说，一窝同胞差不多同时来到这个世界是非常重要的。

比如，鹌鹑下的一窝蛋，数量可达 14 只，需要时间约 17 天，孵化时间同样持续 17 天，尽管蛋龄有差异，但雏鸟几乎在同一时辰钻出壳。

这是为什么？对于像乌鸫或山雀等需要向窝中雏鸟喂食的种类，"军人服从命令"那样精确的破壳就没有多少意义，所以这样的情况也不会发生；但对幼小的离窝雏鸟，如鹌鹑、灰山鹑、野鸭、鸡、鸭、鹅等，却是至关重要的。雏鸟从蛋壳突围 3.5~6.7 小时后就能走会跑了，而且还非常热爱活动。为此，母亲必须马上带着孩子们出去散散步、游游泳、郊游一番。但这么做的前提是，母亲无须同时孵化晚点的小家伙，也无须守护这个家。如果一窝同胞不在差不多同一时间破壳，那么，部分成员往往会消失；这部分成员不是没有母亲在旁帮助的天性好动的散步者，就是那些还留在草堆里的蛋中居民。

所以，没有把整窝蛋全部下完时，鹌鹑绝不会提早开始孵蛋。实验人员为这 14 枚蛋做了隔音处理，并放在不同的孵蛋器中孵化。结果，鹌鹑最后下的那枚蛋里的雏鸟破壳的时间比最早的那枚晚了整整 3 天。

因此，在蛋与蛋之间互相建立密切联系后，必定有一样东西管控着大家的出壳日期，而那应该是一种大家都理解且肯定不会与哭泣声相混淆的声音信号，那就是蛋壳开裂所发出的咔嚓声。

约在出壳两天前，胚胎开始用肺呼吸（空气先是来自蛋内部的气室，后来通过壳上啄开的洞）。这时，年龄最大的几只就密集地奏起礼炮和鼓乐，使这种咔嚓声响成一片，并以此作为开启进入世界的倒计时。

英国剑桥大学玛格丽特·文斯（Margarete Vince）教授的研究证实：这种由已充分发育的蛋演奏出的"咔嚓交响乐"，能够强烈加速弟弟妹妹们的心跳和呼吸，促进新陈代谢，促使它们调快成熟速度；这样，一旦共同出壳的号角响起，它们就能精力充沛。反过来，那些晚点者也可通过自己节奏较慢的咔嚓声来延缓哥哥姐姐们的成熟进程，就好像在说："你们再稍微等等，等我们也赶上来！"

这就是说，各种节拍的咔嚓声响一边激励幼小的同伴加速成长，一边呼吁大一点的放慢速度，使大家差不多在同一时间做好出壳准备。接下来，当大家以同一节奏发出咔嚓声时，它们就知道：全体已就位。于是，越狱开始了，大家纷纷逃出狭小的外壳。通过发出并接收声响，同一窝蛋孵化出来的小家伙们取得一个令人惊叹的成功。

为了得到最后确认，玛格丽特·文斯教授从一窝鹌鹑蛋中取了一枚放到另一只鹌鹑身下，后者比前者早一天开始孵蛋。不出所料，这枚蛋里的小家伙与它的新伙伴们同时钻出壳，而不是和它的亲生兄弟姐妹同步。

话题五又与上述的完全不同。蛋里的住户会通知母亲："我们马上就要来了，请你做好思想准备，一会儿不必再孵化我们，你得喂我们食物，带我们出去溜达了！"

这使得一个鸟类母亲要同时在安排和行动上做出巨大调整，而这绝不像我们仅凭表面观察而认为的那么容易。

实际情况如何可从以下实验看出：马克斯·普朗克行为生理学研究所的工作人员埃里希·博伊默（Erich Baeumer）博士在一只家鸡身下取出已孵化至距出壳只剩 3 天的鸡蛋，放进一只孵蛋箱继续孵化，又在家鸡身下放入同等数量未受精的鸡蛋；那家鸡继续孵着蛋，就像什么也没发生。

在孵化箱中的小鸡出壳后，这位动物学家把它们塞到仍然伏在那些没有动静的蛋上的母鸡的身下。第二天早晨，他对眼前的景象大吃一惊。这只母鸡不分青红皂白，一夜之间啄死了所有雏鸡，而它还若无其事地继续孵着那些未受精的蛋……就趴在自己杀死的雏鸡们身上。

由此看来，鸟类的母爱与哺乳动物的母爱存在着唤醒机制上的差别：它必须靠蛋里的小居民发出的声响来唤醒。

此外，尚未出壳的雏鸟发出的细弱声音还能唤醒父爱，即雄鸟哺育孩子的欲望，这是常人无法想象的。相关的细节在后面探讨"父亲"这个主题时加以描述。

为完整起见，这里稍做补充说明："说话的蛋"现象绝非局限于鸟类世界，它们的祖先——卵生爬行动物，甚至有些昆虫也是如此。

第五节　焦虑的母亲容易生下笨残的孩子

蛋中的胚胎虽然被硬壳包裹着，但是并不与环境、同伴等完全隔绝，相比之下，哺乳动物和人类母体内的胚胎及 3 个月以上的胎儿被隔离得更少，胚盘既不是一个化学蒸馏瓶，也不是一座"极乐岛"。

例如，只要孵化温度和母亲的体温间稍有偏差，就会给胚胎造成严重后果。加拿大马尼托巴大学的林赛（C. C. Lindsey）博士和艾伯塔大学的莫迪（G. E. E. Moodie）博士通过实验得出的这一结果引起了轰动。他们把大量鱼卵、青蛙卵和数枚乌龟蛋放进孵蛋器中进行孵化，设置温度略高或略低于动物的正常体温。后来，他们用 X 射线透视孵出的幼体，发现在这两种温度的设置下，幼雏的脊椎骨发育都不正常。孵化温度较低的这一组的幼雏的脊椎骨数量减少了，而温度较高的那一组则增加了。当研究人员使怀孕的母鼠经历短时间的冷、热休克后，同样的情况也发生在了幼鼠身上。

孕妇服用某些药物会导致子宫内的胎儿形成可怕的畸形，自从发生"康特甘"灾难后，这一点已为众人所熟知。同样地，母亲缺少氧气、维生素及患上一些有感冒症状的疾病等也会导致儿童畸形。例如，母亲得麻疹有时会导致婴儿耳聋。

尽管母亲与胎儿的血液循环系统和神经系统各自相对独立，然而，除氧气和营养物质之外，还有一些病毒和药物也会通过胎盘-血液屏障进入胎儿体内。按压或敲击母亲的下腹，3 个月以上的胎儿还会做出不安的反应。

在实验中，若给怀孕的大鼠**喝大量酒精**，那么，它生下的**后代会终生焦虑不安**；测试还证明幼鼠们**智商低下**。这并不特别出人意料。还有一些细节更有意思。卫斯理大学（位于美国康涅狄格州米德尔敦）的心理学教授威廉·R. 汤普森（William R. Thompson）发现，若只给母鼠喝少量酒精，它们生下的**幼鼠**反而普遍比普通的大鼠更安静温顺也**更聪明**。而给母鼠喂食中等量酒精后出现了奇特现象，在它们生下的幼鼠中，所有的母鼠都变笨了，公鼠则表现得相对聪明一些。

给孕妇照 X 光也能导致不良后果。如果在大鼠怀孕初期进行中等强度的照射，生下的孩子尽管在学习测试中表现出智力良好，但它们在白天一直处于高度紧张的状态。而大鼠在怀孕快结束时接受等量的射线，结果恰好相反，孩子的精神状态比较稳定，可都很笨。**人类孕妇若遭到强烈 X 射线辐射则可能导致孩子将来患上白血病**。

与此相似的，还有一个经大量动物实验证实的结论：**母亲在妊娠期精神压力过大、常忧虑不安，会导致孩子出现严重的身体和心理障碍**。英国爱丁堡动物遗传学研究所的安妮·麦克拉伦（Anne McLaren）教授通过以下实验阐明了这一观点。

麦克拉伦把一定数量的怀孕小家鼠养在一只**空间窄小**的笼子里，让它们挤在一起。在自然界中，这种状况会定期发生在种群**密度过大**时期，动物们会因此陷入无休止的**焦虑不安**之中，导致种群毁灭。在实验中，它们的焦虑程度可通过调控种群密度来调节。

毫无疑问，这样的实验令人痛心。不过，这位研究者申明其研究成果将有助于我们人类的儿童免遭类似的痛苦。

实验结果不言而喻。如果母鼠的焦虑程度较小，它们产下的幼崽行动迟缓，不爱活动，在学习能力测试中表现也较差。提高怀孕母鼠的不安程度后，它们的孩子呈病态的紧张不安状态，刚出生的幼鼠毫无理由地紧张到牙齿不停地打战，还不时地抓挠自己，直到皮破血流为止，而且总是少量而频繁地排大小便。

继续增加母鼠的不安强度，会使它们产下的许多幼鼠出现**腭裂畸形**，人类中也会出现同样情况。医学中的大量案例已证明：**妊娠期受惊严重的母亲生下的孩子会出现兔唇**；若受惊较轻，她的孩子则往往会遭受失眠、经常哭闹等痛苦，或在出生后前几周体重几乎没有增加。

如果小家鼠母亲持续经历不堪忍受的惊恐，那就会导致**流产和死胎**，也可能导致幼崽在**出生后马上死掉**。

患腭裂的幼鼠经受不住最弱的精神负担。例如，正常音量的铃声对一只健康幼鼠毫无影响，但会让这种患有严重神经症的小动物惊跳起来，然后，它会全身发抖，发疯似的四处乱窜，甚至休克而死。

第六节　子宫里的音乐会——心跳

声音对子宫中胎儿的影响丝毫都不比别的刺激小。英国伦敦大学附属医院的史密斯（C. N. Smith）教授证实了人们长期以来的猜测：未出生的人类胎儿在分娩前三到四周就有良好的听力。尽管每个母亲都早已相信这一点，因为她们自己能够察到，比如，门呼的一声突然关上，会把肚子里的孩子吓一大跳。但有的人对此持怀疑态度，认为这只是因为母亲把自己受到的惊吓传递给了孩子。

然而，实验发现：母亲们的观点是正确的。研究人员在一只微型麦克风上缠上海绵，把它贴在孕妇的下腹部；这样，准母亲听不到麦克风传出的任何声音，但与此同时，她肚子里的孩子能以明显的心跳改变对外部响声做出反应。这证明人类胎儿在出生前几周拥有与破壳前的雏鸟一样良好的听觉。

而让胎儿印象最深刻的声响毫无疑问是母亲的心跳声，那是一首绵延不绝的"摇篮曲"。正常的脉搏频率约为每分钟 72 次，这个频率的心跳给胎儿以平静和安全感，而当心跳加速至每分钟 100 次以上时，传递给他的则是不安和惊恐感，虽然胎儿不知道要害怕什么。

心跳的作用非同寻常。刚出生的婴儿在被娩出后，只有再次听到母亲抚慰人心的心跳节奏才能迅速恢复内心平静，这时，当然需要母亲温柔地把他"紧贴在胸口"。而对原始民族来说，把"需要在妈妈怀里喂养的幼儿"和"需要搂着的小家伙"抱在胸口，那是自然而然的事。

把嗷嗷待哺的婴儿和母亲分离，是医院认为"先进的"处理方式；可事实恰恰相反，这样做实际上是对孩子的极端野蛮的暴行。

在这方面，自然赋予了人类母亲一个奇妙的本能，让新生儿也能听到母亲足够响亮的心跳。纽约州伊萨卡康奈尔大学的李·索尔克（Lee Salk）教授是防治脊髓灰质炎疫苗发明者乔纳斯·索尔克（Jonas Salk）的弟弟，他研究了这极为有趣的内在联系。

他把刚出生的孩子递到母亲正前方，观察她把婴儿放到胸前哪一侧。如果满足一定的条件（关于这一点下文即将谈及），百分之百的试验对象会不假思索地把婴儿头部放到左侧，也就是靠近心脏的部位。

值得注意的是，母亲们在无意识中就完成了这一动作。当被问及为什么这样做时，右撇子的母亲考虑半天后回答："因为我是个右撇子，空出灵活的右手可以做其他事情。"而左撇子母亲同样把孩子抱到左侧，而被问及原因时，思考很久才答道："因为我是左撇子，这样抱孩子比较稳当。"其实，这些都是事后为自己的下意识行为编出的理由。

顺便补充一点：过了几周婴儿变重了以后，这种预先的设定就会慢慢消失。当母亲被问及孩子在刚出生那些天被抱在哪一侧时，她们根本回答不上来。

若要深入探讨这一现象的本质，我们就需要了解一下：在什么条件下，年轻的母亲们不总是把新生儿抱在胸前左侧，而是会随心所欲地变换位置。根据对美国一家收治早产儿的专科医院的调查，研究者发现，会这样做的是那些分娩后与自己孩子分开较长时间的妇女，她们的母爱没有得到充分地激发。

因此，对这些极小的行为细节的观察再次验证了前文中揭示的研究成果。这种让母亲建立起对自己孩子的感情联系的元素是在分娩后短短几小时内因两者密切的身体接触而产生的。母子情在无意识中发挥作用，甚至还操控着看似微不足道但实际上至关重要的动作，例如，把孩子抱在手中，对婴儿来说就意味着最大的幸福和身心健康。

索尔克教授的其他一些调查研究也证实了这一点。当婴儿躺在小床上、冲着母亲哭闹时，如果母亲把他抱起来紧贴在心口，那么，他很快就会安静下来；而如果母亲将他抱在胸前另一侧，那么，婴儿就需更长时间才能恢复平静。

第七节　欺骗渴望母爱的婴儿

只是，这位美国学者从其极具启发性的实验结果中得出的结论尚不够充分。为了研究"睡眠与哭闹"这个课题，他让助手在其所在产科医院相关病房里的婴儿床上安放带喇叭的枕头，不间断播放人类每分钟 72 次心跳的录音。

他所取得的成果值得重视。通常，医院里的婴儿一天中清醒时间约 5 小时，如果没有这套"广播节目"，其中 60% 的时间婴儿都在大声哭闹；而喇叭传出的心跳声的安神作用使哭闹时间降低到占清醒时间的 38%。原来婴儿每天有 3 小时都充满恐惧、孤独和绝望，而现在被忧虑不安所占据的时间"只有"不足两小时。

而且，这档节目带来了令人振奋的额外效果。借助于这一安抚婴儿的绝技，婴儿一反在出生后前四天体重下降的惯例，几乎无一例外都增加了体重。

由此可得到一个重要结论。新生儿出生后前四天体重平均下降 230 克，这根本就不是正常的生长发育过程，而是因为他们被孤零零地抛下，每天哭闹数小时，原因是他们正在忍受极度的紧张与焦虑。而这一切都是由这些极端非自然的野蛮行径造成的。

然而，借助于播放心跳录音的技术手段可将婴儿每天的哭闹时间从每天 3 小时减少到每天 2 小时，这一事实应该引起大家更多的思考。尽管听到母亲的心跳声可安抚孩子的情绪，但纯粹的听觉印象并非婴儿真正期盼的；在绝望中，他真正需要的是触手可及的母亲的身体、她的温暖、她那抚慰他的双手，还有她带来慰藉的声音。把母亲所能提供的这一切仅用一段录音来替代其实是对渴求母爱的婴儿的一种欺骗。

对这种唯理性思维的非人道性必须予以谴责，它无视甚至践踏一切自然行为方式的价值、一切人类必不可少的情感接触以及胎儿在母亲子宫里的感受。所有一时获得了一致赞同的医学进步，只要它们让年轻的生命在心灵上蒙受损害，最终只会与人们的希望背道而驰。所有以人道、博爱的名义在产科医院使用的昂贵技术和设施，都可能会为将来的世界埋下纷争不和的种子。如果这些高科技**手段会压制母爱从而导致家庭冷漠**，那么，它们只能**创造出怪物**而非正常的人类。

第六章

惊诧莫名

分娩

第一节　胎盘变作防御武器

　　"爸爸快看，那儿有只长颈鹿长着三条尾巴！"10 岁的拉尔夫大声喊道。他有幸参加了一个旅行摄影团在非洲肯尼亚察沃国家公园的活动。这是怎么回事呢？越野车司机马上明白过来：一只长颈鹿幼崽的两条前腿悬在母亲的腹外了，看来这只雌性长颈鹿正在分娩。

　　车队中的有些车辆立即把远光灯对准了它，向大家报告这个难得一见的场面，不一会儿，长颈鹿置身于"停车场"中央，有不下70 台相机瞄准了它。

　　与多种逃离巢穴并受猛兽威胁的动物母亲一样，高达 5.80 米、宛如"草原摩天大楼"的网纹长颈鹿是以站立姿势生崽的；因此，它的孩子会从 1.5 米至 2 米的高空摔到地面上。当然，冲撞力可以得到缓解，因为刚出生的幼崽身长也接近两米；这意味着当它的后腿从宫口滑出时，脑袋已经差不多碰到地面了，所以也就不可能发生什么不幸了。

　　可是，游客们什么也没拍下来，整整两小时过去了，小家伙的前腿还是悬着，连一厘米都没有继续往外滑，这时导游只得申明他们不能再等下去了，于是车队的长龙轰隆隆地消失在一片烟尘中。此后不到两分钟，长颈鹿幼崽健康又快乐地躺在了草地上。

网纹长颈鹿、斑马、白尾角马、羚羊以及其他许多食肉动物的潜在猎物都具备人类无法理解的能力：能依据自己的判断把分娩时刻推迟最长 12 个小时，尤其是当它们觉察到危险迫近时。否则，如果正当它们分娩时有猛兽袭击，那么，母亲连同孩子都会遭受灭顶之灾。

显然，在面临险境的巨大精神压力下，母兽体内释放了一些能推迟分娩的激素。

类似的手段如今正被一些儿童医院人为地运用到人体上，这就是所谓的"计划分娩"。因为医生和护士"担心"分娩发生在半夜或不工作的周末，于是，他们就给准妈妈们打上一针，这样就可以让期待中的宝贝等到星期一才姗姗来到这个世界。

这种处理对孩子造成的毒副作用得到了证实，对医院的诉讼也正在进行。在人体上使用这一源自自然的生物方法的结果表明，"天然的就是好的"只是一种想当然，因为引入这种处理方法的始作俑者只关注生化原理却忘记了最重要的事情——自然界采取这一手段时的外界状况。

在自然环境中，动物面临着这样的抉择——要么母子被猎杀，要么冒着对孩子产生不良后果的风险去推迟分娩。可在医院里，摆在面前的选择不过是要么让医生、助产士和护士在周末或夜间工作，要么实行在正常工作时间内的"计划分娩"，而且是在体内激素根本没有调节到位的孕妇身上进行。对自然环境中的动物而言，这是个生存或死亡的抉择；而在医院环境中，这仅仅涉及工作时间的安排。

此外，大自然总是安排所有白天活动的动物在夜间分娩，昼伏夜出的动物则在白天分娩，理由也非常充分：在休息期间，母子能更好地应付分娩这一特殊事件。

由此可见，所谓借鉴自然的方法其实是一种干涉人类本性的手段，是唯理性主义造成的一种灾难性的后果，它使医院日益蜕变成医疗工厂，把患者当成无个性的产品。医院管理者在对医护人员实行"工作制度人性化"的同时，却无视自己对需要照顾的患者的粗暴对待。

我们竟然需要借助与动物的比较来增加对人类事务的洞察力——这听起来不免荒诞！可事已至此，我们发现：**只有了解动物才能真正理解人类的心灵需求，才能使自己免遭唯理性主义行为方式的伤害。**

长颈鹿幼崽来到世间的首次经历是从两米的高处掉落到地上，河马幼崽则走了一条相反的道路：因为担心鳄鱼袭击，临盆的河马母亲总是离开群体，藏在浑浊的水里。它潜入水底约两米深，然后突然把一个圆滚滚的小家伙抛向空中，就像在开启一瓶香槟酒。河马幼崽呼吸到降临世间的最初几口空气后，便马上消失在水底，回到一直潜伏其中的母亲身边吃奶。

比长颈鹿幼崽面临更严重的坠地风险的，要数那些悬挂着分娩的母亲们的幼崽，属于这种情况的动物有蝙蝠和树懒。

蝙蝠不像鸟类那样，会为孩子筑巢，它们把自己倒挂在山洞的洞顶下，就像等待熏蒸的火腿被挂在烟道口。在它们的头的下面，深渊张开大口，令人不由得担心小蝙蝠一出生便会坠落摔死！就在雌蝙蝠临产的一刹那，它的两只突出在翅膀外的钩爪也伸了出来，和原先就抓着石壁的脚爪一起，牢牢地钩住洞顶岩石；这样一来，它的身体就变成了一张标准的吊床式摇篮。

当然，有的蝙蝠还能"走"得更远。如果这些滑翔爱好者想带上孩子一起飞行，它们就用一根"保护绳"来固定小家伙。生活在美国西部的苍白洞蝠就是这么做的，两只幼崽出生已几天，却一直被脐带"系"在母亲身上，直到它们有百分之百的把握用爪紧紧抓住母亲的身体，母亲才咬断脐带，把胎盘排出体外。

顺便补充一点：某些动物在分娩后仍较长时间保留胎盘，其目的可不止上述一个。例如，白尾角马会保留胎盘半小时到三小时。如果在母角马刚产完崽就遭到斑鬣狗群袭击，而这时幼崽还跑不快，难以逃出强盗的追捕；关键时刻，白尾角马母亲会迅速排出胎盘。于是，斑鬣狗就会扑向这个"馈赠的食物"，角马母子从而得以摆脱敌害，逃之夭夭。

现在，让我们回到分娩时刻"空中飞人表演"的话题。与蝙蝠一样，树懒也用两条后腿把自己悬挂在半空。由于它不管做什么总是慢吞吞的，也不会灵活挪动，因此很让人担心，拇指大的幼崽在出生瞬间还没来得及夹住母亲腹部皮毛就摔下地去。在动物园里可观察到如下场景：这时会有一两只别的树懒前来，它们把几条腿悬起来，紧贴在即将分娩的母亲的下方——如同马戏团表演时在主角下方做保护的杂技演员们所组成的一张空中保护网。

第二节　动物界的产科医生和助产士

据我们了解，动物领域里会提供助产服务的还有大象、美洲野

　　　　　　　　　　　　温暖的巢穴：动物们如何经营家庭

牛、海豚、海象、南美狨、非洲刺毛鼠和刚毛鼠，有时也有狗、猫、部分无尾目动物以及各种螨。值得注意的是，它们中既有高等动物又有低等动物。

助产士是人类职业团体，"精通妇科的非洲刺毛鼠阿姨"也是服务本物种的固定团体。这种小家鼠的近亲生活在非洲，长着一身乱蓬蓬的皮毛。它们分娩时特别艰难，因为即将出生的幼崽不仅个头超大，多数还呈臀位。如果没有一群有经验的帮手鼎力相助，那么，母子丧命的风险就会很大。

德国弗赖堡大学的弗里茨·迪特伦（Fritz Dieterlen）博士拍摄的关于刺毛鼠生产的录像会令观看者瞠目结舌。

尽管分娩的阵痛已非常剧烈，刺毛鼠准妈妈并没有脱离群体，这在其他许多群体生活的动物种类中也非常普遍。它遵守在群落里分娩的规矩。

记录下的情景如下：

4:17，幼崽臀部的圆形轮廓第一次露出，母鼠舔舐它，它缩回了。

4:18，母鼠开始不停挤压。

4:19，臀部的圆形和后腿先露出一半，接着全部露出；幼崽悬挂着，胎膜被扯破，第一个助产士舔干净了露在外面的部分。

4:21，幼崽又稍微往外滑出一点。

4:22，母鼠使出全力挤压后，幼崽整个躯干滑了出来。助产士随即把这部分也舔干净。幼崽脑袋还卡在里面。母鼠又一遍一遍地挤压，依然没有进展。

4:29，母鼠猛一使劲，幼崽掉了出来，同时扯出了胎盘；胎盘被第一、第二助产士吃完；然后，大家一起将新生儿舔舐干净。

如果分娩时间持续太长，母鼠还必须忍受更多的痛苦。这时，助产士中就有一只上前来，小心翼翼地用牙齿咬住幼崽的臀部，就在母鼠用力挤压的瞬间，它也同时往外拉，直到幼崽安然降生。在很多情况下，助产士也会帮着咬断脐带。

对86次分娩的仔细观察表明：只有那些经历过生产的雌刺毛鼠才会提供助产服务，而没有子女的刺毛鼠则一副事不关己的样子。我们可以认为，只有那些亲身经历过分娩痛苦的母亲才会对别的产妇出手相助。

但是，有些母兽尽管在分娩时得到帮助，依然在产褥期死去。这种情况并不罕见，这时，只要历经难产的幼崽依然存活，助产士就会收养它们。

海豚在同伴分娩时表现出的助人为乐精神一点都不比刺毛鼠逊色。这种海洋哺乳动物在产崽时可不像大多数只负责产卵然后让后代听天由命的鱼类那样轻松。海豚幼崽是胎生的，而且是在水下出生。小海豚在生命的最初几分钟里完全处于无助状态，如果没有几位助产士立即赶来相助——把它托出水面让它能呼吸，那它无疑会溺死。

通常，一位助产士会向上托举新生儿右胸鳍，另一位托举其左胸鳍。如果海豚群人丁兴旺，则会有一大群助手挤到新生儿下面，大家都热衷于为新生命贡献一份力量，以至于会把位于最上层的助产士连同孩子一起托出水面。

　　在其他鲸目动物中，甚至在北冰洋海象身上也能观察到类似的热心帮助分娩举动。尽管海象母亲是独自把新生儿托出水面呼吸空气，可一旦此刻它受到北极熊袭击，如前文描述的那样，那么马上就有一大群富有战斗力的同伴赶来，充当幼崽的"禁卫军"。这是帮助分娩的另一种形式！

　　同样，非洲象、亚洲象、美洲野牛一旦察觉到分娩场所附近有敌害，也会马上把正在分娩的母兽团团围住，并拼死保卫它们。在象群中央，除了那头即将成为母亲的象之外，还有两位助产士（通常是待产母象的母亲和外祖母或姐妹）；它俩会帮助产妇除去羊膜囊，并扶起幼象的腿，帮幼象站立。

　　令人称奇的是，这种现象也出现在家猫身上。唯一区别的是，它们的助产士是雄性，也即由父亲担任。

　　不是说公猫会吃掉亲生孩子吗？许多饲养者都这么认为，所以在它完成了动物基本使命后，就马上让它远离。但如果把公猫留在自己家里，到底会发生什么呢？保罗·莱豪森教授和柯尼斯霍芬市的埃伯哈德·特鲁姆勒（Eberhard Trumler）博士分别对此进行了观察。他们对所发生的事听之任之，静观其变。在母猫分娩的前一天，猫父亲不见踪影。我们知道，公猫绝不服从一夫一妻制。此刻，它正在和别的母猫寻欢作乐。但就在分娩前一小时，它突然出现了，天知道它是如何得知分娩即将发生的。当母猫开始经历阵痛时，公猫像一只枕头一样横卧在妻子面前，让它把前爪撑在自己身上，帮母猫更好地忍住疼痛。

　　大多数动物分娩时与人类母亲一样痛苦，只是它们不会哭叫，因为受本能阻止，也许是要防止暴露自己和幼崽。但海象等少数动物除外，它们会大声咆哮，叫声甚至可以盖过拍岸波涛的怒号。而家猫也是如此。

看来，公猫被激起了由衷的同情，因为在母猫子宫阵缩和幼崽娩出时，它会充满柔情地舔舐母猫的脸。如果没有这种安慰，独自分娩的母猫经常会因为疼痛难忍而猛地跳起来，发疯似的原地打转蹦跳。在同样情形下，母象偶尔也会做出头冲地的倒立动作。

公猫的爱在很大程度上缓解了母猫在艰难时刻的痛苦。在幼崽出生后，公猫还承担起了孩子的警卫工作。这时，即使平常与公猫友好的人靠近，也会受到它的攻击。此外，在猫崽出生后的最初几天里，它还会不辞辛劳地觅来食物，好让年轻的母亲能一直陪伴在孩子身边而不挨饿。可以说，公猫毫无食子的迹象。

许多人以为，帮助分娩这种行为应该是只有了不起的高等动物才能做的。可令人吃惊的是，这种现象尽管不是很多，但也会出现在演化层次相对较低的动物身上。然而，这种行为更多应归结为特殊的伴随现象，并不是助人为乐，而是完全的利己行为。

在厄瓜多尔，有一种有育儿袋的蛙。这种蛙中的雌蛙必须把产下的约 200 颗卵保存在自己背部的囊袋中。要完成这个任务，它只能靠雄蛙协助。在雌蛙产下卵后，雄蛙马上使卵受精，然后用自己的蹼足把它们铲入配偶的背袋里。在袋子里，蛙卵被堆成了两层。

待在那儿的蛙卵可以得到很好的保护，直到它们长成蝌蚪从卵中钻出，然后一只只相继掉进卷成漏斗状并积满雨水的热带凤梨叶中。在这样的"马厩"里，它们一直待到自己长成成蛙，然后靠自身的力量跳出漏斗状的树叶。

生活在西欧和中欧的产婆蟾，名字来源于它们独特的产卵方式。雄产婆蟾的任务是保护蟾卵。蟾卵产出时像珍珠项链一样串在胶质卵带上，但雄蟾没有卵袋，只好像缠绕线团一样把卵带缠在自己一条后腿的踝关节上。由于它缠得太匆忙，便把卵带从母蛙体内拉扯了出来。这也就算是"助产"了吧。

但是某些时候，有些动物帮助分娩的动机仅仅出于极端的性嫉妒，在球腹蒲螨和赫氏蒲螨中就存在这种情况。雌螨总共可产200~300只幼虫，每天产下大约50只。这些小得几乎只有在放大镜下才能看清的幼虫，一出生就已完全性成熟。300只幼虫中，只有最早出生的9只为雄性，它们一出生就立刻守在雌螨的后腹洞口。就在它们的妹妹们紧随其后出来时，这些雄螨一拥而上。挤在最前面的那只雄螨两条后腿伸进洞口，搂住雌螨；然后，就像从玻璃瓶里拔出软木塞那样，扯出幼螨；紧接着，两虫交配。

从"产科学"的角度来看，这种"助产"纯属多余，另外，如果即将钻出的是弟弟，那就没有一只雄螨会热切地"助产"了。由此可见，这种行为背后的真正原因无非是自然界中偶尔出现的乱伦性幼崽交配。

我们还是回到动物界中发展到最高等的种类。值得注意的是，人类近亲动物在助产方面表现极少，我们仅在少数南美狨猴处得到几个案例。在分娩过程中，这些生活在热带雨林树冠上的动物会提供助产服务，扮演幼崽接收者和清洁者的角色。

即使对青潘猿的分娩，我们也只观察到仅有的一种母亲自助生产的形式：当孩子卡在产道里太久时，母亲会小心翼翼地抓住幼崽脑袋慢慢往外拉。其他有关助产的案例目前尚不明确。

第三节　动物母亲从不拍打新生儿

奇怪的是，自然保护区内的青潘猿母亲在生下孩子后常"忘记"咬断脐带。世界著名的灵长目动物学家、英国的珍·古道尔（Jane Goodall）博士长期在中非坦噶尼喀湖附近的贡贝国家公园工作，她对这个现象一直感到非常惊异。在分娩后，胎盘已被排出体外好多天了，可仍垂在青潘猿母亲身下，被它随意地拖来拖去，脐带连着幼崽。博士担心胎盘被灌木缠住，会把孩子从母亲手臂里拉扯出来。

刚出生没几天的幼崽还不能完全靠自己抓住母亲以免摔落，所以青潘猿母亲需要腾出一只手去抱它，且几乎总是用左手。

比较行为学研究人员特别关注的是，青潘猿及其他哺乳动物母亲分娩后会让脐带与幼崽连接多久。

这个审视问题的角度对我们人类也很有意义。一直推崇"软分娩"*的法国医生弗雷德里克·勒博耶（Frédérik Leboyer）教授持以下观点："究竟是该维持现在产科医院的处理方法（婴儿一出生就剪断脐带），还是应该学习许多动物的做法（过几分钟才切断），直接影响到新生儿启动呼吸的方式方法，并由此影响到新生儿的生命调节。如果在婴儿降生的同时剪断脐带，孩子的大脑会突然出现缺氧状况，触发激素警报系统，造成体内组织突发性恐慌与混乱，让我们的孩子刚踏上人生之路就感受到类似死亡的体验。"

动物们又是如何处理脐带的呢？对此，以非洲刺毛鼠为例，弗里茨·迪特伦博士进行了细致入微的描述：大多数非洲刺毛鼠幼崽

---

* 也称"勒博耶分娩法"，是一种旨在减轻宝宝痛苦的分娩方法。产妇在灯光幽暗的安静房间里分娩，分娩过程中不使用产钳，并在产后将婴儿放在热水浴缸里。——译者注

　　　　　　　　　　　　　温暖的巢穴：动物们如何经营家庭

在出生 8 分钟后还通过脐带与母亲相连。有时，当母鼠在生产第二个孩子时，前一个孩子还挂在脐带这条营养输送管上。分娩后，母鼠或助产鼠会花费很长时间，小心翼翼地从头到脚把幼崽身上的胎膜舔干净。

接下来，母鼠才开始第一次切断脐带。它从不选择紧挨着幼崽肚子的地方，连脐带中间位置都不会被它考虑。确切地说，它张开嘴，先小心地咬住脐带的任意一处，然后用嘴唇摸索着往回移动，直到分娩口处才咬断脐带。不再与母体相连的那一段脐带会长时间地挂在幼崽身上。

一直等到生完一窝孩子并睡过觉恢复体力后，母鼠才第二次咬断脐带。它抓住孩子身上的脐带，从末梢部开始向前吞食。这时，它的动作不再温柔，而是像牵扯橡皮筋一样不停地扯拉脐带。这样做很重要，因为这样一来，脐部血管前括约肌收缩，会把血液挤回孩子体内后才闭合，所以只会造成微不足道的血液损失。

这里还有一个有意思的问题：母鼠会在什么地方停止吞咬脐带？如果这时观察人员离它较近，就常常会使母鼠受惊，并相应地做出攻击性反应。可这时，它针对的不是干扰自己的对象，干扰使得它的吞食举动变得毫无顾忌，它会不停地吞咬脐带，连同孩子一起吞下！

当受到干扰时，黄金仓鼠母亲会变得区分不出什么该吃什么不该吃。在吞咬脐带过程中，当其牙齿触及幼崽肚皮时，观察人员可清楚地看出它们的情感冲突。美国动物学家罗威尔（T. G. Rowell）博士观察到的情况是，四分之一的仓鼠窝中，母鼠的食欲战胜了母性。

但在不受干扰的情况下，母兽自然会在不该吞食之时停止吞食。只要它们口鼻部前端的触须遇到稍许阻挡，它们便会在碰到"挡板"之处咬断脐带。例如，若窝里碰巧有小石子等异物，吞食脐带的母兽在嘴触碰到它们时就会在此处定位，咬断脐带，结束工作。

咬断脐带可能会把自己的孩子一并吞下。为了避免这种风险，野猪干脆"无为而治"。在分娩时，野猪母亲躺在由干草软垫衬着的窝的一侧。幼崽刚一出生就能行走，它们紧贴着干草来回爬动，这使得它们无须母亲帮助就能自己蹭掉胎膜。接着，幼崽开始"脐带拔河"，就像连接电话座机和听筒的螺旋状电线一般，脐带被越扯越长；此时，脐带内部血管在收缩，这使得脐带一下子在中部断裂。挂在幼崽身上的那段脐带会逐渐干瘪，约 3 天后会自行脱落。

还有不少动物在分娩时脐带会"自动"断裂。例如，母马是躺着生产的，当它在结束分娩后重新站起来时，脐带就会被扯断。羚羊和网纹长颈鹿站着分娩，在幼崽掉落地面时，脐带就会被随之拉断。脐带经过强烈牵拉能将血液流失控制在有限范围内。

总体而言，绝大多数哺乳动物母亲都为切断脐带这道程序留下了充裕的时间。尽管咬断脐带最多只需一秒钟，但母兽们总是先有条不紊地把包裹孩子的胎膜清除干净，甚至不留下一丝碎片，却对一旁碍手碍脚的脐带不予理睬。这么做极为重要的原因是，保护孩子免遭身心打击。对此，勒博耶教授早就明确表示，我们人类的产科医生和助产士应该更多关注这一点，而不是按手工劳动的高效原则去操作。

为了便于比较，现在，让我们再来仔细看看红毛猿或青潘猿是如何接生孩子的。这两种动物和人类面临同一个问题：怎样让新生

　　　　　　　　　　　温暖的巢穴：动物们如何经营家庭

儿开始呼吸？它们采取了和我们截然不同的做法。

在我们人类的医院中，孩子从分娩出口处来到外面便经历了相当于一次休克的打击。随即，脐带被割断带来了第二次打击。紧接着，孩子被提着双腿，头朝下，臀部被不轻不重地挨上几巴掌，这对他来说是第三次打击。这时，他当然会哭出声来，由此开始呼吸。但是，正如著名意大利女医师、教育家蒙台梭利早在 1909 年就指出的那样："**难道我们不能给孩子以充满爱的迎接？**"

在这方面，类人猿的处理方法比当今人类的温柔多了。位于美国佛罗里达州的世界著名猿猴收养站"橙子公园"（Orange Park）里发生的下述事实就能证明这一点。产房里一片慌乱。雌青潘猿贝丝刚生下孩子，兽医马上就给它剪断脐带，但这个小生命不进行呼吸，手脚乱舞。这可是生死攸关的几秒钟。

兽医以最快速度推来备用氧气装置，可青潘猿母亲一看见这个噼啪作响的怪异铁皮箱就因误解而猛地跳起来，用力把它撞翻。看来，新生儿的生命注定要终结了。

这时，只见青潘猿母亲小心地朝孩子俯下身去，一开始，它被惊恐攫住，手足无措。但瞬间后，它内心的母性就被激发了！它似乎要吻孩子的嘴唇，但实际上，这哪里只是一个吻。周围一时无计可施的专家们简直不敢相信自己的眼睛。它在给孩子进行合乎规范的口对口的"人工呼吸"……它不停地做着，直到小生命开始自主呼吸。它做得那么好，就像以前接受过急救培训似的，能这么专业地抢救幼崽的生命。

这则发生在动物身上的令人难以置信的母爱壮举，是佛罗里达猿猴收养站负责人罗伯特·M. 耶基斯（Robert M. Yerkes）教授描述的。在接下来的时间里，他观察到相似的口对口人工呼吸不仅发生在青潘猿身上，还发生在红毛猿身上。但掌握这种技术的只有直接从原始森林来到收养站的猿猴母亲，因为这些令人惊讶的接生知识是它们生活在原始热带丛林时从自己母亲那儿学会的。在动物园里出生长大的雌猿们就没有习得这种急救技艺。

了解了这个故事，会不会有人这样猜测：在人类历史早期，人类是否也是这么处理的呢？《圣经·创世记》中这样描述："将生气吹在他鼻孔里，他就成了有灵的活人。"看来，它一定是对当时人们迎接新生儿的一个可信的比喻。

将人类与类人猿进行对比，绝不是贬低我们自己。人类母亲分娩时，如果不是外界助推，她决不会忍心拍打一个那么娇嫩的生命；如果完全从感情出发，她采取的行动肯定不会不如非人动物。

问题更多在于，医院的产科医生和助产士们越来越背离母亲的自然感触和本能反应，他们只对如何尽量经济有效地制定、组织和运用医学技术更感兴趣。我认为孩子的出生至关重要。在出生时，人类婴儿的心灵若遭到哪怕一丝一毫的损害，在若干年后，他也肯定会对社会和文明给予强烈的回击。

所以，我强烈要求取消拍打新生儿这样的惩罚乃至虐待性举动，并提议用更加人性化的方法来取代——只需要用一台加氧仪来刺激婴儿呼吸。

第四节　默默无声地忍受疼痛

分娩时母亲离开人世，这种事并非人类中才有，动物身上也会发生。胎儿臀位被卡无法娩出，如果没有产钳或剖宫产手术，母子就会双双死去。此外，还可能会出现严重的内出血、会阴破裂等致命伤情。兽医随口就能报上一大串难产案例。

外行可能接受过这样的观点，幼崽的个头相对越大，母兽必须忍受的疼痛也就越厉害。奇怪的是，实际情况偏偏不是这样。

例如，红大袋鼠产下的幼崽体重不足1克，要想在母亲的育儿袋里找到它，我们得拿上放大镜。尽管如此，体重达35千克的母亲生它时竟然痛得缩成一团，在地上直打滚，就像快被撕成碎片一样。而其他大袋鼠的分娩却总是"开开心心"的，也不会出现什么并发症。

与母亲的体形相比，世界巨婴纪录由澳大利亚松果蜥保持。这种蜥身长约36厘米，它的胎生的孩子出生时测得的身长正好是母亲的一半——18厘米，而且松果蜥一次还不止生一个，往往会产下两个或者三个幼蜥。分娩后的母亲好像只剩下了"一半"，尽管如此，它分娩时也不像红大袋鼠母亲那样"痛不欲生"。

欧亚水獭分娩时母水獭的死亡率特别高。可即使这样，这些分娩中的母亲在面临死亡时，也会强忍难以描述的剧痛，默默地离开这个世界。而在平时，哪怕是被狗抓一下，它们都会没命地号叫。白臀豚鼠分娩时与红大袋鼠一样痛得缩成一团，但它只是把牙齿磨得吱嘎响。鲸在分娩时会痛得跃出水面达6米之高。然而所有这些动物在分娩时都不喊叫。

那些出生时已长好了蹄、角或刺的幼崽会不会给母亲带来特别的痛苦，这绝对会被不少外行猜测。其实在这方面，大自然早已采取了巧妙措施来使母亲免遭孩子伤害。

马和羚羊幼崽在出生后仅半小时就可以撒腿飞奔，逃离敌人；这就是说，它们的蹄子在出生前必须是硬的。原来，在子宫里，它们的蹄子被独立"包装"——插在一个被称为甲状上皮的软护套里。幼崽落地后在坚硬的地面上走上几步，这层护套就会自行脱落，它其实就是指甲表皮的一种特殊形式。

类似被包装好的还有刺猬幼崽的刺。这些防御武器早在子宫里时就已又尖又硬，从自己泡沫橡胶一样的身体往外探出头来约3毫米长。但在分娩期间，这些刺完全缩进了胶状保护层里，这样就不会损伤母亲的产道。

更令人惊愕的是网纹长颈鹿启动的自动保护程序，它们是世界上唯一出生时就长着角的动物。尽管角很小并有毛皮垫着，但仍可能给母亲子宫造成致命的伤害。所以，它拥有一套神秘的自动保护机制：幼崽在被娩出时，它的角会向下翻转，就像轮船上的烟囱在穿过一座低矮的桥梁时自行降下一样。

就这样，分娩过程里藏着许许多多令人称奇的细节，它们都是大自然的创造力赋予的。一切都如此完美地相互协调着。可人类总要干涉自然"规划师"的分内之事，总认为自己在许多方面都胜出一筹，让我们看看动物的分娩因人类的插手会变成什么样子吧！

第五节　毒化精神世界的病原体

以现代化养猪场为例。在德国一些大型养猪企业里，许多地方都让人联想到科幻小说中医院的恐怖场景，"接生室"铺着白瓷砖，工作人员身着白大褂，脚蹬无菌防护高筒靴，手戴橡胶手套，全副武装地工作着，"保持卫生"几个大字随处可见。

在预产期前几天，母猪就会被男人们的几双手一同抓住，然后在完全清醒状态下被拎住后腿倒挂起来。它们惊恐不安，发出声嘶力竭的叫喊。一男子用麻醉枪对准它们的太阳穴，扣动扳机；几乎同时，另一名男子用刀剖开母猪肚子，从里面取出猪仔。

这种残忍的剖腹手术被专家们称为"子宫切开术"，它并不只在并发症出现时被零星采用，而是无一例外地被用在每头分娩的母猪身上。这样做的理由，据说是"为了猪崽健康"。

猪崽马上被放入无菌塑料器皿中，剪断脐带，除去"母亲身上带来的垃圾"，注射第一针疫苗……而此时，它的母亲正被屠宰，加工成香肠。就在隔壁，小猪被单独关在箱子中，在兽医的无间断监督下开始绝对的无菌生活。在这个养猪场中，英国作家赫胥黎在《美丽新世界》中所描述的未来社会场景已然成为现实。

支持者们辩解称这种连带屠宰母猪的方式是必要的，这样小猪可在无菌环境中长大。否则，以现代化大批量的养猪方式，饲养者要担心某些传染病会造成瘟疫暴发，如猪流感、口蹄疫等。

农学硕士埃伯哈德·法兴（Eberhard Fasching）在德国罗滕布赫亲自养猪，他断然驳斥了这种传染病威胁论，并一一列举出许多简单又廉价的预防传染病的方法。在饲养过程中，他让母猪自然分娩，既保留了母猪的生命，又让小猪享受到了自己本该拥有的童年。

1982 年，人类对合理化、熟练操控、无菌培养的热衷胜过了人类对动物应有的理智和人性。在经残忍的"子宫切开术"降生的猪崽中，死亡率达到 1/5，几乎是自然分娩的两倍。此外，出生后 4 周生活在单独的箱中由人工培育的猪崽，其生长情况也很糟糕；自然喂养的小猪体重可达 7 千克，而它们仅 4 千克。而且，它们已经不能再被称为猪，而只是"食物-猪肉"转化器中的一个环节。"猪产科医院"所需要的费用是普通圈养的好几倍。尽管如此，大部分养猪从业人员还是坚持采用这种野蛮又不经济的方法。

这就是脱离自然的感情冲动、单纯依赖理性思维以及机械地迷信科技进步所造成的后果。如今，这种宗教式的盲从正在向我们生活中的多个领域渗透。小猪出生、杀戮母猪这样的事仅仅是预示着可怕未来的一个典型征兆。

我们必须从当今社会中这种普遍的认知状态中揪出毒化我们精神世界的真正病原体。

认清这一点，并不是说要"回归大自然或石器时代"，而是为了使自然科学和技术成就更好地服从"尊重生命"这个最高准则，并以此实现全球范围的全新的博爱和人道。

第七章

至死不渝的母子情结

母子间的情感纽带

第一节　永不磨灭的初始印象

东非草原上，白尾角马的生育季节到了。临产时，这些动物的习惯做法是，由约 400 头母角马组成一个"临产妈妈协会"。清晨，在太阳升起后的几小时内，所有临产的母角马一定会几乎同时生下它们的孩子。

这种行为的目的是保护孩子的生命，因为对角马的主要敌人斑鬣狗来说，从夜间猎食后到早晨的这段时间内，大多数情况下肚子还是饱的。这时，这群强盗正忙着把同类赶出自己的领地，以降低竞争对手的数量。在此期间，角马在狭窄的空间内进行一场集体分娩是一个相当理想的办法，这有助于尽可能地减少孩子被猎食的危险。

可是，就在这天早晨，杀戮还是降临了。就在角马幼崽纷纷降生之时，一个由 6 只雌狮组成的狮群发动了袭击，它们咆哮着从各个方向冲进了角马群。现场顿时乱成一片，雌狮群左冲右突，母角马们慌不择路，四处逃命；分娩中的角马母亲被狮子拖走，离开了自己的孩子。

几分钟后，狮子们已收获了足够的猎物，开始享用美味。尽管刚刚发生的一幕惨不忍睹，混乱还是渐渐平息下来。到处可见白尾角马幼崽向四周哞哞地呼唤母亲，部分幼崽撑开腿，颤颤巍巍地站立着，另一些则努力挣扎着站起来。白尾角马幼崽需要约 20 分钟的时间才能学会行走。

这时，角马母亲们也犹豫着慢慢地走近；它们清楚，狮子在进食时不会马上发起又一轮攻击。于是，它们开始寻找自己的孩子。

在前文中，我已描述过有蹄类哺乳动物的母亲是如何与自己的孩子建立情感纽带的——在分娩后的最初几分钟里，母兽会把幼崽的胎膜舔舐干净；在这一过程中，母兽对孩子体味的嗅闻成了母子情感纽带得以建立的中介。就这样，围拢过来的母角马们开始一一嗅闻身边的小角马，试图辨别出自己的孩子。可这种办法又导致了一出出悲剧，因为哺乳动物幼崽无法在短短几分钟里记住自己的母亲，它们最多记得母亲的轮廓。这是自然预先设计的粗略辨认母亲的模式：跟着移动的大个子走，向它乞求奶水和母爱，不管它长的什么模样。就这样，每当有母角马走近时，小角马就认定前者是自己的母亲，于是紧挨上前找奶吃。母角马会立即认出它不是自己的孩子，便把它推到一边。

可是因为刚才那场突然袭击，母子被冲散时，很多母角马生下孩子后还来不及用鼻子嗅闻辨认孩子，它们就认领了最早遇到的小角马，而小家伙也乐意让这个陌生的大个子做自己的母亲，与它一起度过自己整个的儿童和少年时代。

猎场看护员杰夫·温特尔（Jeff Winter）目睹了这些场面，他还看到了另一些滑稽的错误。有些没能找到母亲的小角马充满期待地凑到向它们慢慢驶近的越野车边，在排气管边嗅闻着，再也不肯从这冒着尾气的"铁皮马"身边挪开半步；也就是说，它们把这辆车认成了自己的母亲。更糟糕的是，它们竟开始在汽车轮子间寻找可给自己提供奶水的乳头。

在白尾角马幼崽能识别出清晰的母亲形象前，它已经对在哪里能找到奶水有了与生俱来的模糊概念：在母亲身上较暗的角落、在自己头顶上方的突起处，如躯干与腿之间。它们往往首先会在母兽两条前腿后面寻找乳头，因为它们只有通过学习才知道后腿前面才能找到奶源。在将汽车和母亲搞混时，它们就只能在车轮间反复寻找，尽管只能找到车轴上的润滑油。

透过望远镜，温特尔还可以观察到：一只失去母亲的小角马在绝望的寻找中一步一步地走向一头母狮，后者刚丢下口边的猎物，直起身子慢吞吞地离开。小角马甚至会把这头或许刚吞噬了自己母亲的狮子当成亲爱的妈妈！

可是，刚刚出生的孩子哪知道母亲该长成什么样子呢。尽管有种天生的渴望驱使着它们去寻找一个能给予自己食物、安全感和家庭温暖的动物，但它们必须通过学习才能知道这唯一会无私地爱自己的动物会有怎样的模样。

不管怎样，首先必须是母亲表现出对孩子的爱，然后才可能建立母子间的情感纽带。

这个神奇的过程在具体细节上又是怎样的呢？关于这个问题，目前已在鸟类身上取得了最新研究进展，维也纳舍恩布伦动物园里的一只白色雄孔雀因此而驰名科学界。在交尾期，它绚丽开屏，"艳冠群芳"，可它的雄性之美却未对雌孔雀展示，而是冲着几只巨龟。当然，这些戴着盔甲的爬行动物无动于衷，但这丝毫也不妨碍孔雀对它们的爱。这是动物间荒诞的"异种吸引"现象的一个活生生的例子。这只孔雀一生只仰慕乌龟,却对旁边的雌孔雀视若无睹。

孔雀之所以在爱情上陷入不可救药的误区,"只是"因为出生时其兄弟姐妹都被冻死,它作为唯一的幸存者被动物园饲养员救起,并被放入了热带动物展馆里,正巧那是巨龟馆。从此,这只孔雀一心认为这些乌龟中的某一只就是自己的母亲,自己完全是这些披盔戴甲的爬行动物中的一员;成年后,它也只可能向巨龟示爱,而不会有别的想法。

在雏鸟出生的第一天,只要在最初的一个短暂时段里出现异常经历,离奇的事就会发生。这听起来简直令人难以置信。但是,那些最初的经历给一只叽叽叫唤、毫无理智的雏鸟留下的印象却是那么持久,如同铭刻进了它们的心灵深处,一生都无法磨灭。几年来,这只孔雀一直与其他孔雀一起生活;但性成熟后,它频频向乌龟示爱,屡屡失败。所有这一切都无法使它摆脱幼年时**铭刻**下的同类印象,因而,它总以为自己是一只乌龟,而不是孔雀。尽管在人类看来,这种现象显得如此可笑!

相似的情况也出现在一只在鸭群里长大的公鸡身上,世界上没有什么能使它放弃自己是只鸭的信念。为此,它甚至战胜了自己对水几乎歇斯底里的恐惧,和它的那群鸭兄弟姐妹们一起戏水。当然,它只能适可而止——让水只浸没至它的脖子为止。

第二节　雏鸟把收音机当母亲

康拉德·洛伦茨教授最早发现:通过两个截然不同的发展过程,

一部分雏鸟与母亲建立起了情感纽带，另一部分则被烙上了未来性伴侣的印记。

　　一个偶然促成了这一发现。他把一窝寒鸦雏鸟从巢里取出，亲自喂养它们。这样，他便得以用"寒鸦"的身份与它们在一起生活，研究它们社会行为的具体细节；否则，这些现象将很难被观察到。

　　事实上，全体雏鸟都认可他这位"母亲"。等它们羽翼已丰，可以在天地间自由飞翔时，它们还是会回到他身边，停在他的头部和肩上；也会穿过窗子飞进他书房，紧紧依偎着他，就像别的寒鸦孩子挤在母亲身边一样。

　　更大的惊奇要到这些可爱的寒鸦进入性成熟期时才会出现，它们中的一部分雄鸟，视教授为唯一值得追求的雌性，竭尽所能向他示爱，有几只还试图与他的手交配。毫无疑问，这些鸟儿把他当成了自己的性伴侣。来自同一窝的另一些寒鸦则一如既往坚定地追随他，可就是从没打过向这位学者求婚的主意。为了实现交配，它们会去寻找真正的雌寒鸦。通过进一步调查研究，洛伦茨证实了一个重要观点：那些寻求错误性伴侣的寒鸦往往是一窝鸟中较年幼的，而年长些的则表现正常；不过，它们都把教授视为母亲。

　　我们从中能得出一个结论：寒鸦雏鸟在巢中嗷嗷待哺时，存在着一个持续天数很少的时段，其间发生的一些重要事情能让雏鸟终生**铭记**：自己将来的性伴侣或配偶所具有的外形应该就是幼时给自己喂食者的形象。

　　我们把这一时段称为**性伴侣印随**（产生印象并跟随）**敏感期**。值得注意的是，它处于**幼年极早阶段**，此时的雏鸟身上尚无一丝性冲动萌发迹象，可恰恰就是这一幼时印象决定了它们将来所爱的"类型"。这时，（需在窝中等待父母喂食的）雏鸟还没有与父母建立起情感纽带，小家伙们被动地待在窝里，任人摆布。

性伴侣印随敏感期过去约一天后，雏鸟才开始进入父母印随敏感期，而这个敏感期就在它们羽翼渐丰、学会飞行之前。直到此时，对父母的爱才在雏鸟身上苏醒。

碰巧的是，就在洛伦茨取出这窝小鸟时，其中年长一些的已过了性伴侣印随敏感期，而年幼一些的（最多可能相差五天）刚好临近这个敏感期。于是，年长些的寒鸦性行为表现正常，年幼的则产生了偏差，而它们的父母印随敏感期则都在这位研究者照料它们期间。

新生儿建立对母亲的早期情感纽带具有决定命运的重大意义，一旦建立，在许多（但非全部）动物身上，这种情感纽带便终身无法消除。

例如，早在生命开启的最初几周，母亲的印象就已刻进羊羔心里；从此，母亲就成为它的一切。这也意味着，从此刻起，它再也不可能接纳任何继父母或养父母了。因此，对于羊羔来说，世上最可怕的事莫过于幼时丧母。在母亲死后，新西兰绵羊幼崽丝毫都不肯让陌生绵羊收留自己。若母亲死在了草地上，那么，羊羔就会咩咩地叫着守在母亲尸体旁边，直到自己没了呼吸。

牧羊人曾经尝试把这样的孤儿强行带回羊群，用奶瓶喂养它们，同时处理掉母羊的尸体。可是牧羊人一松开手中的羊羔，它们马上跑向辽阔的草原，一步不差地回到自己母亲死去的地方。尽管在那儿母亲的痕迹已丝毫不剩，可这个无助的小生命就这么一动不动，痴痴地守在那儿长达数天之久。孩子对母亲的忠诚至死不渝！牧场主称这种羊羔为"守墓羊"，对它们，除了实施安乐死外别无他法。

这就是任何人或物都无法替代的母子深情的缺憾，正因如此，这种紧密的情感纽带消失起来也十分迅速，只要小羊长满3个月。

　　然而，在鸟类和哺乳动物中，孩子对母亲的依恋是有质的差别的。

　　鸟类，尤其是可自行离窝觅食的鸟（如灰雁）对母亲的依恋的形成快如闪电，几秒钟即可。只要雏鸟钻出壳后第一眼看到身旁活动着比自己大的家伙，它就会将其当作母亲，不管那是真正的母亲还是一只铁丝牵着的标本鹅、一辆电动玩具火车、一个足球、一个闪着光的警灯、一只空鞋盒、一只啤酒瓶、一只嘀嗒作响的闹钟、一台手提收音机、一个旋转的陀螺或一个人……所有这些稀奇古怪的物品都曾被大量用于实验：当灰雁雏鸟正处于敏感期时，这些物品被放置在雏鸟面前，而雏鸟立即就深深地爱上了这些物品，仿佛它们就是亲生母亲。从此，世上没有任何力量能磨灭它们处处紧随这些物品的决心。

　　对于绿头鸭雏鸟来说，事情就变得有点复杂。因为它们已经有所选择了，就像我们前文说的那样，谁能发出与它们在蛋里听到的相同的声音，谁就是它们优先考虑的母亲人选。

　　这种"不知其所以然"的首次习得父母形象的印随只能在这短暂的敏感期内形成，而且过程极其迅速。如果错过了这个时间段，还没来得及给孩子看到它们可认作母亲的东西，那么，此后，它们就会跟随任何一只动物或任何一个在它们前面活动的物体，没有先后次序，也完全不带个性特征。这个母亲的替代物可以随意被替换。至于要与某人或某物建立起固定的情感纽带，这只动物穷其一生也无法做到了。

　　由于灰雁的印随完成得迅速而彻底，专家们称这是一种稍纵即逝的特殊敏感期——紧急关键期。它似乎是唯有可自行离窝觅食的雏鸟才拥有的特异能力。

而对于留在窝中需要父母喂食的雏鸟们来说，没有什么理由迫使它们在一个短暂期限内尽快掌握母亲形象。哺乳动物幼崽身上对应的过程更长，谈不上有什么"紧急关键期"。

尽管白尾角马、斑马、野马、绵羊、山羊和家猪等动物幼崽在出生后会很快（约半小时内）认识自己的母亲，随后便亲密又忠诚地与母亲紧紧相随；但这样的印记并不像灰雁或白孔雀的那样不可磨灭。至少在实验中，这种印记是可被替换的；这种替换发生得越早，孩子对新任母亲的接受就越快。这样，哺乳动物幼崽就有纠正早期错误的机会。所有那些在狮子袭击中与母亲分离因而把越野车、狮子或陌生白尾角马当作母亲而紧随其后的幼白尾角马后来还有机会改正错误。只要它们被真正的母亲找到，它们就会立刻跟上她。

哺乳动物幼崽与母亲建立母子情感纽带的整个过程会持续数周，这样的过程耗时越长，这种情感纽带也就越持久。但如果像阿拉伯狒狒那样因"日托保姆"而使母子分离，那么，孩子对母亲的依恋就会被显著削弱。

在进行大量的相关调查研究后，德国基尔大学家畜研究专家萨姆布劳思（Hans Hinrich Sambraus）教授开始质疑这种情况是否还称得上"印随"。

第三节　造成心灵残疾的错误

一旦孩子完全建立起了对母亲的情感纽带，这种关系就成了它们生命不可或缺的一部分，哪怕是在一些荒唐的处境中。

在一家实验农庄里，萨姆布劳思教授将一只小公山羊从出生之日起就交给一名饲养员来喂养，一共养了 30 天。在出生后的 7 个月里，它没有一次机会见到别的山羊。当这只羊最终被放归羊群时，尽管它老老实实地跟着它们，在草地上无精打采地转悠，可它对发情的同伴却表现不出一丝性欲。但只要远远地看到人，这头公山羊就会马上冲过去，试图与他交配。

在多数情况下，它总是冲着那些身穿白色外套（那正是幼时照料它的饲养员常穿的衣服）的人而去。真的，甚至让这只公山羊在一个套着白大褂的木架子和一只发情的母山羊之间做选择，它也会狂热地追求那没有生命的人形架子，对那只母山羊则视如空气。专家写道：到后来，甚至只要一看到与白衣人具有一定共同之处的白色毛巾，它都会兴奋起来。

描述这种异常行为之所以重要，是因为我们可从中追溯导致心理发展异常的所谓性偏好障碍的根源。

当然，教授也曾试图矫正那头公山羊，让它重新去适应同类正常的性生活。但是，所有人道的方法均告失败；最后，他不得不采取了医治精神疾病的典型手段——电击休克法。每当这只山羊试图与人交配时，就会挨上一击；但这种矫正措施并没有让它见人就逃，回避痛苦制造者而重新投向同种异性的怀抱。相反，它总是厌恶那个电击它的人，而仍然对其他人"一往情深"。

总之，那头公山羊在幼年早期建立的情感纽带是那么牢固而持久，连电击休克治疗都无法消除它因被误导而形成的性对象和性行为异常。

那么，鸟类是否也会因为错误印随而成为性偏好障碍者呢？现代行为学先驱、德国动物学家奥斯卡·海因罗特（Oskar Heinroth）博士早已对此展开调查研究。一只雄雉鸡在幼年期把这位学者视作"母亲"，自然也对他产生了性印随；所以，在它成年后的想象中，这位专家的角色就从母亲转变成了未婚妻。于是，专家的夫人、后来的柏林动物园园长卡塔琳娜·海因罗特（Katharina Heinroth）被它臆想成了情敌；只要被它发现，卡塔琳娜就会遭到那满怀妒忌的雄鸟恶狠狠的攻击。

有一天，这位专家与妻子互换了衣服（夫人穿上了丈夫的工作服），而后出现在那只雄雉鸡面前。要是换成上文中的公山羊，肯定就中招了。一开始，那只雄鸡有点迷茫，东看看，西瞧瞧；然后，它仔细打量着俩人的脸；接下来，它大叫着扑向卡塔琳娜，并用喙去啄她，目的就是赶走她，以便把她丈夫当作自己的妻子来交配。

后来，这两位动物学家又一次以同样的方式交换服装。这次，他们出现在也印随这位专家先生的一只雄大鸨面前，结果出现了相反的一幕：这只被搞糊涂的鸟就只爱那个套着它从小熟悉的海因罗特博士的工作服的人。而那个穿着妻子衣服的专家则被那只大鸨假想成自己的情敌，这时，海因罗特博士从它那儿得到的不再是爱而是"拳打脚踢"。

上述情况是否属于性偏好障碍取决于当事动物注意的是同一类的人或物中的哪些特征。大鸨只注重"羽毛"，雄鸡则还会仔细查看脸部。所以，对于大鸨而言，只要那套衣服就已足够，真是应了"人靠衣装"这句老话，而雄鸡则会以人物的个性特征为依据。

为避免片面理解，我们必须指出，在性生活上，绝非所有建立了错误印随的动物都会像上文中的公山羊那样冥顽不化地爱虚假外表。这一点在虎皮鹦鹉身上表现得尤为突出。

饲养虎皮鹦鹉的人可能会目睹一些奇特事情。例如，他们人工孵化个头小小的鹦鹉蛋，等小鸟一钻出壳就马上把它捧在手里，就可由此让那些雏鸟对人非常亲近，仿佛它们本身就是一种"迷你人"。而且，它们从一开始就处处表现得和上文中的山羊一样：第一次交配的钟声一响，它们就只愿和人而非同类结偶；雄鸟喜欢停留在喂养者手上，就"爱"他们的手指。

但这时有个补救绝招：当虎皮鹦鹉开始在人面前发情时，给它们的鸟舍罩上一块布，使它们无法再看见自己巨大的"情人"。与山羊相反，虎皮鹦鹉很快就会给自己物色一个更合适的对象。雄鸟间无法成双结对，因而，它们自然就向自己的雌性同类求婚。即便它们的爱情表演达到了高潮，如果此刻饲养者除去鸟舍的布帘，那两只鸟就立刻同时透过鸟舍栏杆向人示爱，因为那只雄鸟会把饲养人看作自己本就热恋着的雌性，而那只雌鸟则会把他当作自己的白马王子。就这样，只要实验人员不断掀起又拉上布帘，它们就会不停地"喜新厌旧"，一会儿向人发情，一会儿又向笼中伙伴示爱。

然而，一旦这对鸟在遮挡的帘子后已孵出且共同喂养一窝小鸟，如果此后再除掉帘子，悲剧便会发生：这对虎皮鹦鹉马上形同陌路，重新向人示爱，任凭自己的孩子挨饿。

尽管被烙下了错误的印随，但它们仍然能够与同类恋爱与交配，这在某种程度上可视作权宜之计吧。但归根到底，对印随的人的爱才是埋藏在它们内心的强烈情感。

当行为学研究者想让自己和研究对象结为同伴、融入它们的生活圈子并研究其行为时，他们经常会利用这种让动物从一出生就与人类建立固定关系的方法。这听上去很有诱惑力，也能为我们打开与动物建立真正友谊的大门，建立起那种只有母子间才有的内在情感纽带。可正因为这一点，我们更应该慎重对待。

所有利用这根魔杖来让一只动物与自己命运相连的动物爱好者们，请你们务必考虑到：这意味着在任何时候你们都要为它的生命担负起全部责任。如果你以后抛弃它，或者把它交给陌生人，对它都将是可怕的折磨。因为从动物的角度来看，这无异于被自己的亲生母亲抛弃。

保持必要的谨慎也是因为一些更重要的东西。动物对人类的情感纽带允许的只是一种追随关系，绝不包括性。在第二个案例中，饲养员把动物塑造成了性变态者和心灵扭曲者，使它终生都无法与同类交友结偶，且在多数情况下也无法与同类正常交配。简言之，像这样对待动物，即使是出于研究目的也完全是不恰当的。

那么，我们应该怎么办呢？下面，就让我以马为例来展开阐述。

第四节　如何使动物变成人类的朋友

美国伊利诺伊大学的格特鲁德·亨德里克斯（Gertrude Hendrix）教授通过研究发现了让出生后即由人照料的马成为人类友伴的迄今最佳的办法。她是这么描述整个过程的：

> 我从兽医手里抱过刚出生的小家伙，摩挲着它，亲昵地抚摸它的脖子，用食指轻轻地抓挠它，就像它真正的母亲用嘴抚

摸它那样。小马驹犯困了，我就停下来，大约一小时后，又继续重复刚才的动作。

小马驹出生后的前四天就是这样度过，教授没有完全以它母亲的身份自居。她十分清楚：一旦让母马彻底脱离马驹的生活，小马驹以后就会特别依恋人类，也往往容易在成年后变成性偏好障碍者。

所以，教授尽量扮演马驹的"姑妈"角色。在生活在北美西部的野马群中，每当有小马出生，大家庭里的母马们都会聚拢过来，惊奇地观看家里的新成员，然后，同它亲热一番。但这只局限于最初的几小时，母亲随后会阻止它们直接接触马驹。孩子一出生应该只能嗅闻母亲，在认清谁是母亲并与母亲建立起情感纽带后，那些"姑妈们"才被允许登场。

就这样，亨德里克斯让马驹认清并记住了自己亲生母亲的模样，又从第一口呼吸起便初步认识到人类是"亲爱的姑妈"，也是马群体中的一员。再过一段时间，抚摸马驹的就不再是教授一人了，大家经常轮换着去做。这样，这些马驹就不只与她一人关系亲密，而会把整个人类都认作可信赖的朋友。

如今在美国，利用这一研究成果，一个供骑乘的新马种被培育了出来。这种马天生就对每个人都有好脾气，它们不会因戴上鞍辔而紧张不安，也不会把练习骑马的学员摔到地上，如果有也不会是故意为之，而且从来不表现出惊恐慌张。简言之，它们绝对"对骑手友好"。

这一方法也适用于狗。对于刚出生的幼犬来说，生命最初几周的经历对它的性格、它对人类的态度以及它自己的一生都具有不可磨灭的意义。狗有许多必须学习的东西，如果在出生后头 7 周这一敏感期内没有学会，那么将来的任何补救措施都为时已晚。在这期间，狗养成了自己的性格：有的成为人类的忠实朋友，有的成为冷漠又懒惰的家伙，有的变成惶恐不安却又好咬人的"职业杀手"。

这一点值得注意，因为犬类饲养者一般出售断奶后的约 12 周大的幼犬。这时，狗的性格已基本成型，尽管在当时还不能被明显识别。购买者虽然可继续训练它，矫正它的一些行为，但已不可能大幅扭转它的性格——这个事实并没有得到大家的重视，因为他们只看重狗的血统是否名贵，并错误地认为良好的遗传是品质的保证。

著名犬类研究专家埃伯哈德·特鲁姆勒博士已弄清了一些具体细节。在幼犬生命最初的 4 至 7 周，在喂食时，饲养员不可以随便地把饲料盆往狗面前一推了事；否则，它们就永远成不了人类的朋友——"美味生爱意"这句老话对小狗们可行不通。

人们应该模仿它们的母亲，每天多花时间陪幼犬玩耍，在这个过程中，幼崽能强烈感受到人的气息。如果在前 7 周内，一只幼犬既没有与亲生父母也没有与饲养员玩耍，那就注定它将一生对人冷漠、懒惰、不友好，如同一块木头疙瘩，不能和任何人相处。这似乎匪夷所思，可事实确是如此。当主人从第 8 周起才开始与宠物犬一同游戏，即使他一连几月、每天花数小时努力，也不过是枉费心机，这种奢望与他硬要把一块床前小毯变成自己的玩伴无异。

此外，一旦幼犬在 7 周的敏感期内没有嗅闻过人的气息，那么，还会发生的情况是：即便它以后一直受人宠爱，它也会永远怕人。

这一现象与马身上体现出来的存在一些细微差别：如果幼犬在出生后第 4 周至第 7 周时只接触某个人的气味，那它以后就只会对这个人亲近，而对其他人保持警惕，也不愿接近。但是，如果在此期间幼犬被许多人爱抚，那么，它成年后便会与所有人和善相处，还会对幼时从未接触过的陌生事物保持友好。

不少人认为，只要借助现代驯养方法就能在每条犬身上训练出各项本领。这绝对是人类不了解自然法则的典型表现。要知道，想得到远非意味着就能做得到——上帝创造的作品可不是由你随心所欲操纵的。这一点，有经验的驯犬民警与海关培训基地的警犬驯导员最了解。例如，缉毒犬通过嗅闻辨别并指示出藏匿毒品的技能的习得必须建立在它对这项"游戏"感兴趣的基础上。如果游戏天性在幼年被荒废，那么，采用任何训练方法都将无济于事，这些认知缺陷无法复原的狗只能离开培训基地。

可以说，幼犬的经历已决定了它今后是成为拒绝陌生人示好、食物等诱惑，只忠诚于主人的机敏警卫，还是成为与孩子和朋友一起开心游戏的玩伴。

狗是"独来独往"还是与主人"休戚与共"不是通过后期教育能实现的学习目标，而是取决于它在**驯化敏感期**（出生后**第4到7周**）与人的关系如何。也就是说，在它们几乎还是无理智的"食物消化器"时，狗与人的关系就已经被深深地打上了印记。

在驯化敏感期中，如果驯养员给幼犬安排一只成年猫或兔等动物而不是人类来做伴，那么，幼犬就会与这只动物关系亲密。

在墨西哥北部地区，农场主就利用这种可印随性来驯化野生郊狼（又称草原狼），让它们充当牧羊人，看守羊群。郊狼幼崽被人从土穴里刨出来，随后，这个尚未睁开眼睛的小家伙被放到一只母山羊乳房边，刚产下的小羊羔则被人抱走。就这样，母山羊认为狼崽是自己的孩子，而狼崽也把这群山羊视为自己的同伴。

当郊狼长大后，它自然而然就接过了羊群的领导权，每天早晨和羊群一起离开羊圈，晚上又把羊群赶回家，根本不用人在场监督，也不需教导它怎么做。一听到有羊发出呼救，它马上就能理解并做出反应，冲到求救者身边，发起反击，不管侵犯者是郊狼还是人，哪怕羊群的主人也不例外。

可见，动物身上幼时最早的印记影响了它的群体和同伴观念，决定着它能否在这一群体中找到自己的位置和毕生的使命！

第五节　失误使食肉动物变成素食者

个体与父母的情感纽带除了会影响对性伙伴形象和自身所属社会群体的认知外，也会在动物幼崽的心灵上铭刻上其他伴随终生的观念或规则。

幼犬在生命最初 3 周里得到的固体食物就是它今后愿意吃的所有东西，这条原则它终身坚守不渝。研究人员曾在这个时段只给一只幼犬提供麦片、蛋糕和米饭，从不喂生肉；后来，它就拒绝食用一切生肉，哪怕因此而患上日益加重的急性营养缺乏症。结果，不久后它死于营养不良。这就应了一句德国谚语："农夫不吃自己不认识的食物！"

动物出于本能就知道什么该吃什么不该吃——这一理论今天看来也不一定成立了。虽然雏鸡天生就具备以谷物为食物的知识，在破壳仅仅几小时后，就开始目标不明地啄食一切外形类似谷粒（包括小石粒）的东西；但要辨清外形各异的食物、区别出美味与苦药则是一件十分复杂的事，仅凭基于本能的粗略的轮廓性概念无法完成。这些能力只能从父母处习得。

为了预防孩子遗忘父母教导，避免其因自作主张而造成菌类中毒等事故，对食物的认知也早在其生命的最初阶段便被印随了。食物印记牢牢地刻在动物的初始记忆中，终身不可磨灭。

洛伦茨教授观察到：当灰雁父母带着一群几天大的雏鸟散步经过一片草地时，小家伙们便挤到父母的脑袋边，仔细观察它们扯下的是哪些植物茎叶；然后，它们也跟着津津有味地品尝起这些食物来。将来，它们依然会对这些情有独钟。

很多其他种类动物的孩子也有类似情况，甚至连网纹长颈鹿这样的哺乳动物也不例外。当幼崽开始以植物叶子为食时，母亲会俯下身子，用嘴触碰孩子的脑袋，示意可以开始进食。它以嘴唇接触指导幼鹿哪些树叶味道不错。从此，它的孩子就会一生遵守这样的食谱。

连青潘猿也相差无几。动物园的饲养员最好不要抱希望要让这种灵长目动物的代表把幼时从未尝过的香蕉当成美味享用——它宁愿挨饿，也不肯去吃它不熟悉的东西。

这种方法有助于防范食物中毒。在动物界，一生都在不断开发新食物源的动物所占的比例很小。对于它们来说，对所有新的、目测可食用的东西的尝试关系到自己的生存，褐家鼠、黑鼠、渡鸦、秃鼻乌鸦及家麻雀等均属于此类动物。作为动物界通行原则的例外，这些动物关于食物的印随不只发生在幼年期的某个短暂时段。

然而，有时，这种"不知其所以然"的学习过程也会出现差错。

例如，侏獴幼崽一出生就知道将身旁所有沾血的东西当食物，天性告诉它们那是同一群侏獴成员带给自己的已死的猎物。可在塞维森的马克斯·普朗克行为生理学研究所，拉莎（O. Anne E. Rasa）博士喂养的一群侏獴却发生了出人意料的变化。拉莎博士特别优待这些小家伙，把它们安置在蓬松柔软的干草上。等它们11天大时，同群的其他侏獴成员第一次给它们带回来几只死老鼠，于是，干草沾上了老鼠的血。这就造成了灾难性后果，这些食肉的幼崽把干草也当成了它们固定的食物。只要一看见干草，它们就会贪婪地吞食，最后统统死于胃炎。

那么，这种不幸为什么从未在非洲的自然保护区里上演过呢？这位博士通过考证发现：成年侏獴营造的巢穴与她为侏獴搭建的完全不同。成年侏獴先刨出一块干净地方，而后，把幼崽就安置在这光光的地面上。

如果对侏獴幼崽来说"血"是"肉食"的标志，那么，家猫幼崽、雪貂幼崽则依靠母亲带给它们的食物的气味来判别一种东西是否能吃。

在德国吕讷堡草原上，一位经营养鸡场的农场主养了一窝猫，希望靠它们去应对鼠害。没想到，母猫私下居然只把小鸡喂给猫崽。后来，农场主识破了母猫的诡计，开始自己教这些6个月大的小猫捕捉老鼠。

一开始进展顺利，这些小猫的捕猎热情异常高涨，只要听到有东西发出噼噼啪啪、窸窸窣窣的响声，或看到有东西在刮擦、啃咬，它们就会闪电般地扑上去；只要看见那些敏捷跑动的东西，它们就会穷追不舍；只要发现外表看上去毛茸茸的东西，它们就会抓住并杀死它们。尽管此前从未见过老鼠，小猫也能捕杀它们，因为上述

　　　　　　　　温暖的巢穴：动物们如何经营家庭

特征正是猫与生俱来就认定的猎物轮廓与模样。

但意想不到的事情接踵而来，这些成功的猎手只是嗅了嗅自己猎杀的战利品就无所谓地扔到一边，尽管当时它们饥肠辘辘。在后来的生活中，这群猫也未曾从自己捕猎过的大量老鼠中取食。

这意味着，捕捉猎物和食用猎物是完全不同的两码事。捕猎是猫和雪貂的天性，而若要以猎物为食，动物就必须先学会理解可食用的信号——年幼时从母亲那儿得到的食物气味。假如在幼年时从未吃过老鼠，那么，后来，它们也不会对老鼠有食欲。

对我们人类来说，更费解的是雏鸡的啄食行为。前文已提到，这种动物天生就认识谷粒。在出生后最初两天，凡谷粒状的东西都是它们的啄食对象，但它们真正选对的却少之又少。至于在学习"目标辨认课"期间不会被饿死，那是因为雏鸡靠出壳前已经吞下的蛋黄来维持生命。亲爱的读者朋友，现在您早餐吃着鸡蛋时，知道蛋黄对鸡崽的用处了吧？

就在短短两天时间里，雏鸡成功地学会了把谷粒啄进嘴里。那么，假如实验员阻止它们学习，会发生什么呢？据科学史料记载，曾有这么一个案例：研究人员让雏鸟在出生后最初两周在黑暗中生长，给它们喂食时用镊子夹住谷粒送入它们嘴里。这样，这些雏鸡就没机会做有针对性的啄谷练习。

接下来，要测试这些已长大、"知其所以然"的动物能否把本该前期学完的课程补上。实验员看到：小鸡们一看到谷粒就脑袋朝天、毫无章法地抽搐，它们的喙却一次都没碰到过地面。不久，这窝小鸡便全都饿死在谷堆之中。

第六节　培养争斗能力

如果对动物幼崽早期"不知其所以然"的学习过程了如指掌，那么，凭借人类的高智商，我们总可以自信比动物们高明许多了吧。可是，这里还得先指出，现代人并没有摆脱这些学习过程，只是我们没有意识到而已。它们只是无意识地影响着我们，除非我们能看透它们之间的内在联系。

动物幼崽在早期形成并伴随终身的印随涉及许多方面。除了前文已描述的认识和爱父母、对将来配偶外形的偏爱、确立同群伙伴、性格定型、确定食物等，还涉及其他众多领域。下面，我就来给大家做个简短的概述。

比如，动物攻击性的强弱也取决于它在幼儿早期是否要为保全自己而经常与同类较量或争斗。

郭任远（Zing Y. Kuo）教授经研究发现：日本鹌鹑的性格（温和或好斗）敏感期是8月龄至10月龄间。在这个时段，一半的鹌鹑每天与同龄伙伴开展多次"对抗运动"，另一半则充当"和事佬"，不停地维持和平。这位教授把主张"战斗"与"和平"的两个派别的鹌鹑各分成两组，允许一组和它们的同类待在一起，而另一组除了在"对抗运动时间"外只能各自单独待在笼子中。

后来，研究人员测试了这群鹌鹑成年后的攻击性。那些好战性超群的都是嗜好对抗运动又独自在笼中度过少年时代的鹌鹑。也就是说，攻击活动不但没有成为怒气的"出口"，反倒成了好斗性格的强化训练。出人意料的是，虽与领先的一组差距较大，但位列第二的那组并不是受过战斗考验的、过集体生活的鹌鹑，而是不爱争斗、单独生活的鹌鹑。

由此可见，在早年某个时期进行对抗游戏会加强成年后的攻击性。然而，那些没生活在集体中，而在离群索居中成长的动物，它们的攻击性就会表现得比对抗性运动所强化的更强。与此相反，集体生活能抑制好斗性的漫无边际的增强。这一点尤其值得我们思考。

鸟类的歌唱技能和音乐天赋与攻击性似乎天差地别，但许多"歌手"的音乐才能也只能在幼时发掘。

入门课程侧重于让动物幼崽理解其母亲的招呼与警告。让我们从大量例子中选择一个。一只刚破壳而出的绿头鸭雏鸟一开始不懂母亲招呼它躲避到翼下的声音会是什么样，同样，它也不大清楚哪种声音在向它发出最高危险预警、哪种声音又在催它快快逃离。所有这一切它都得从零学起。

在美国芝加哥大学心理学研究所的赫斯（Eckhard H. Hess）教授和兰赛（A. Ogden Ramsag）博士主持的各项实验中，这些都得到了验证。他们教雏鸭在听到某种声音时逃跑，在听到另一种声音时钻到母亲翅膀下。例如，一只小鸭一听到鼓声就会吓得撒腿就跑，而另一只则视笛声为"警报"。

当然，听觉信号也并非可以随意确立，雏鸭能理解的警告声只能是单音节的，招呼声则只能为 3 或 4 个音节的。粗略轮廓性的观念是它们天生就具备的，至于音调、音色等具体细节则要后天习得，但它们只能习得先天认知框架所允许的范围内的东西。

此外，这一学习过程只在短时间内完成，招呼声学习发生在生命的第一天，警报声学习只能在出壳后的第 36 至第 60 小时之间。如果雏鸭在这个时段错过听到警报并失去这样的学习机会，那么，它将再也不可能理解警报与危险之间的内在联系，不久它便会被天敌吃掉。

在原则上，拥有更高技能的鸣禽也如此，它们先天就拥有的是一些简洁又原始的只带有典型特征的旋律模式。要想让它们叫声的音乐元素更完善而精细、节奏有更多变化，这个合适的时机一直要等到求偶时才可能出现。也就是说，这些得留待它们在以后的学习阶段去实现。

根据比勒费尔德大学动物学家克劳斯·伊梅尔曼教授的研究，斑胸草雀为学习唱歌所做的准备精确地发生在它们生命的第25至第38天，可这些学生学习时表现出的意兴阑珊足以把我们任何一位在校老师推向绝望。

小草雀的音乐老师正是它们的父亲。在上述敏感期里，它在孩子面前摆好架势，然后，放声高歌一曲咏叹调，而此刻雏鸟们似乎对每样事物都感兴趣。父亲的领唱一停顿，孩子们马上一块含糊不清地叽叽喳喳起来，这些"儿歌"与父亲的旋律没有一丝关系。它们简直就是在瞎嚷嚷，哪里像是在乖乖练习。

在小鸟出生后的第38天，实验人员可把其中最不认真上课的学生从班里揪出来，单独关进鸟舍。一开始没有任何令人激动的事发生，然而，5周过后，这只小鸟突然放声鸣啭，它的歌曲竟同父亲在35天前示范时的一模一样。看来它的学业完成得十分出色。

如果在**学唱敏感期**为年幼的斑胸草雀配备一位其他鸟种的养父，比如唱着完全不同歌曲的白腰文鸟，那么，这些小草雀这一生唱得最好的就是养父教的旋律。年长者怎么领唱，年幼者就怎么应和。如果在这13天里它们什么也没听到，那么，它们这辈子就注定是一个蹩脚歌手，必将遭到所有雌鸟的嫌弃。

许多动物在少年时期就已掌握一些人类至今难以理解的东西：这个如此辽阔的星球上，候鸟怎么寻回远方的家乡？两栖动物怎么认出它们出生的那个池塘？鱼类怎么认识它们家乡的水域？还有，乌龟是如何找到自己被孵出的地方的？在第五章中，我们已对此做了相关介绍。鸟类飞越万水千山，只为回到自己最初待过的"摇篮"。

例如，红背伯劳长途跋涉飞至非洲的中部甚至南部越冬，来年春天，它们返回故乡时，不是降落到一个大致位置（如德国巴伐利亚）就作罢，而是十分精确地返回慕尼黑市格林德瓦尔德区阿尔彭街22号后花园中的第二棵苹果树左侧——没错，那正是它出生的地方。

那么，从何时起，候鸟能够牢记自己的家乡，即使环游了世界并在没有地图、路标、旅游指南的情况下仍然可以重返家园呢？对此，德国不伦瑞克大学的两位禽鸟学家鲁道夫·贝恩特（Rudolf Berndt）博士和沃尔夫冈·温克尔（Wolfgang Winkel）博士曾努力地探寻着其中的奥秘。他们把一群羽翼渐丰的斑姬鹟运到距其出生地250千米远的地方再放飞，在这群小鸟"向往远方"的迁徙本能爆发前，它们只用了几天时间就熟悉了新环境。第二年春天，它们飞回了被研究者带去的地方，而不是最初被孵出的家乡。

这意味着鸟儿并不是像很多人猜测的那样拥有一种与生俱来的神奇的家乡感觉，它们记住的故乡地理位置，更确切地说是自己南飞时的起始点。直到它们内心受到远迁驱力的驱动时，它们才开始了解定位故乡的意义，但对我们来说，这一只只小脑袋里究竟发生了什么目前仍是个谜。也许是因为它们牢牢记住了地球磁场中的某几个坐标，这就是不为我们所知的导航。

让我来总结一下：动物从出生开始，在儿童、少年的各发展阶段中，存在着一个个通常极其短暂的敏感期；在此期间，它们或多或少学会了一些对将来影响深刻且永不磨灭的东西，这些东西部分地构成了动物的本质，并预示了它们命运的走向。这些在敏感期习得的东西不但在数量上惊人，涉及的行为方式也多种多样。

第七节　"懵懂第一季"

这里就出现了一个有意义的问题。在人类如此发达的大脑里，上文所列举的种种"不知其所以然"的学习过程，这些既非意志也非意识所能决定的、堪比电脑预设程序的东西，又将造就一种怎样的情况呢？

儿童早期为一个人后来的个性奠定了基础。可是，迄今为止对这个阶段的研究在整个人生发展研究中只占了最小的比例。这实在是一大失策！

造成这一局面的主要原因是对新生儿本质的一种严重错误的认识：在出生后的最初几周甚至几个月内，婴儿只不过依靠条件反射吃奶，过着不经大脑思考的麻木生活；他们的感觉印象只是模糊、散乱、毫无意义的一片混沌。在儿童医院里，这种观念几乎蔚然成风。虽然这种贻害无穷的错误观点是在针对新生儿的大量实验的基础上形成的，但在1973年科学界就已证明：这些实验无一例外是在完全错误的条件下进行的。错误的根源就在于：实验人员把婴儿带进一间实验室，让他们远离母亲，仰卧在床上，然后给他们施加视觉和听觉刺激。结果，在不到 3 个月大的实验婴儿中，没有一个做出哪怕一点点的反应。于是，"**懵懂第一季**"概念就这样形成了。

因此，任何将儿童与前文中的动物早期学习阶段做比较的想法均遭到了儿童心理学家的断然否定。他们认为人类与动物完全不一样。在众多的实验人员中，竟没有一人想到：新生儿的"无动于衷"只是因为他们远离母亲，置身于陌生而又嘈杂的环境，因惊恐万分而无法做出反应。恰恰是婴儿们感知到了各种来自环境的刺激，也意识到了环境的陌生和危险，因此他们才不再领会其他的刺激。

就这样，将新生儿描绘成"没有感知、只会消化乳汁的小可怜"的"童话"诞生了，我们的孩子至今仍要承受它所带来的痛苦。

其实，要避免这种错误很简单。只要把这种实验安排在自然条件下进行，尽量不给孩子增加负担。美国儿童精神科医生布雷泽尔顿教授让母亲保持正常坐姿，把孩子抱在左手，当孩子完全放松，乖乖地依偎在母亲怀里时，他提着系有一枚红色塑料环的线的一端，在婴儿面前约 30 厘米处慢慢地来回摆动。结果，所有出生仅 45 小时（！）的新生儿都能把目光锁定在这只醒目的环上。同样，在不让他们看到拨浪鼓而只让他们听拨浪鼓发出的咚咚声的情况下，相同年龄的婴儿也会转动小脑袋搜索声音的来源。

比勒费尔德大学儿童心理学家克劳斯·格罗斯曼教授亲自做实验验证了上述结果，尽管一开始，他的实验请求总是遭到儿科与妇产科医生、助产士及儿科护士的拒绝。显而易见，他们抱着对立的态度。然而，当他在他们面前展示了这些简洁明了的实验后，大家都表现出了难以置信的表情。事实最终战胜了过时书本上的教条！

可见，刚出生的人类婴儿根本就不像当时的很多成人所认为的那样无知。相反，早在"懵懂第一季"期间，孩子们对许多刺激都已做好了与非人动物类似的接受准备，并已具备一些预先形成的、重要的认知基础。

对一些所谓的专家一直无视的这些事实，每位称职的母亲都十分清楚，虽然她们是基于本能和无意识做出相应反应的。当怀抱孩子时，她们总是会积极地与孩子进行目光交流。为了能仔细端详孩子，她们不会像从地图里辨认某个小标识那样凑到孩子面前，而是与他们保持20~25厘米的距离。慕尼黑的马克斯·普朗克精神病学研究所的帕珀泽克（Hanus Papousek）教授已通过研究发现了其中的原因：刚出生几天的孩子只能把自己的视力调节到这个距离，若更近些，他们所看到的就不再清晰了。如果母亲想让婴儿清楚地认出自己的脸，那她就不能离得太近。而母亲恰恰本能地做到了这一点，好像她早就知道小家伙的视觉调节能力尚不完善似的。

这个谜底一经揭开，该领域中后续的新认识就像多米诺骨牌一般纷纷摊牌亮相。芝加哥大学的吉拉里（Carolyn Goren Jirari）博士甚至证实：人类婴儿早在出生第一天就表现出了一种对他人面部特征的天生的识别能力。就像上文中的雏鸡本能地认定谷粒状的东西可能是食物，新生儿依偎在母亲怀中吮吸第一口奶前，就对人脸有基本认识。他对人的面部的注视并不等同于看胸部或手臂。博士用一个实验模型进行测试，大致如儿童画中的"点、点，逗号，短横，变成一张圆圆的月亮的脸"。它在所有受试的31个婴儿中引起的注意力远远要比其他一切东西多，完全与用真人脸部测试所达到的效果一致。

不过，直到大约两个半月大时，人类婴儿才真正学会把母亲的面部特征与其他人的区别开来。但在他长到 8 个月开始认生之前，在接近 5 足月大时，那些头顶又高又黑的面孔会引起婴儿极大的恐惧。

行为学专家保罗·莱豪森教授认为这是远古时代的遗产，那时，头部黑色的毛发竖起是一种表示威胁的姿势。直到现在，作为人类近亲的青潘猿们还在那样做。所以，再没有比戴着圆柱状或圆顶形黑色礼帽的父亲或某个陌生来客的头靠近 5 个月大的孩子更糟糕的事情了，婴儿会顿时狂哭不止，将婴儿车震得直晃动。另外，能引起孩子惊恐反应的还有深色粗镜架的眼镜。

第八节　赢得基本的信任感

我们还是回到人类孩子初生时那段比任何时候都重要的日子。读了上文，应该不会再有人怀疑：要成为当之无愧的好母亲就需从初生起在母子间建立一种密切的双向关系。

美国儿童心理学家玛丽·D. S. 爱因斯沃斯（Mary D. S. Ainsworth）教授特别强调母子相互关系具有的重大意义。母子间情感纽带的建立和维护是个漫长的过程，这一过程从婴儿出生的最初几天建立基本信任开始。孩子今后生活中的各个关键点都将取决于这种情感纽带的巩固：与他人建立社交关系的能力、成为某个群体一员的能力、形成害怕与攻击之间的平衡的能力（关于这一点，后文将进一步说明），甚至对某些事物产生兴趣并以此达到才智发展的能力。

在当今社会中，冷漠如严寒的人际感情破坏着家庭和社会中的人际关系，这种令人痛心的趋势根源在于人对他人缺乏基本的信任，而最原初的基本信任是必须在孩子生命的初期就在他或她与父母之间建立。

这个过错该由谁来承担呢？不用说，孩子肯定是没有责任的。可谁又能指责做父母的呢？在产科医院，当他们热切想与刚降生的孩子建立情感纽带时，他们不是马上被医生阻止了吗？难道他们不是被告知：在出生后最初的 3 个月里，孩子对整个世界是无所感知的吗？那么，家长认为可以把婴儿送进托儿所，又有谁会觉得奇怪呢？难道家长们不是每天都被灌输：与"实现自我"的职业女性相比，孩子妈妈这一角色是多么卑微吗？

就这样，父母想与孩子建立情感纽带的美好愿望被葬送了。造成的后果是：一方敌对、暴力或冷漠，另一方拒绝、孤立及叛逆。这一切到底会让谁惊异呢？

每个婴儿出生后都已具备一种完全成熟的、与母亲形成相互关系的先天才能。根据克利夫兰州立大学附属医院的儿科医生肯内尔教授多年来的记录，一般来说，婴儿出生 7 分钟后就会对周围发生的一切表现出高度的兴奋和关注。这种状态持续大约 1 个小时，而在此后的 8~10 天里，孩子再也没有达到过这样高的关注度。

为了证实这一点，教授恳切地要求所有的同行专家们：在出生后一小时内的关键期里，把孩子交给他们正在卧床休养的母亲，且要让婴儿全身赤裸。这可让母亲和孩子都称心如意地进行初次接触，而这对实现母子进一步相互影响及孩子对他人产生基本信任都起着决定性作用。

母子凭感觉相互影响的动力会因两方面因素得到加强：一是母爱在第一时间内的觉醒，二是婴儿从母亲的鼓励中获得基于先天的交往需要的基本信任感。此外还有婴儿第一次依偎在母亲胸前吮乳的令人陶醉的经历。尽管德国亚琛工业大学心理学教授埃米尔·施马洛尔（Emil Schmalohr）强调，那只是第二天性。

婴儿对母亲的爱绝非产生于填饱肚子的需要，因为一种社会性纽带不是通过温饱需求来缔结的，而是首先通过自然的社会交往建立。

因此，首要的任务是细心呵护新生儿身上萌生的对母亲之爱的娇嫩幼芽，因为这种基本信任是今后一切教育与学习过程的基础。如果这一幼芽因我们的无所谓态度而夭折，那么，孩子的心灵就会遭受伤害，而之后的所有改造努力只能换来不尽如人意的拙劣产品。

毫无疑问，母亲是母子间相互作用的发起者。当然，纽约大学新生儿心理学专家亚历山大·托马斯（Alexander Thomas）、斯特拉·切斯（Stella Chess）和赫伯特·G. 伯奇（Herbert G. Birch）三位教授证实：每个新生儿在出生后的第一天起就在脾气、对母亲的注意力和持久度方面表现出了个体差异。他们这些与生俱有的禀性又反过来影响着母亲的行为，从而影响到孩子的生长环境。

如果一个婴儿快速而频繁地由浅睡转向难以安抚的哭闹、而后又沉睡过去，而另一个婴儿依偎在母亲怀里，小脑袋乖乖地紧贴在母亲胸前，仿佛在向母亲表达他的眷恋。相比之下，母亲会更愿意以冷淡的态度来对待前者。

研究人员把婴儿们划分成"天生交往困难的孩子"、容易交往的孩子以及情感纽带慢慢形成的"慢热型孩子"。在想与母亲交流时，"天生交往困难的孩子"往往会遭到拒绝，由于反馈效应，他们的交往"难度"会不断提高，这对他们来说无疑是个厄运，除非母亲清楚这一内在联系。通过更多付出、更多关注，母亲完全可能把孩子身上一些先天的不利因素转变成积极有利的因素。这种努力开始得越早越容易收到良好效果。

新生儿天生便掌握一些与母亲相互影响的方式，而且从一开始就知道不少。他们很清楚必须做什么才能让母亲了解自己的需求，也理解母亲发出的许多信号。格罗斯曼教授列举了以下婴儿要求关注的信号：被母亲抱着时紧紧贴着她的怀抱；小脑袋往肩窝里挤着；3 个月大后还会加上微笑；发出与平常不一样的声音；把身体转向母亲；瞪大眼睛寻找以及凝神关注；发出要求的声音指令；寻找、细听、抓取、紧攥不放；等等。

与此同时，婴儿也早就理解母亲所发出的许多信号，其中不仅有能带给他安全感的心跳声，还有其他信号，他们知道轻抚或微笑意味着什么，甚至能从音调上辨别出母亲是喜爱还是不满。

第九节　没有动物母亲会任凭自己孩子哭闹

这里我特别列出了一小节来描述婴儿的哭闹，因为在这一点上至今仍然占据主导的观点极其可怕。

"必须让婴儿哭闹，因为这样做有助于加强肺和声带的功能。"这一最高指示至今仍是许多育婴室的信条。产科医院里的"哭闹病房"就是它的起点，里面躺着 20 个甚至更多婴儿，他们哭哭停停、停停哭哭，就像在进行哭喊比赛一样，一哭起来就有好几个小时。许多育儿教科书传授给母亲的经验俨然一副权威："如果婴儿一开始啼哭，就被母亲抱着安慰甚至喂奶，那么，他很快就成为一个名副其实的小魔王，母亲从此将再无安宁之日。"迷信权威的人竟从婴儿的啼哭中看出那是小无赖哼出的第一段抗议曲。

但请各位注意，近年来科学家通过研究发现事实绝非如此。针对哭闹行为、哭闹后的反应以及孩子个体发展的情况，美国巴尔的摩的爱因斯沃斯教授和同事们让大量母亲和她们的孩子在不受影响的情况下接受了为期一整年的观察。结果出乎意料：所有出生后3个月内经常得到母亲温柔安抚的孩子，在他们9到12个月大时并非如大家预料的那样经常哭闹，反倒明显要比那些哭闹时不被母亲理睬的孩子哭得少得多。也就是说，会变成小魔头的并不是一哭就会被母亲安慰的孩子，而是哭闹不停却得不到母亲理睬的孩子。

至今仍有大量所谓的"专家"认为，回应、安慰啼哭的孩子会怂恿他们继续哭闹。"这些人根本什么都不懂，"格罗斯曼教授这样评论道，"他们只是把一些从驯养动物过程中总结的平庸之见直接套用到了一个他们根本不了解的领域。"

和动物幼崽的一样，人类婴儿的啼哭完全不同于年龄稍大、蛮不讲理的捣蛋鬼的吵闹：这并不是一种攻击性举动，而是害怕被遗弃的强烈信号。没有一只母兽会丢下受惊吓的幼崽不管。当然，等孩子长大些后，那就该另当别论了。

出于本能，母兽除了立刻伸出援手外便别无选择，这一点已被前文中的莱豪森对家猫的观察所证实。显然，没有一只母兽因此培养出了一群"让它不得安宁的小无赖"。面对啼哭的婴儿却听之任之，这种能力也就只有"智慧"的人类才具备。如果林林总总的宣传册、报告和指南总是竭力说服母亲们违背自己的直观感受去板着面孔对待自己的孩子，那么，长此以往，恐怕再也不会有一位母亲会努力理解孩子的啼哭并做出正确反应。

我们这些进化了的文明人有必要不断提醒自己：婴儿天生就是"被妈妈搂在怀里喂养的小家伙"和"需要抱着的小东西"，他们与刚出生便整天黏着母亲的猴子并没有大的差别。请大家设身处地为这样一个小生命想想吧，他只是需要一种亲密的身体接触，需要一点令他舒心的温暖和乳汁以及令他安心的母亲的心跳声。一旦这一切突然荡然无存，那么，他就会本能地陷入被抛弃的恐惧之中，其惊恐程度与死亡带来的恐惧相当。

婴儿啼哭的时间越长，恐惧感便会越深地侵入他们幼小的心灵，由此造成他们的性格中的恐惧感过分增强，从而无法与安全感达到动态平衡。关于这一点，我将在本书第十章中展开详细探讨。

就这样，生存恐惧和绝望的种子一经播下，心灵的畸形发育也就随之开始，最后甚至只能以一些极端方式如吸毒成瘾或自杀而告终。

第八章

呕心沥血为孩子

父母也是会逃避工作的"计件工人"

第一节　照料孩子，成绩一流

在南极洲的极夜中，温度计显示着 –65℃的极寒，狂风裹挟着团团大雪，连续肆虐了 18 小时。为了相互取暖，3 000 多只帝企鹅挤挤攘攘地挨在一起。这些身长 1.15 米的鸟缩着脑袋忍受严酷的命运，在南极洲冬季长达数月的黑暗中，日复一日地经受着考验。

每天都要面对暴风雪造成的死亡威胁，它们一个个为什么都还坚守在这里？为什么一连数周忍饥挨饿却不奔向更温暖的大海，去享用美味的鱼虾和枪乌贼？阻碍它们的唯一原因就是它们的蛋。群体中的每个成员都把这么一枚蛋稳稳地放在自己供血充足的"热水袋"一般的脚背上，腹部下方厚厚的褶皱则从上向下罩住了蛋，脚背和腹下褶皱共同构成了一只"热蛋器"。怀揣这么个无价之宝，帝企鹅不亦乐乎。就这样，它们对肆虐的暴风雪安之若素，克服种种困难，时刻注意着不让脚背上的蛋滚落雪地，否则蛋中的小生命就会戛然而止。

当小企鹅破壳而出时，负责孵化它的父亲已经不吃不喝整整 115 天，减少了自己一半的体重。然而，这种辛苦还远远没有结束。虽然现在企鹅母亲已捕食归来，接替丈夫哺育孩子的工作，但是在接下来的 136 天内，企鹅父亲的任务更加艰巨。它得一次穿越 20~30 千米的冰面强行军，直到找到最近的冰洞，而洞口往往潜伏着豹海豹。钻入洞中后，它必须在冰层下远距离潜泳，直到抵达没有冰层覆盖的海域。在抓到鱼后，它又得重新潜泳回到下水的洞口，再强行军回到妻儿身边，给它们喂食。它要如此连续往返七八次。

在整整 251 天中，企鹅夫妇不辞辛劳地养育它们唯一的孩子，这是个充满了艰难困苦和生命危险的 8 个月。直到 12 月中旬，孩子离开聚居地独立生活后，它的父母才得到 15 天的休整时间。可接下来，它们又该换羽毛了，因而又必须在南极大洋中的某个荒凉的海岛上度过漫长的 45 天，无法下海，因此也就无处觅食。

紧接着，企鹅夫妇再一次被一股强大的力量驱使，这股动力能战胜它们一切坐享安逸的心理，唤起它们重归集群孵卵地的愉悦，它们再次长途跋涉，穿越 1 500~2 000 千米——目的就是为下一个孩子奉献它们的爱。

为了孩子，承受一年的艰难困苦与饥寒交迫，这期间只有 15 天的"休假"！谁能想到，动物父母竟担负着如此重大的责任？

如果我们也"只"需像大山雀那样关心孩子们，大家又会怎么说呢？在雏鸟未能离巢的 18 到 21 天内，为了填饱 9 个永远伸长脖子、张着小嘴嗷嗷待哺的孩子，大山雀父母平均的觅食次数可达 7 743 次。在雏鸟即将离巢的"最后冲刺阶段"，它们的父母更是从日出忙到日落，分头行动，不间断地每分钟向巢里送一次食物。一旦它们完不成这样的定额任务，比如遇上饥荒年份，它们便需要花更长时间觅食，这就意味着它们的孩子之中必有一个甚至几个会饿死。

还有一种动物的父母每天必须带给孩子多达约 4 万只猎物，这

　　　　　　　温暖的巢穴：动物们如何经营家庭

种动物就是楼燕。尽管猎物不过是些蚜虫、蚊蝇以及其他小飞虫，但即便如此，楼燕父母也得一一捕捉，这无疑是一个巨大成就。

为了给雏鸟喂一次食，兀鹫必须飞行 200 千米的路程。睡觉是灰雁高于一切的爱好，照它的心愿，每天最好在睡梦中度过 12 个小时，可一旦有了哺育孩子的任务，它们几乎就没合过眼睛。

关于鹈鹕有这样一个传说，它用喙扯开自己的胸部，用自己的心血喂养它的孩子。虽然这一传说与事实相去甚远，但的确有一种鸟能与之相比，那就是大红鹳。它们用腺囊生成的一种流质喂养雏鸟，这种液体里面因含有大量血红蛋白而呈现出血红的颜色。大红鹳可真是为孩子"呕心沥血"呀！

在喂养大一点的孩子时，澳洲鹈鹕父母可谓把自己置身于死亡边缘。当父母飞回巢时，两三个孩子强盗般地扑向它们，它们把喙插进父母的喙里，像撬一只上了锁的抽屉那样用力撑开它，使劲把自己的钩状喙连同脑袋、脖子朝里面深深地钻进去；从外面看，就仿佛父母要把孩子一口吞掉；实际上，是孩子像钻头一样深入父母胃部深处，以至于双方都几乎窒息。尽管要经历这样的折磨，可鹈鹕父母还是不停地飞回巢来填饱这群纠缠不休的孩子。

的确，没有任何事情能阻止动物父母对自己孩子的照料：孩子的"忘恩负义"令人痛心，但阻止不了父母对它们的一片赤忱。

蓝鲸母亲简直把自己变成了一家乳品厂，每天都给孩子奉献多达 430 升母乳，这个数量相当于 50 头高产奶牛一天的产量。有了源源不断的营养供给，幼鲸的生长几乎可以目测到，竟能每天生长 4.2 厘米，增重约 200 千克！为此，蓝鲸母亲要损耗掉自己的大部分体重。幼鲸尚无成年鲸厚达 14 厘米的脂肪层，因而无法抵御南极水域的严寒。为了避免幼鲸挨冻，母鲸只得离开可以提供大量磷虾等浮游甲壳类的南极水域，迁徙 3 000 千米，来到较温暖海域。在那儿，它几乎找不到一只小小的甲壳动物——它的主食。就这样，在幼鲸拥有足量脂肪、母子能一起重回南极之前，它已快瘦成皮包骨了。

"为伊消得人憔悴"正是许多动物母亲不可避免的命运，连个头娇小的鸣禽也不例外，只是它们张着翅膀，令人无法一眼就发现它们实际上也已瘦骨伶仃了。

禽类学家沃尔夫冈·温克尔博士和妻子多丽丝·温克尔（Doris Winkel）女士曾为斑姬鹟做过精确测量。如果一只斑姬鹟母亲要养活几个孩子，那么，在最初 11 天喂食后，鸟母亲差不多要损失自己 1/3 的体重。它从不先填饱自己的肚子，而是几乎把所有食物都塞进孩子口中。而在同一时间，斑姬鹟父亲的体重只减轻了 5%。由此，可在一定程度上推算出斑姬鹟母亲对孩子的爱。有时，斑姬鹟父亲竟不参与喂食。在这种情况下，母亲的体重还会继续下降两个百分点，濒临饿死。

在北极熊母亲身上，同样的现象却是以完全不同的形式表现出来的。整个夏季，母熊都在阿拉斯加北部沿海四处游荡。在怀孕后，它跋涉 800 千米，前往东西伯利亚北部沿海的弗兰格尔岛。它这么做是因为担心狼群可能伤害到孩子，尽管狼群对它自己构不成威胁。

在自己挖出的雪洞中，母熊生下了一两只约 600 克重的、几乎光滑无毛的小熊崽。摄影师把摄像头伸入一个雪洞，画面清晰地记录到：两个小家伙出生时根本不会接触到雪地。刚一出生，母亲便马上小心翼翼地把它们放在自己两只肥厚的前爪上，用脖颈上方蓬松的毛发把它们盖得严严实实，它还会呼出热气为幼崽增加热量。

整整 4 个月，母熊都没有离开过孩子；整整 4 个月，它定期给孩子喂奶，自己却连一口吃的都没有。在这 122 天里，它完全靠自身贮存的脂肪活下来，原本重达 700 千克的身体减重约 200 千克：这是一个将自己置于死亡边缘的母亲创下的令人惊叹的纪录！

这个能让动物母子们活下来的食物供应最低限度往往又反过来确定了动物的活动区域，一旦栖息地中的可供应的食物低于最低限度，那么，动物种群就无法在其中生存下去。美国科罗拉多大学动物学家乔尔·伯杰（Joel Berger）教授在大角羊身上研究这一具有启发性的机制。

大角羊生活在落基山脉，在那儿，母羊的工作负荷已达到极限——它喂养孩子要付出的艰辛达到了威胁生命的程度：莫哈韦沙漠和索诺拉沙漠都是不毛之地，为了得到一星半点的干枯草茎，母羊往往需要连续数小时冒险攀爬，而它所获得的食物根本就不足以保证自己产生充足的奶水。

炎热的夏季刚刚开始，食物依然匮乏，母羊就早早地把孩子从身边赶走，因为它再也挤不出奶水了。这时，大多数过早断奶的羊羔根本就不具备依靠自己的力量生存下去的能力，所以，超过 95% 的羊羔存活不了。

因此，与我们以往的设想不同：一个种群的扩展区域并非受当地食物能否满足成年动物生存所需的限制。种群在栖息地中延续的条件是其中的食物能否满足动物母亲将孩子哺育长大的需要。

这是母爱行为中涉及的"经济要素"。尽管如此，我们也不应该抱持近来出现的那种倾向：过分僵化地按照收益成本核算来考量母子关系。因为许多母兽都已掌握这样那样的窍门，尽可能降低自己照料孩子的工作量，其巧妙程度简直匪夷所思。

第二节 发明"全自动喂食机"

在哺养雏鸟时，各种鸟所采取的措施真可谓五花八门：从快速喂食到发明"自动孵化机""护理机"及招募帮手，甚至会采用某些"不可告人的手段"。

与大角羊的无可奈何正好相反，某些动物（如象鼩）会通过施展伎俩来使自己在非洲西南部纳米比亚寸草不生的荒漠中生存下去。

象鼩是一种以昆虫为食的身长仅 12 厘米的小动物，因长着像大象一般长长的鼻子而得名；它的生存空间只需 1 平方千米。因为害怕敌人，象鼩只敢夜间外出捕捉昆虫。德国波恩大学动物学教授弗朗茨·绍尔（Franz Sauer）和他的夫人埃莱奥诺雷·绍尔（Eleonore Sauer）通过研究发现，象鼩母亲为了给自己的一两个孩子搞到一顿食物，平均每晚要奔走 2.5 千米。这时，母亲以 20 千米的时速飞奔在自己铺设的"快车道"上，即使在漆黑的夜晚也是如此，由此可见，它对途中的每一步路都熟记于心。

由于来去匆匆，很少有时间可用来照料孩子；所以在夜间，母子每个小时里的接触只有 4 或 5 次，每次只有短暂的几秒钟可用来喂奶。然后，母象鼩又得迅速离开，踏上觅食之路。在这样一个母系家族中，母爱的光辉却因母亲的缺席而闪耀！

在这种生存条件下，孩子们自然无法与母亲建立更深的情感纽带，进一步学习社会行为。不过，生活在荒漠中的象鼩无须掌握这些，现实也不允许它们做到这些；因为在这种极端恶劣的生活环境下，若要生存就只能离群索居。以这种方式生活的除象鼩外还有一些非群居动物，这些动物很少会以群体的形式出现。

如果一只在贫瘠地区喂养两个以上（如六个）孩子的母兽（如鼩鼱）必须得到更多食物，那该怎么办？这时的情形正好相反：母亲不再撇下孩子独自上路，而是携家带口，全体出动。

每只鼩鼱一出生就各自咬住母亲的一只乳头吸奶，从此再不肯松嘴。当母兽外出觅食时，六个小家伙就像一串流苏，贴着母亲肚皮被拖过地面。就这样，鼩鼱得以不停歇地捕捉食物，而幼崽们则可不间断地吮吸乳汁。

但是，因为这种衔住乳头的运输方法并不是最舒服的，所以到了第六天，孩子们改变了策略。它们松开嘴，排成一队，六个孩子中最强壮的一个咬住母亲的尾巴根部，第二壮的就紧紧地抓牢老大，以此类推。有一位实验员从母亲身上解下这条幼崽链，让第一个孩子咬住最后一个孩子，结果这群小家伙乖乖地围成一个圆圈，团团转个不停。

欧洲野兔母亲则是个怪僻的家伙，一天 24 小时里，它只探望自己孩子一趟，而且总是神神秘秘地选在漆黑的夜里，目的当然是避免把孩子暴露给天敌。好争斗的树鼩们更是每隔两天才在孩子身边出现一次，而海狗干脆减少到一周一次。还有信天翁，当雏鸟稍稍长大些时，雌鸟也是一周才探望一次，当然，每次它都不忘带上厚礼，如枪乌贼和一些鱼，足够雏鸟们饱餐一周。

真正具有"创新意识"的天才是生活在澳大利亚的发明了"全自动喂食机"的彩虹蜂虎。这种大小与燕子相仿的鸟披着色彩缤纷的羽毛，与欧洲黄喉蜂虎是近亲。

首先，彩虹蜂虎夫妇在一处悬崖峭壁的黏土里，开挖出一道1.5~2米长的水平方向的通道，在通道尽头挖出一个宽敞的巢穴。从夫妇俩开始轮换孵蛋起，它俩就以"前所未有"的方式，将粪便排泄在自家巢穴里，而这有违几乎所有鸟类的生活原则。

不久，蛋的底部便形成一座粪堆，粪堆散发的臭味引来丽蝇，它们纷纷在此产卵。不久，幽暗的巢穴中便有新东西孵出来了：从蛋中破壳而出的是彩虹蜂虎雏鸟，而从蝇卵中钻出的则是圆滚滚的蛆。现在，雏鸟饿时只需张开小嘴在自己身下挑拣食物就行了，不劳父母费心。

蝇蛆储备不会在短期内耗尽，相反，这座"温床"恰恰因蜂虎雏鸟的诞生变得越发肥厚，所以蝇蛆数量也越发庞大，它们在巢穴中制造出大量热量，因此，蜂虎父母也没必要为孩子保暖了。就这样，"全自动喂食机"还借助于粪便蕴含的能量变身为"室内加热机"！的确，这减轻了蜂虎父母的工作压力，它们几乎再也不用操心孩子们的健康成长：既无须觅食也无须保洁，更无须保暖。

21天后，当雏鸟羽翼渐丰时，鸟巢里已是蝇蛆遍地。这时，研究者观察到，面对成堆的蝇蛆，小鸟们落荒而逃。

顺便补充一点，这种天才的"偷懒工作方法"之所以能成功运转，是因为这些动物能在非常不卫生的环境下，以一种尚不为人知的方式维持自己的健康。不过，这种方式难免存在缺点：父母和孩子之间无法建立情感纽带。小鸟出巢后，有那么几天，尚不会捕捉蜇人的昆虫并解毒，因而还需成年蜂虎喂食。这时，在彩虹蜂虎集体中，任何一只成年鸟都会给任何一只乞食的小鸟喂食。

在哺育孩子这件事上，同样懒到"令人发指"的要数树袋熊母亲，也就是澳大利亚那些抱着桉树、浑身散发着润喉糖气味的矮小的"玩具泰迪熊"般的考拉。

首先，考拉母亲无须抱着或背着自己唯一的孩子，因为大自然赋予了它一只像大袋鼠那样的育儿袋，不过袋口不是朝上而是朝下的，这自有它的理由：体长只有 2 厘米的袖珍宝宝在育儿袋中就能吮住母亲的乳头，在下滑时吸到母乳。但当它稍微长大点后，就需要向固体食物过渡，以便渐渐适应以后的主食桉树叶。如果换作其他动物的母亲，这时，它们会先把生硬的食物尽量嚼烂，然后口对口地把嘴里的糊状食物喂给孩子。

可考拉母亲不这么做，它的方法简单得无人能及。据澳大利亚阿德莱德市的考拉养殖场场长基思·明钦（Keith Minchin）教授描述：考拉母亲坐在一棵树杈上，孩子从育儿袋底部的缝隙里伸出脑袋，它的脑袋正好对着自己母亲圆滚滚的两瓣屁股，对一切一览无遗。幼崽百般努力，把小脑袋钻进那个众所周知的孔中，真的，它甚至还用前爪竭力把肛门扒得更大一些，种种迹象都表明：它在津津有味地享受着从母亲肠子里掉出来的东西。

居然还有这样的动物，倒过来从后面往里钻！

这样的另类喂食要持续整整一个月，开始时，每隔三天一次，后来，每隔两天一次，并总是在午后 3 到 4 点之间进行。在这段时间里，母亲总是准时地腹泻，排出一种特殊的糊状婴儿食品：这种食物在盲肠中已经被彻底解毒（桉树叶中含有氢氰酸！），但仍保留着婴儿能吸收的有益成分。

这种暂停胃液的助消化工作的做法对狼的喂养幼崽过程同样大有帮助。美国动物电影摄制者克里斯·克赖斯勒（Cris Crisler）和洛伊丝·克赖斯勒（Lois Crisler）在加拿大荒原上一连数月"与狼共舞"，他们对这群狼如何将肉食准备好供给幼崽，尤其是用胃加工食物的做法印象深刻。在仔细检查了狼专门为幼崽吐出的食物时，他们不禁对肉糜的完美赞叹不已：这简直像出自专业的肉铺！

第三节 孩子的天然孵化箱

同样，动物们也为孵化研发出了多种自动化辅助设备。我们如今使用的人工加热的保温箱绝非人类首创，至少早在几百年前，不少动物就已经开始运用它了。这些动物包括南美的美洲蜥蜴、非洲的尼罗河巨蜥，还有世界上体形最大、身长达四五米的毒蛇——印度的眼镜王蛇。

一旦在领地里发现白蚁穴，这些爬行动物中的雌性就会在蚁堡上开一个口子，悄悄地钻进去产蛋，再悄悄地爬出洞。不一会儿，成千上万的工蚁就会蜂拥而至，把洞口重新堵上。3 小时后，蜥蜴蛋或蛇蛋就会被砌入墙内。

对爬行动物来说，这么做几乎有百利而无一弊，因为白蚁不吃蛋而只啃木头，深入敌穴竟如同在保险柜中一样安全。此外，每个蚁穴都配备"空调"，因为蚁穴精妙的通风系统可使蚁穴长年保持恒温 30 摄氏度。这样的室温对爬行动物蛋的孵化来说再理想不过了。对爬行动物父母来说，这是工作减负的绝招；因为在产下蛋后，它们就无须操心孩子的事了。这项"专利"可让它的"发明者"在做父母时也能享受安逸！

在斯里兰卡，栗啄木鸟也有与上述相似的"发明"，但它们所冒的风险要明显大得多。德国禽类学家伯恩特·艾希霍恩（Bernt Eichhorn）博士和迪特尔·青格尔（Dieter Zingel）拍摄的纪录片显示：就像普通啄木鸟在树干上筑巢那样，栗啄木鸟凿开树上的蚁穴，将自己的巢安置其中。两家的巢穴被中间的隔墙隔开，蚁穴中的空调能给啄木鸟孵蛋提供额外的热量。这样做的主要优点凸显在雏鸟破壳后，啄木鸟父母无须费尽心机地找食物，只需直接啄起隔壁蚁穴中的蚂蚁喂自己的孩子就行了。

然而，蚂蚁的"报复"也会紧随其后。当一场暴风雨摧毁这两座并联巢穴后，蚂蚁大军就会穿过裂口涌进雏鸟的小屋，而后，就当着束手无策的啄木鸟父母的面，把所有雏鸟啃噬得只剩骨架。

上文中建造孵化箱的真正热能工程师是白蚁和蚂蚁，美洲蜥蜴、尼罗河巨蜥、眼镜王蛇及栗啄木鸟只是发现了这一设备。但是，生活在德国的大斑啄木鸟、绿啄木鸟还有黑啄木鸟似乎已显露出生产热量的"技术性本领"。

这些啄木鸟会设法减轻刻凿树干的繁重工作，因为这些"森林木工"知道可以把孵化巢穴筑在那些被菌蕈覆盖的枯枝丫下方，因为菌类会深入树干内部，使木质变得松软，同时树木的边材仍然保持坚硬。鸟巢筑成后，腐败菌就在其中继续繁殖，它们就像"炉子"一样制造出温暖的室内环境。虽然这还不足以免去啄木鸟父母的孵化任务，但至少可以让它们有更长时间离巢觅食，而孩子们也不至于受到伤害。

有些动物基于这个原理做出了进一步完善，最后开发出了全自动孵化箱。这些动物就是短吻鳄和冢雉。

在佛罗里达大沼泽地国家公园里，雌短吻鳄在交配后立即大兴土木。它们把自己的长满坚固牙齿的前突的嘴巴当作铁铲，把混杂着枝叶、杂草的烂泥堆成一个 1 米高的松软土堆，而后在顶部掏出凹穴；根据年龄和营养状况的不同，它们在凹穴里产下 15~80 枚蛋，最后用残枝败叶覆盖住凹穴。

这样的洞穴能像人工孵化箱那样产生热量，确切地说，热量是通过建筑材料的逐渐腐烂产生的，这与将潮湿草料收入仓库而导致整个仓库化为灰烬的过程类似。在潮湿环境中，细菌迅速滋生至数以亿计，它们集体发出的热量可将孵化箱加热到足够的温度。一旦"炉子"烧得太旺，雌鳄就把筑穴的材料扒开一些。有时，佛罗里达天气持续干燥，为了保证细菌继续繁殖，一直守卫在孵化土堆一侧的短吻鳄母亲会用尾巴将水泼洒到洞穴里。这种做法表明：短吻鳄似乎知道只有这样才能为孵蛋制造足够的热量。

假如我们还想见证更多的神奇事物，那就得去巴布亚新几内亚的新不列颠岛。慕尼黑动物学家托马斯·舒尔策-韦斯特鲁姆（Thomas Schultze-Westrum）为我们描述了发生在塔斯马尼亚岛弗兰锡的纳特国家公园中的神奇一幕：

> 那儿简直上演了一部让我们惊心动魄的大片。凝固的黄色岩石裂缝间，蒸气和滚烫的水柱向上翻腾，广阔的水面被升腾的雾气笼罩，深不可测的熔炉中黑色和银灰色的泥浆翻滚着，原始森林背景的衬托下，大团大团浓稠的蒸气在稀有的露兜树间向高空升腾。

> 就在拂晓时分，这样的火山景观仿佛被施了魔法，突然，万籁

俱寂，冢雉悄无声息地从热带丛林的灌木间探出身来，踱步向前。一开始只有十多只，然后变成上百只，最后竟然有数千只从各个方向涌出。遍布小岛的冢雉成群结队前来，是要把这里的火山地热用作"公共孵化加热炉"。

只见数平方千米的地面上布满洞穴、深沟，这些都是冢雉前些年刨挖留下的作品。很快，每只鸟都为自己找好了洞穴，便再次消失了。动物的生活迹象瞬间又变得无影无踪，除了有泥块不时飞出洞外。在地下 1~3 米的不同深处，每只冢雉都正在用它们名副其实的大脚改善坑道，向火山深处挺进，以证明自己"矿工"身份的货真价实，直到它们的舌尖"温度计"精确测出穴内温度刚好 33 摄氏度（理想的孵卵温度）为止。

接下来就该产蛋了。冢雉们为这事花费的时间总共不超过 1 分钟，就像吐口痰那样轻易，一眨眼，所有的事都已结束。正如当初悄悄地来，这时，数千只冢雉又悄悄地消失在了热带丛林中。冢雉们无须为后代操心，因为火山为孵化提供了足够的热量。相比长达数周之久的亲自孵化，冢雉们甘愿从这座长达约 450 千米的岛屿的各个角落不辞辛劳地跋涉而来。

冢雉的孩子没有机会与父母见上一面，雏鸟破壳而出后就会像格林童话中的"小汉斯和小格蕾特"那样在森林里迷路，继而过上隐居生活。因此，冢雉们不具备社会行为能力，不过，它们也无需这样的能力。

对那些距离火山过于遥远的冢雉来说，像短吻鳄那样用树叶堆筑孵化巢便是更好的选择，只不过它们的建筑更庞大也更复杂。体形相当于灰山鹑的雌冢雉能建造底部直径达 12 米、高达 5 米的巢穴，这种巢穴当属鸟类世界中最了不起的建筑，称其为"金字塔"也不为过。可想而知，它们得为此付出多大的辛劳。

最大的难题在于，在如此巨大的"肥料堆"中，存放蛋的房间室温每时每刻都要保持在 33 摄氏度。若这个数值稍有偏差，无论偏低还是偏高，胚胎都将葬身蛋中。

白天气温高，于是，这些体形娇小的雌鸟就在育儿室下方挖一个通风道，以散发掉植物腐烂产生的多余热量。到了傍晚，它们又得把通风口堵上。当夏季开始时，通风道是否通气已不重要了。因为此时肥料能源已经消耗殆尽，供暖设备里由腐败产生的热量急剧减少，但此刻鸟蛋又面临着烈日炙烤。所以，从现在起，冢雉在"孵化箱"上覆上一层沙子，随着气温的不断上升，沙层也越堆越厚。在特别炎热的那几天里，沙层厚度竟可达 1 米——这简直是个超乎想象的奇迹。

有时候，白天气温实在过高，连厚厚的沙层也遮挡不住太阳的照射，再向上堆积沙土已超出这些动物的能力。于是，它们便往堆穴里添些能与空调媲美的东西。凉风徐徐的凌晨，冢雉就已开始工作：它们把紧挨堆穴边的沙土摊开，使其冷却；在炽热阳光照耀大地之前，它们一刻不停地刨着，把凉沙经通风道输送到鸟蛋存放室边。到了夜里，它们又把这些沙土重新扒出，以供第二天清晨再次放入。就这样，它们日复一日地做着孵化室的调温工作。特别值得注意的是，这些鸟运输的沙量既不多也不少，总是正好等于它们所需要的量，与预计需要抵消的阳光带来的热量相一致。

在新不列颠岛上，冢雉所有的劳作都以偷懒，即逃避繁重的孵化任务为目的；不过，在没有火山热能可利用的地方，在严苛的自

只有自身体验过母爱的青潘猿才会在成年后懂得养育自己的孩子

（图片来源：Okapia 动物图片）

学习走路是幼象生命之初的第一件事，此刻，母象的长鼻帮上了大忙

（图片来源：Ringier, Syndication RDZ）

乌鸫雏鸟"怒发冲冠"：这是它保护自己免受鸣禽攻击的策略

（图片来源：费陀斯·德浩谢尔）

阿拉伯狒狒一家。帕夏负责保护妻儿，正亮出全副威武的牙齿示威

（图片来源：Toni Angermeyer，海拉布隆动物园）

面对母亲锋利的牙齿，幼狮依然充满安全感

（图片来源：J. Lindenburger 图片档案）

对网纹长颈鹿来说，出生就是从两米高空坠落

（图片来源：Okapia 动物图片）

白尾角马摆好阵势，阻止猎豹从背面袭击出生不久的小角马

（图片来源：Okapia 动物图片，Dürk 摄）

斑马母亲用自己的身体作为盾牌，保护幼崽免受胡狼袭击

（图片来源：Okapia 动物图片，Root 摄）

母子依恋渐渐形成，马驹攀附在母马身上

（图片来源：不伦瑞克图片中心）

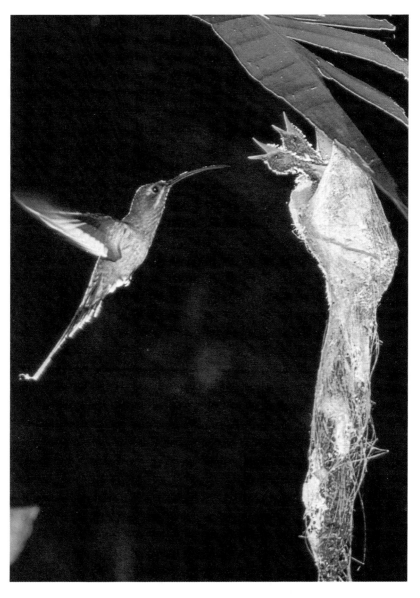

蜂鸟用草、蜘蛛丝和唾液筑成的薄如蝉翼的巢

（图片来源：Toni Angermayer，Günther Ziesler 摄影）

只要大红鹳雏鸟不离巢，母亲就给它们喂食，
至于被送到"幼儿园"以后，它们的命运如何就不得而知了
（图片来源：费陀斯·德浩谢尔）

母狮把幼崽隐藏起来。幼狮安然无恙地被母狮衔在口中

（图片来源：Reinhardtierfoto）

成年后的山羊总是选择外形与母亲相似的动物作为交配对象

（图片来源：Reinhardtierfoto）

对幼篱雀而言，家庭的温暖也意味着安全、食物和生命援助

（图片来源：Toni Angermayer，Hans Reinhard 摄）

大杜鹃雏鸟俨然已成了庞然大物，鹪鹩养母依然给它喂食

（图片来源：巴伐利亚，R. Merlei 摄）

阿尔卑斯北山羊羊羔的登山课，母亲在一块用来练习的岩石上示范如何迈出每一步

（图片来源：Walter Sittig）

燕鸥母亲把雏鸟庇于翼下保暖，与此同时，燕鸥父亲在给它喂鱼
（图片来源：Günter Ziesler，慕尼黑）

棕熊母亲横渡急流时，让幼崽伏在自己背上
（图片来源：J. Lindenburger 图片档案）

然条件下，它们就不得不为孵化付出千百倍的努力了。

第四节　把孩子寄存进"保险箱"

白冠黑鸥也会为巢的垫层设计全自动空调装置，但其工作原理与冢雉的孵化室正好相反；因为它要在撒哈拉沙漠孵蛋，要做的不是给蛋供热而是冷却，以免它们被烤熟。

鱼类也能让我们目瞪口呆。一条雌鱼为了不让自己产下的鱼卵全都落入贪吃者的口中，可采取很多措施。它会一次产下几十万甚至几百万颗鱼卵，希望至少其中一部分能逃脱饥肠辘辘的敌人的血盆大口，这是一种最浪费身体资源却最节省劳力的方法。鱼类也有一系列绝招，如鳑鲏就发明了这样的专利：它们把卵产在一只披铠戴甲的"保险箱"里，这只"保险箱"还可为卵的受精、孵化提供场所，充当幼鱼的幼儿园。

采用上述方法的代价是雌鱼在寻找配偶时要忍受很多麻烦和困难。身长8厘米的雄鳑鲏在交尾期打扮得鲜艳夺目，俨然一位花花公子。可惜它的美貌打动不了雌鱼的芳心，除非它亮出自己收藏的宝贝，如硕大、鲜活的河蚌或贻贝。水族馆中如果缺少这些宝贝，鳑鲏之间就不可能萌发爱情，这与人类在房中放一只婴儿摇篮来增进男女间情愫或许有异曲同工之处。

在跳婚礼轮舞时，鳑鲏夫妇总是绕着活蚌翩翩起舞；然后，雌鱼一动不动地坚守在蚌壳上方，河蚌则吓得紧闭大门。等河蚌觉得危险过去，把壳打开一条缝时，雌鳑鲏就会以迅雷不及掩耳之势把产卵管伸进蚌中排卵；紧接着，雄鱼也把精子送入其中，鱼卵在蚌内完成受精过程。

从此，就像大杜鹃把蛋下在别的鸟巢中那样，鳑鲏把自己的孩子留在了其他种类的动物那儿。不久，幼鱼们从卵中钻出。不过，它们还丝毫没有离开"保险箱"的意思，而是继续驻扎在蚌壳里，在一个月中，靠自己的卵黄维持生命。直到卵黄贮备消耗殆尽，鳑鲏幼鱼才会与蚌脱离关系，趁蚌换气张开嘴时顺着水流游到外面。

这样的"儿童之家"可不是免费的，因为几乎在同一时间，蚌也有了自己的下一代。微小的幼蚌牢牢钩住鳑鲏幼鱼的鳍，跟随它们闯荡世界。现在，轮到长大些的小鳑鲏来照顾河蚌的孩子们了：它们的体液成了幼蚌的食物。3个月后，小蚌选择了走自己的路。

当父母袖手旁观时，孩子们就相互照应吧。

第五节　逃避工作的捷径

最轻松舒服的全自动孵化方法莫过于像大杜鹃那样，干脆把蛋偷偷下到其他种类的鸟的巢中，让别的鸟代孵。

不少人常会开玩笑：我们最好当只大杜鹃，把孩子交给一对陌生的养父母，一切烦恼就都没有了。大杜鹃雏鸟会把和同巢的3~5个伙伴扔出巢外，然后独霸鸟巢，集养父母对数个孩子的宠爱于一身，接受精心哺育和呵护。这样看来，还有什么方法比如此托养自己的孩子更省心呢？

确实，这种办法很诱人，让父母当得那么省心和舒服。所以，不仅大杜鹃，至少还有其他81种鸟、某些鱼和昆虫都在使用。但另一方面，非自愿的寄生父母会采取种种反击措施，寄人篱下的大杜鹃雏鸟每时每刻都面临着被识破伪装而遭受死刑的风险。因此，那些雌大杜鹃需要比别的雌鸟生产更多的蛋，但它们产下的20~25枚蛋中，最后只有不超过二三只孵出的鸟儿能飞上蓝天。正是由于这种巨大损失，这种鸠占鹊巢的方法只在少数几种特别足智多谋的动物中才能长期沿用下来。

关于大杜鹃的描述已经很多，所以，接下来，我想介绍一些其他寄生动物的狡猾的"巢寄生"方法。

体形最大也是最善良的"大杜鹃"是非洲鸵鸟。繁殖期间，一只鸵鸟帕夏周围妻妾成群，其中一只最受它宠爱。但是，当鸵鸟帕夏必须孵蛋时，它就无法把所有妻妾聚集到自己身边，尤其是在夜间。因此，妻妾们就会"红杏出墙"，顺带把自己每只重达1.5千克的巨蛋送到其他雄鸵鸟的巢里，连那个最得宠的妻子也照样会用欺骗手段把好几枚蛋偷偷塞给邻居。

这么做有多种理由。一只雌鸵鸟在生育旺盛期每两天产一枚蛋，共计可产大约20枚。这就意味着最后一天产的蛋比第一天产的要小38天，"日龄"差距如此之大使它无法赶上其他蛋中的哥哥姐姐们"商定"的共同破壳时间。因此，在雌鸟产卵期的前半段里，它会陆续收到其他雌鸟送来的蛋，直到它窝里挤满20~30枚蛋为止。而等到了后半阶段，它就会把自己下的体积可观的蛋回赠给别的鸵鸟。

这么做还有一个优点：一旦某个鸵鸟窝遭到狮子、斑鬣狗或埃及秃鹫毁坏，那么，至少这对鸵鸟还会有另一部分蛋在邻居那里幸存下来。

另一种鸟是因住房问题迫在眉睫才不得不变成了"大杜鹃"，如利用树洞孵卵的美洲潜鸭。其中，拥有巢穴者和其他种类的鸟一样心满意足地正常孵蛋，但是，一些无房户却使它们的后代变成了"房屋侵占者"，它们把蛋下到陌生潜鸭的巢中。在大多数情况下，树洞总是被挖得很深，洞穴主人无法把别家的"馈赠"清除出去。有的潜鸭巢里被下了多达87枚蛋。当然，只有在热带地区，数目如此庞大的一窝蛋才可能全都孵出小鸭。

上述巢寄生现象发生在同种动物之间。但在南美中部，这种现象还发生在一些近亲的鸟身上，如黑头鸭就更进一步。它们通常自己不孵蛋，而把蛋推到另一种类的母鸭身下，但也可能把重担推给白骨顶鸡、海鸥、朱鹮和鹭，甚至还会让鸢和秃鹫帮自己抚养孩子。

变为"大杜鹃"的另一个原因是自身没能力建筑坚固的巢，南美洲紫辉牛鹂就是这样。一开始，紫辉牛鹂还力争靠自己完成筑巢任务，但是，一阵阵微风吹过，一次又一次让它的巢摔得四分五裂。这时，雌鸟受生理冲动驱使急需产蛋，于是，有些紫辉牛鹂就干脆随意地把蛋生在地面上。但这样做法等于不给雏鸟存活的可能，因此，部分牛鹂在情急之下见巢就占，而这样做，被巢主识破而被驱逐的危险很大，死亡率也极高。

面对这种状况，某些"大杜鹃"对巢主人的孩子就非常宽容。如美洲热带地区的灰蓝裸鼻雀，这种鸟筑巢失败后，会占据体形更小的花脸唐加拉雀的巢，但灰蓝裸鼻雀不会把花脸唐加拉雀的蛋推出巢外，而是留下它们与自己的蛋一同孵化，也会继续抚养这些破壳后的雏鸟，直到它们长大。灰蓝裸鼻雀收养了被自己赶跑的父母的孩子。这种形式的鹊巢鸠占不仅不逃避哺育孩子的任务，还会给予原户主的孩子以额外照顾，算是对自己偷走了别家屋子的报答。

寄生鸟类中的非占领巢者所面临的首要问题，是如何把蛋混入并无养育义务的未来养父母的巢中。就像二战时日本"神风敢死队"的飞行员驾驶飞机自杀式冲向敌方目标那样，南美巨牛鹂硬生生地闯入正在集体孵卵的近亲酋长鸟中。尽管巨牛鹂受到来自四面八方的攻击，会挨上不少揍，但它所引起的混乱局面终于帮助它创造了有利时机，把蛋下到了某个酋长鸟的巢中。当然，巨牛鹂下蛋不像家鸡那么慢吞吞，最多不超过两秒钟。

与此相反，绿啄木鸟在别的鸟巢穴中下蛋时则会略施小技，只是这时雌鸟需要伴侣帮忙。当雌鸟发现有家"女主人"已开始在巢里下蛋时，它会发出一种特殊信号声："喂喂喂"。一听到信号，雄绿啄木鸟便立即赶来，挑衅巢中正在孵蛋的"女主人"，把它卷入一场并无恶意的空战中。就是这出调虎离山计帮雌绿啄木鸟于眨眼间把一枚蛋下到了不设防的巢中。

这个例子比较有意思，让我们从另一个角度出发对它加以探讨。几乎所有巢寄生动物的生活社会化程度都很低，所以根本不能成双结对。在不同种的（养）父母身边长大，往往会造成孩子社会行为能力的退化。就这一点而言，绿啄木鸟、寄生维达雀和黄腹金鹃的一夫一妻制婚姻显得极有意义，可惜这一例外至今没有得到进一步追踪研究。

借助雄性伴侣耍的花招，雌绿啄木鸟甚至敢把蛋下到体形较大的渡鸦、小嘴乌鸦、喜鹊及松鸦的巢中。寄居在别家巢中的雏鸟一出壳，它的喙马上可张得比养父母家的合法孩子的还要大得多。实事求是来说，它这么做能激起鸟类父母超常的喂食冲动。就这样，这对非亲生父母反而更加优待这只鹊巢鸠占的"丑小鸭"，因为它们与自己孩子的情感纽带还没有建立起来。

然而，一旦绿啄木鸟蛋被偷偷塞进寒鸦巢中，从中孵出的雏鸟可就倒了大霉。因为寒鸦雏鸟张嘴的幅度比它更大，所以，在养父母家里，这位不速之客难免会被饿死。

对这样的噩运，许多寄生雏鸟（如前文中提到的大杜鹃）从一开始就会加以避免，它们会把与自己竞争食物的其他种类鸟的雏鸟撵出巢外，或干脆将后者害死。

在非洲，刚破壳的黑喉响蜜䴕雏鸟就会以一种特别残忍的方法排除异己。和蜜獾一样，这种鸟能为人指出通往蜂巢的路，但它们是种十分暴躁的巢寄生动物。雏鸟的上下喙处各有一颗大大的"牙齿"，犹如一副打孔钳。尽管雏鸟个头极小，也尚未长出羽毛，甚至眼睛还看不见东西，却已经在使用这样的"打孔钳"作为凶器了。雏鸟用这"钳子"敲碎巢中所有的蛋，啄死同巢的兄弟姐妹。即使目睹这样的谋杀，失去自己孩子的养父母却因为无法战胜盲目的本能，依然视它为己出，并满怀深情地把它抚养长大。

然而，这样的暴虐无度最终会以一种深远的方式危及自身。越多的黑喉响蜜䴕"投奔"别的鸟（多为黑眉拟啄木鸟），那么就有越多的宿主的后代被它们害死，从而造成宿主数量越来越少，黑喉响蜜䴕后代寄宿的可能性也就越来越小。所以，"大杜鹃"们每害死一个宿主的孩子就等于在毁灭自己后代的部分未来。

第六节　善有善报

另一些打算把自己孩子送出家门的动物采用了人道的方法，这样它们的孩子们就能拥有更好的未来。当然，它们还需拥有种种超强的适应能力，其特征鲜明地体现在被冠以"寡妇"（Witwenvögel）之名的维达雀的寄生行为上。据鸟类研究者统计，在非洲有个地区，有一种宿主鸟的巢中仅 6% 没有被加进维达雀的蛋；在有的巢中，甚至 5 只"客人"都能和亲生孩子亲密无间地生活在一起。在有的宿主鸟的巢中，宿主鸟对自己孩子的模样了如指掌，相貌差异看似微不足道的"怪鸟"一旦被发现就会被宿主鸟毫不留情地饿死。

为了避免抚养"鹊巢鸠占者"，这些鸟类父母认真检查自己孩子的外貌到了苛刻的程度，单凭这一点就足以让我们惊愕。起初，我们以为借宿者会借着幽暗的环境鱼目混珠；因为被维达雀选作自己孩子宿主的文鸟的巢是悬挂在树干边的球形巢，这样的巢只有一个开在侧面的洞口，雏鸟整天处于半明半暗之中。这样就很容易产生种种状况：文鸟父母会把雏鸟的某些身体部位与它们张大的嘴混淆起来，以致在匆忙中有时会把食物塞到雏鸟的两个翅膀之间。

为了预防这种情况发生，雏鸟的喙沿有闪闪发光的彩色"指示灯"，咽喉里也长着醒目的"靶标"，这些发亮的"徽印"被文鸟用作自己孩子的辨识标记，从而能区分出那些寄生雏鸟。还有一种紫蓝饰雀，它们的"指示灯"呈天蓝色；另一种紫蓝饰雀的则是橙黄、柠檬黄或白色。它们张开的咽喉和喙的内侧装饰着一种非常奇特的图案——由黑色的圆点、直线和曲线交织而成的精美花纹，配有七色彩虹的秘密符号。在 125 种文鸟雏鸟中，没有两只长着同样的喉纹。所以，如果我们拿支笔来给某只文鸟雏鸟的咽喉部画上一个彩色圆点，那么，此后它就再也不能从父母那儿得到一口食物。

尽管如此，还是有不下 15 种文鸟的巢被各种维达雀侵袭。据德国威廉港鸟类研究所所长尼古拉（Jürgen Nicola）教授的研究，15 种维达雀中的任何一种雏鸟都能把某种文鸟那复杂的喉纹符号模仿得惟妙惟肖，导致文鸟父母无法区分出它们的外来身份。

维达雀雏鸟与宿主鸟雏鸟在体形和羽毛上也十分相像，这不难理解；然而，令人称奇的是在成年后，维达雀与文鸟的差别堪比极乐鸟和灰乌鸦。

另外，在行为上，不受欢迎的小客人可能因某些小小的错误动作暴露自己。但这些雏鸟在乞讨食物时发出的叽叽声令人同情，甚至会因此比亲生孩子更容易博得养父母的信任。

此外，相比同巢的兄弟姐妹，维达雀雏鸟表现出了超乎寻常的乖巧顺从：它们从不会有谋杀或吵架的举动。还有，当孩子们羽翼渐丰可以飞离巢穴时，它们还会在养父母家里待上较长一段时间。这些鸟已和养父母建立起了深厚的情感纽带，这让我几乎想说，这样看来，发生在它们身上的情形与被人类从小养大的马、狗或灰雁相似。

但是，从维达雀的利益出发，无论如何必须阻止雏鸟在性取向上也完全受文鸟的影响。因此，长大些的维达雀孩子会主动离开宿主家庭，和自己的同类结伴生活。

那么，什么时候该学习，又该学习什么，这一切都错综复杂，反正结果是这样的：一只雌维达雀怎么也不会被一只雄文鸟吸引，因为它知道（很有可能是天生的）一个真正的求婚者必须披着像簌簌作响的曳地长裙的长长的黑色尾羽。

但若这种明确概念只停留在外表，那么，它就很容易陷入迷乱，因为宽尾维达雀、尖尾维达雀、苏丹维达雀、刚果维达雀、多哥维达雀彼此都很像。而一次混淆造成的杂交将会对生下的孩子有致命危险，因为喉纹上遗传了母亲和父亲各一半的特征。混杂能让宿主鸟立刻认出谁是外来者，这样一来，出壳后的寄生雏鸟就难以逃脱被饿死的命运。

所以，尖尾维达雀"女士"为自己挑选"先生"时，不仅要求它拖着长长的尾羽，同时雄鸟还得恰当地告诉雌鸟：和它一样，自己也曾在（文鸟属的）绿翅斑腹雀家中长大。雄鸟需要用歌声来告白这一切。开始时，它用典型的维达雀旋律鸣啾，但随后，它会反复穿插进一些自己在宿主鸟家中学到的歌曲。只有当雄鸟的集锦式歌曲中有部分曲段与雌鸟幼时从养父母那儿听到的一致时，雌鸟才会给求婚者一个机会。接下来，雌维达雀就会把自己的蛋下到和自己以前寄宿的鸟巢一模一样的鸟巢中，这样就可确保万无一失。

造物主的创造力太丰富了，它竟然打造了一张由无数的适应过程编织的网，而我们的"大杜鹃"们所做出的原始反应则与这张网拼接得天衣无缝。只有这样，"大杜鹃"们才能延续至今，它们不愧为世界上最成功的鸟。

其实，巢寄生现象不局限在鸟类中，也会出现在鱼类中。

在东非的马拉维湖里，生活着好几种用口腔孵卵的鱼，它们被统称为丽鱼（慈鲷）。为了确保鱼卵不被敌人吞食，丽鱼就把鱼卵保存在自己口腔窝里，这让它们的咽喉犹如一只装满鱼子酱的罐头。可是，丽鱼母亲怎么能受得住口腔内多日存放鱼卵？丽鱼卵孵化时间需要 10~13 天。口腔孵化又怎样与必要的吞咽动作协调呢？的确，丽鱼必须在生活中承受这样的严重冲突，但每种丽鱼都有自己独特的解决这些问题的方法。

在口腔孵化的鱼中，雌搏鱼把孵化、照顾孩子等任务通通交给了雄鱼。因此，在这一阶段，雄鱼只好不吃不喝，最后瘦得只剩一副骨架。与此同时，为了孕育下一批后代，雌鱼则继续饱食终日。有一次，在水族馆里，一位研究人员用食物诱惑一条已经饿得虚弱不堪的雄鱼。面对放在嘴边的美食，雄鱼把嘴里所有的鱼卵都吐出来，一口吞下食物，然后又张口把鱼卵接了回去。

眼斑星丽鱼的任务分配相对来说较公平：身为父母者轮流工作半天。在交接班时，它们头碰头，接班的那个张开嘴巴，交班的那个则把所有的鱼卵都吐给它。

交接班这个关键时刻会被那些水中的"大杜鹃"们巧妙利用。当看到交接正在进行时，它们马上尾随而上；而后，朝接班者吐出自己的一部分卵，使它们趁机进入对方嘴里。观察这一过程的研究者发现：接班的眼斑星丽鱼母亲可能已经发现有寄生的卵被偷偷混进来，却没有将它们一口咽下，因为这么做很可能伤及自己的孩子。

同样，在昆虫界我们也发现了大杜鹃式的寄生行为。寄生的昆虫有约 120 种尖腹蜂，某些熊蜂，几种黄蜂、蛛蜂、蚂蚁等。

每种昆虫都练出了自己的独门秘诀，有的悄悄钻进切叶蜂的巢中产卵，有的目标明确地谋害宿主。例如，就在隧蜂刚刚用蜂蜜糊（一种蜜液和花粉的混合物）填塞完蜂巢边缘后，它便遭到了谋杀，紧接着，"大杜鹃"昆虫就会把虫卵产在这一安乐窝中。

第七节　收养孤儿

在鸟类、鱼类和昆虫的世界里，涌现出了上百种"逃避育儿的投机取巧之术"。那么，我们不禁要问，在哺乳动物中，是否也有大杜鹃一般的寄生动物，只不过它们不是偷着放卵，而是趁幼崽出生时偷梁换柱。

人类父母曾做过不同尝试，让新生儿在他人照料下长大。从《圣经》里由法老的女儿养育成人的摩西*、罗马神话中被野兽抚养长大的战神——孪生子罗慕路斯和雷穆斯**、德国著名的被另一个垂死婴儿替换的野孩子卡斯帕·豪泽尔（Kaspar Hauser）***，到不计其数的被遗弃的孩子。但是，我们必须正确地认清他们的情况与鹊巢鸠占行为的差别：养父母既没有把那些孩子与自己的混淆，做出的养育行为也没有受到超常刺激的影响。他们十分清楚自己在做什么，他们就是在收养。

哺乳动物的行为原则上与此没有差异。迄今，未见哺乳动物中存在"大杜鹃"现象的报道。在分娩的那一刻，哺乳动物母亲会与孩子建立起强烈的情感纽带，这排除了它们会把孩子交给他人"委托抚养"并使其成为固定习性的可能性。

但我们也不排除在个别案例中可能会出现变异现象，某些特定哺乳动物身上的育儿本能可能没有被唤醒。如果出现这种情况，那么，接下来又会发生什么呢？让我们来看看莱豪森教授对家猫所做的相关观察。

---

* 摩西是犹太教中的先知。根据《出埃及记》记载，他出生于埃及，父母为希伯来人。为了逃避一项杀死所有希伯来新生男婴的法令，他的父母将他放入芦苇编织的摇篮中。他漂流在尼罗河上，后被法老的女儿发现，在埃及宫廷中被抚养长大。——译者注

** 罗慕路斯和雷穆斯是传说中创建罗马城的双胞胎，为马尔斯和阿尔巴隆加王国的公主维斯塔贞女西尔维亚所生。西尔维亚的叔叔阿穆利乌斯担心他们会危及自己的地位，故将这对双胞胎扔进了台伯河。他们被一只母狼哺育，由一位牧羊人抚养成人。——译者注

*** 卡斯帕·豪泽尔出身不详，1828 年 5 月 26 日，他突然出现在德国纽伦堡，他解释记忆中自己一直被关在一间黑屋中，以水和面包度日。这件事在当时国际社会引起轰动，并激起学术界的极大兴趣。——译者注

在伍珀塔尔研究所的动物围苑里，两只母猫几乎同时产崽。其中一只马上全身心地投入对自己孩子的照料工作，另一只则拒绝给孩子喂奶，也不肯舔净它们的身体，且毫不关心地任由它们躺在一边。在几米之外，前一只密切关注着这一切，然后，它跑了过去，用嘴小心翼翼地把别家的 3 只幼猫一只只衔到自己的 4 个孩子身边，把它们一起安置在自己窝里，收养了起来。那个亲生母亲对这一切无动于衷，听之任之。在接下来的几天里，它只是偶尔过来看看舔舔自己的幼崽，仅此而已。

与大杜鹃式行为相反，这种主动收养源自养母对孩子的过剩的母爱。

从事行为学研究的特鲁姆勒博士在研究所开始对上述现象进行初步的观测研究。所里的 3 只母家猫可充分享受行动自由，它们都选择了同一只公猫为配偶，大家和平共处，当然也就几乎同时期待着各自孩子的降临。

特鲁姆勒博士为它们搭建了 4 处猫舍，每间相隔数米，这样，每个据称独来独往的成员就各自拥有一间。这 3 只母猫会在哪儿产崽呢？它们选择了同一处猫舍。在那儿，每只母猫都会给任何一只叫饿的幼崽喂奶。甚至，有一次，当 3 只母猫同时离开时，连那被认为会杀死孩子的公猫也曾暂住在这间猫舍。

这简直就是以色列基布兹中的集体托儿所[*]！

或许你会把这种动物母亲间的团结仅仅归结为友善，但对于自

---

[*] 基布兹是以色列的一种集体社区，在那里，所有的财产都是公有的，所得利润也都被用于集体社区的再投资。成人有私人住所，儿童一般住在一起，由集体照料。居民们集体烧饭、用餐，定期召开会议讨论事务，当需要做出决策时会举行投票表决。——译者注

然环境中的狮子来说，这可是一种不可或缺的生存之道。

在狮群内部，所有雌性狮子会出于某种原因（我在后面会进行说明）几乎在同时产下孩子。经过几周各自独立的家庭生活后，母狮把它们的孩子带到狮群中心。从这一刻起，每头幼狮不仅可到自己母亲怀里，还能随时到任何一头母狮那里吃奶。倘若在这次集会前研究人员没有给母兽与幼崽做好标记，那么，此后，他们就再也无法确定哪个孩子属于哪个母亲。所有狮子母子融为了一个大家庭。

小狮子的无拘无束源于母亲们被迫"在职工作"，因为母狮负有外出狩猎、解决狮群的食物来源等任务，而狮群中的2~4只公狮子则负责保卫领地，抵御外敌入侵。因此，在多数情况下，只有一头母狮留下来担任幼儿园保育员或日托保姆，其余的都得去猎食。

狩猎并非毫无危险，母狮可能被水牛或长角羚的角刺穿，被黑犀牛碾碎，被长颈鹿的蹄踢死，被毒蛇咬死，或被鳄鱼拖入水中淹死。不少幼狮因此变成了孤儿，但是，它们绝不会被遗弃，而是立刻被别的母狮收养。这种堪称模范的社会行为保证了整个群体即便遭受重创也仍然能够延续下去。

然而，很遗憾，动物界中的孤儿并不都能像幼狮那样得到妥善安置。例如，我们已经知道，绵羊不会收养失去父母的羊羔。

在亲生母亲死去后，海狮幼崽成天只能在海边成千上万的同伴间四处乱走，可怜巴巴地哀叫，啼哭着乞讨乳汁。可是，在这么一大群母亲中，竟然没有一个同情并帮助它。相反，所有海狮都嫌弃它，对它又撕又咬，几天后，它就会因饥饿、疲惫及伤重而死。海狮们如此冷酷无情的深层原因是奶水的匮乏，一头母海狮所有的奶水仅够喂养它自己的孩子。如果把奶水施舍给别的幼崽，那么，它自己的孩子就会因身体虚弱而无法存活。

我们发现，出于这个原因，在动物集体中，身为父母者收养孤儿的意愿出现得越早，在万不得已的情况下，一只母兽在每窝中所能接受的孤儿幼崽也就越多。一只家鼠一次产崽可多达8只，并都能养活。如果母鼠产崽少或生产时死去了几只，那么，它就容易接纳别家的孩子，而且，也不会因此而亏待亲生孩子。

有些动物，如象、海豚、猿猴和非洲野犬等，属于例外。只有在组织良好的群体中的亲友的幼崽才能唤起它们的收养意愿，而且，这些哺乳动物收养的幼崽必须已长得足够大，不需要母乳也能存活。

根据上文提及的规律，鸟类天生就注定能成为养父母。让我们来看看灰林鸮中的相关事例。在春暖花开的一天，几位游客把一只灰林鸮送到我的一个护林员朋友处。这只雏鸟还不会飞，游客们认为它是个无助的孤儿。朋友把它安置在院子里一只可以自由活动的兔舍中。傍晚时分，这位新来的小客人开始可怜巴巴啼叫起来，叫声持续了整整一夜。第二天早晨，护林员简直不敢相信自己的眼睛，在雏鸟身边横七竖八地堆着不下27只死老鼠。由此我们可判断出，夜里向这只啼哭不已的雏鸟投掷食物的肯定不只是它的亲生父母，应该还有附近的其他的成年灰林鸮。

只有在亲生孩子被水淹死在巢中或全部死于饥荒的情况下，燕鸥父母才会参与喂养别家幸存的雏鸟。它们在海面上寻找鱼，然后叼起食物飞回集群孵卵区，即使自己饥肠辘辘，也会坚持挑出那些传出的哀鸣声最响的鸟巢，把食物喂给其中的陌生的雏鸟。

在多瑙河三角洲，有些燕鸥在漂浮的芦苇岛上筑巢。于是，经常有稍大但还不能离巢的雏鸟因想看看外面的世界不小心掉入河中，

　　　　　　　　温暖的巢穴：动物们如何经营家庭

被水流卷走，回不了家。这时，父母怎样才能把这个"走失"的小家伙带回巢呢？它们既不会抓，也无法驮着它。难道它们得降落在小家伙身边，再带着这个还不会飞的孩子游回家吗？我们观察到燕鸥自有对策。

也就在几分钟之后，一群邻居——约12只成年燕鸥飞到出事地点，它们排成一列，在雏鸟上方超低空飞行，目标明确，始终朝着家的方向。那小家伙害怕得想逃离，可也只好被"推搡着"朝家的方向游动。就这样，它终于安然无恙地回到了家中。在此，我们看到，在危难之际，动物邻居们伸出援手，凭集体之力解救了落难的孩子。

第八节　养父母值得信赖吗？

北海岛屿上，失去孩子的崖海鸦也非常了不起，它们乐意帮助幸存下来的邻居的后代。关于可信赖程度，在它们身上体现出来的、提供帮助者与父母之间的区别颇有参考价值。

一方面，邻居的爱没有博大到给孩子们喂食的程度。它们的爱心援助局限在真正的父母外出捕鱼、冰冷的暴风雨击打着礁石时提供守护，把雏鸟揾在翼下保暖。另一方面，雏鸟的守护者有时也会饥饿难耐，在这种情形下，雏鸟父母决不会抛下亲生孩子。没有鸟能指望与自己没有亲缘关系的邻家"保姆"会像亲生父母那样忘我工作、坚持到底。有时，当雏鸟父母飞回家时，或许会发现托付给"保姆"照顾的孩子已经冻死，这种事并不少见。

同样，在猴类中，养父母也不完全可信赖，虽然它们一开始会表现得特别喜爱别家孩子。东南亚马来半岛、巽他群岛和婆罗洲的叶猴就是这样。这是一种成年后身长约 65 厘米的群居动物，而且，一个猴群中成员众多。

每当有叶猴幼崽刚出生，马上就会有 10~12 只从未当过母亲的"姑妈"围拢过来，好奇地参观这个才出生的小家伙。许多动物（甚至包括狮子）中的母兽总是把刚出生几天或几个小时的孩子留在自己身边，叶猴则相反，在短短几分钟后，母猴便会把新生儿交到挨着自己的围观者手里。于是，这个小家伙会被一个"姑妈"递给下一个，挨个传上一圈，"待字闺中的姑娘们"表现得傻里傻气。一开始，它们拼命地抢着去抱幼猴，可一抱到手，却又会尖叫着把它传给旁边一起"庆祝孩子出生"的邻居。

假如孩子的母亲是缺乏经验的年轻母猴，比如这是它的第一个孩子，那么还可能出现这样的情况：它自己也成为围观者之一，跟着大家把孩子往下传递，然后，事情就与己无关了。这时，一个育儿经验丰富的母猴就会带新生儿"回家"。由于生母无能，孩子立刻被收养，养母从一开始就与这个孩子建立起了牢固的情感纽带。

其实，联想到我们人类，母亲在生第一个孩子时也往往忐忑不安，对应该如何应对许多情况没有把握。她们害怕做错事，所以，会仅仅因为孩子第一次不停地打嗝就连忙带着孩子上医院。这种行为方式其实是来自人类祖先的遗传。

这些生活在自然环境中的叶猴年轻母亲生下的第一个孩子几乎都会因母亲照料时的严重失误而丧生，尽管它们"出嫁"前都有过几年帮母亲照看弟妹的经历，积累了一定经验。但是，第一个孩子依然像是为了生养下一个孩子所做的预备性练习，不过是个试验品。

当然，叶猴不都会失去第一个孩子，因为它们有时会被有经验的母猴收养。

可是，其他母猴也可能出其不意地把稍长大些的幼猴从养育它的母猴手中夺走。这时，被抢的母猴就会大声呼喊，幼猴也会尖叫不已，竭尽全力反抗，因为它们已爱上了现在这个母亲，不管它是亲生母亲还是养母。自然，这种反抗不见得有多大效果，尤其是当孩子被从养母手中夺走时，反抗更无济于事，因为养母的反抗往往不够坚决，它原本就不是孩子真正的母亲。

偷孩子的几乎无一例外是较年长的母猴，而失窃的则都是些年轻母亲。而那些年纪大、有威望、在照料孩子方面非常自信的母猴绝不容忍这种事发生，它们把自己的孩子留在身边，独自抚养它们长大。并且，它们的雄性幼崽将来也会表现出色，具有领导才能，而那些被好几任继母收养的雄性幼崽以后一生都只混迹于单身汉队伍，四处游荡，成为不具备良好社会行为能力的"二流子"。

第九节　青潘猿孤儿的命运

野生青潘猿孤儿的命运也令人深思。在坦桑尼亚的贡贝国家公园内发生过三桩意外事件，著名动物学家珍·古道尔对其中三个青潘猿孤儿在事后经历的每个阶段进行了追踪研究。

在三个可怜的小青潘猿中，有一个叫梅林。有一天，它跟随母亲和大家集体外出，可回到群中时身边的母亲不见了，那时它正好 3岁。谁也不知道它的母亲遭遇了什么不幸，是否为保护孩子而牺牲了自己。梅林受到了大家异常热情的接待，大家迎上前去问候并拥抱它。稍后，姐姐米菲也回到家，它比梅林大3岁，尚未与异性交配。从看到梅林的那一刻起，米菲就对它充满慈爱，不亚于死去的母亲对它的爱。米菲让梅林骑在自己身上，允许它和自己分享夜宿的窝，寸步不离其左右。看来，这位姐姐把弟弟收养下来了。

古道尔以为从此一切重归正常，但后来，她这样报道："在接下来的几周，梅林变得越来越消瘦，眼眶深陷下去，毛发失去了光泽。它逐渐变得冷漠，越来越不爱和同龄伙伴玩耍。"

那么，时间会治愈失去母亲给它带来的伤害吗？古道尔焦虑不安地关注着事态的发展。尽管姐姐米菲不知疲倦地付出，梅林的身体却一天天衰弱下去。它巴结讨好成年青潘猿，表现得奴颜婢膝，对同龄伙伴则表现出越来越强的攻击性。在失去母亲的三年中，梅林一直生活在顾影自怜的阴影里，最后，它因患脊髓灰质炎而死去。

另一只雄青潘猿幼崽披头士也在3岁时失去母亲，但比较幸运的是，它有个年长的姐姐，比梅林的姐姐大8岁；这一点很关键，因为披头士的姐姐能更好地照顾它。在前几个月的消瘦期过后，披头士的身心状况开始好转。到了6岁时，它的行为表现几乎完全与同龄的普通青潘猿一样，只是，它特别黏自己的姐姐。然而，有一天，它消失在了原始森林里，从此再也没露面。

第三个孤儿是只雌性的小青潘猿苏瑞玛。母亲死时它才1岁，也没有年长的姐姐，无奈之下，6岁大的哥哥斯尼夫接过了照顾它的任务。研究者报告："那真是一幅令人动容的景象，年幼的哥哥带着小妹妹东奔西跑，有时抱着它，把它贴在自己胸口，轻轻地抚摸它、给它抓虱子。"斯尼夫还喂它香蕉，并看着妹妹津津有味地整个吃光。可是，才1岁的青潘猿还需要母乳，当然它不可能得到。因此，苏瑞玛的身体一点点地衰弱下去，到了第 14 天，斯尼夫再次出现在投食场所时，手里抱着的苏瑞玛已经没有了呼吸。

这三种情形都以悲剧结束，留下两个问题待解释：在被收养的问题上，为什么野外的青潘猿孤儿与动物园中的青潘猿及其他灵长目动物如东非狒狒、阿拉伯狒狒和豚尾狒狒完全不同，是由年长的哥哥姐姐而不是同群的成年成员来收养？还有，为什么哥哥姐姐竭尽全力、一心一意地照料它们，却仍然挽留不住它们的生命？

对第二个问题，在以下的观察中可能可以找到答案。我们已经知晓一种很特别的青潘猿，成年雄性均患有躁狂症，大约每天发作一次，为了避免在发作时与同群成员发生冲突，它们往往把积压的攻击冲动发泄到树上。只要被某个傻乎乎的家伙不小心妨碍到，它们就会朝树大发脾气。某个青潘猿在毛病发作前，同群的其他成员几乎总是能察觉到，于是纷纷溜走。因为暴怒中的青潘猿会一边发出刺耳尖叫，一边抽打树枝，这种景象实在让它们害怕。

恰恰在处于这种情形时，养父母往往无法尽到责任。亲生母亲会第一个冲过去抓过孩子，把它带到安全之地，而养父母却只顾自己逃命。可怜的孩子被躁狂发作的青潘猿逮个正着，被揪住手臂拖上好几米远，最后被扬长而去的行凶者扔在一旁。

每次孩子在身体上受到的伤害也许并不严重，但它们的心灵却一定遭受重创，尽管养母会在事后给它加倍的照顾、全方面的呵护，但它的绝对安全感已被之前的伤害剥夺了，同时被夺走的还有基本信任——这本应不可动摇的基石。一旦失去了它，在这个充满危机和敌害的世界里，任何一个高等动物都会在心理上丧失生存能力。

青潘猿养母无法完全取代真正的亲生母亲——这一事实只有在

危急时分才充分暴露。

那么，人类也会如此表现吗？不是！正如我说过的那样，人类在生物界是独一无二的，他们可凭自己的精神力量超越本能的束缚，当然，只有在他完全了解这些非理性的、在感觉支配下产生的影响的情况下，他才能做到这一点。

在人类社会，养父母能给予孩子的，甚至可以远远超过某些亲生父母。例如，由于医学方面的种种原因，他们无法生育而又非常渴望拥有孩子，因此去收养一个甚至好几个孩子。在他们身上，拥有孩子的热切愿望燃起了他们炽热的父母之爱，就像前文中列举的在保温箱内度过较长时间的早产儿所受到的对待。

他们对孩子倍加爱护的态度映衬出某些亲生父母的不尽责：他们或因为孩子有违自己的心愿来到人世而懊恼，或因为错过孩子出生时的关键期而未与之建立起情感纽带。我们不难得出预测，那些被领养的孩子的性格将会更阳光。

另一方面，夫妻在做出领养决定之前，应该彻底检查自己对孩子的情感状态：对孩子的渴望是否真切，对孩子的母爱之火是否能充分持久地燃烧。遗憾的是，有些人的情感和道德的力量往往不够有力。这时，他们的内心往往会响起这样一种声音："谁知道这个可怕的孩子出自哪对糟糕的父母？"于是，他们便把责任推卸给那些见不到也寻不着的、不知道姓名的亲生父母身上，他们对孩子的爱也会逐渐减弱甚至完全消失。这种情况实在让人忧心如焚！

第九章

当父母的爱失去作用

同类相食，残杀幼崽

第一节 继父变凶手

在东非坦桑尼亚大草原上的塞伦盖蒂国家公园里，3头年轻力壮的雄狮兄弟结伴而来，前后不到4小时便征服了由5头雌狮和孩子组成的狮群。狮群原先被两头雄狮守卫着，其中一头在谈情说爱时遭到偷袭，丧生于随后一对三的搏斗。在见到敌我力量对比过于悬殊后，领地的另一个保护者只得溜之大吉。

现在，新来的统治者开始它们的首要公务。它们非但没有怀揣着性的目的去关心那几头征战得到的雌狮，反倒是不停地搜查荆棘灌木丛和岩石缝隙，目标就是母狮遇到危险时可能藏匿幼崽的每个隐蔽之处，雄狮的目的就是要杀死这些幼崽。

动物行为学家布里安·C. R. 贝尔特拉姆（Brian C. R. Bertram）博士曾观察到，一头母狮以为自己未被雄狮发现，便逐个把它出生没几天的几个孩子衔在口中转移到更安全的隐藏处。在转移途中，它不幸被外来征服者之一的一头雄狮当场逮住，孩子便被硬生生地从它口中扯出来、咬死。11天后，那两个新上任的统治者又找到了剩下的3只幼狮，并残忍地杀死了它们。又过了4天，它们又发现并杀死了另一头母狮产下的5只刚满1周的幼崽。

到征服后的第 8 周时，第三头母狮产下了两个孩子及两个死胎，因为那只母狮同狮群里所有母狮一样承受着残暴统治所造成的巨大压力。生产两天后，产崽场所就被统治者找到。眨眼间，两只幼崽就消失在雄狮的血盆大口中。在随后的 3 周里，剩下的两头母狮所产下的 5 个孩子均遭遇了同样的不幸。

在这场希律*式的血腥屠杀后，在 7 个月内，狮群没添一个幼崽。但接下来的几乎同一周里，5 头母狮一起产下了 14 个孩子，根据时间推算，它们只能是新任统治者的后代。从现在起，这群孩子不单不会遭到雄狮们的威胁和杀戮，反而会受到它们亲切的照顾和溺爱。残忍的外来征服者此刻已成了群中幼崽们的爱心满溢的亲生父亲。

著名动物行为学家格奥尔格·B. 沙勒（Georg B. Schaller）教授和贝尔特拉姆博士报告了这一事例，并说明这并非偶然的例外而是所有野生狮子注定的命运，对此所有的动物爱好者都震惊了！

过去，我们不是常常从诗人、哲人口中听到"世界上唯一一会自相残杀的生物就是人类"之类的感言吗？如今我们却被告知，恐怖、骇人的残害儿童事件竟然也会在同种非人动物间上演。这不禁让我们感叹，原来，在我们人类以往未能触及的自然界，世界并不"正常"，或者说，本来就未曾"正常"过。

社会生物学家曾将同类相食列为动物本性之一。自从沙勒的发现发表以来，发生在其他动物中的相关报道不断地大量涌现。难道动物们真的"性本恶"？

在长尾叶猴、西非黑白疣猴、大白鼻长尾猴、红疣猴以及东非

温暖的巢穴：动物们如何经营家庭

狒狒身上，科学家们观察到了与狮群中的掳杀幼崽同样骇人的现象。在更多种猿猴的社会中，这种现象很可能也存在：只要是由一个或几个雄性统治一群雌性及其幼崽的猴或猿群体，它们迟早会被外来者征服，原统治者则会遭到驱逐。在很多情况下，在一片惊恐的尖叫声中，新统治者会从母亲们手中夺走孩子，把它们通通除掉。

有人戏称，在人类继父行为中也可见外来雄性杀戮幼兽的端倪。这当然是极其荒谬的。我们至少可从两方面加以驳斥。根据德国柏林市的法医伊丽莎白·瑙（Elisabeth Nau）教授的深入调查：在所有父母虐待儿童的事件中，继父母作为案犯的只占 5%。由此，绝大多数虐待儿童罪的实施者其实是那些未能与孩子建立起情感纽带的亲生父母。

另一方面，在动物界，在作为人类近亲的青潘猿群体中，迄今尚未发现残害幼崽的现象。当然，其原因不在于青潘猿的道德水准有多高，而在于它们群体中的社会组织方式已改变。因为由约 20 个个体组成的青潘猿家族的首领绝不可能是外来征服者，而一定出自本家族，肯定是被所有成员认可的个体。也就是说，在管理权交替时，新上任者与猿群中的所有幼崽早已熟悉并亲密。而彼此之间的友好之情是动物间避免残杀的情感保证，尽管其可靠性不一定能达到百分之百。

德国哥廷根大学动物学教授克里斯蒂安·福格尔（Christian Vogel）甚至在经常会发生残杀幼崽现象的长尾叶猴身上观察到：新上任的首领不像以往是外来征服者，而是几年来一直在做副首领的公猴，它几乎没经过争斗就在友好、和平的气氛中接替了日渐衰老的顶头上司。

这一事件促使福格尔教授对杀婴现象进行了全面审视与仔细研究。根据他的观察研究，残杀幼崽现象极少出现在长尾叶猴群中，只有当新首领不为被征服的猴群中的母猴们认可时，它才会变成嗜杀的"希律"。

在被征服的情况下，母猴们只能接受征服者为头领，而不可能自主选择一个帕夏。有时，它们会觉得这个太粗鲁、那个又太嗜权；总之，因为觉得不合意，所以，它们会拒绝首领。新首领察觉到这一点后，担心这会妨碍性行为，因而才变得更具攻击性。但公猴不会把攻击性对准母猴，因为那会使局势更不利，于是，它瞄准了它们的替身——幼猴。结果，公猴如愿以偿：失去了孩子的母猴很快进入排卵期，在性方面变得"热切"起来。在这样的身心状况下，母猴们忘记了自己对这个头领曾经的憎恨和厌恶，并满足其要求。在交配以后，母猴们对雄性首领的反感就转变成了依赖，因此，公猴就达到了它的目的。

至于同样的事是否会在狮群中发生，还有待进一步研究。

此外，母猿或母猴不同于母狮，它们足智多谋，能对付希律式的雄性，保全孩子。在本书的另一章节，我将详细地描述青潘猿群中"母亲联盟抵抗雄性杀婴"的现象。在红疣猴中，母猴经常改换自己所属的猴群，为的是寻找一个更加强壮的猴王，希望在那儿无须担忧外来征服者，至少能在较长时间中得到保护直到孩子长大，以免落入被继父杀害的悲惨境地。

第二节　稚嫩娇柔之相招来杀身之祸

我们注意到，在粗暴的继父夺取权位后，面临死亡的是那些身着"婴儿服"、显得特别娇小可爱的幼猴。成年东非狒狒的毛色呈淡棕色，但这种猴子的幼崽的全身毛发却是黑黝黝的。成年后的长尾叶猴毛发呈银灰色，而幼崽毛色黑亮。成年郁乌叶猴毛发呈灰黑色，其幼崽毛色金黄或白色。成年东非黑白疣猴身上的花纹是黑白相间的，但幼崽的毛色是亮白色的。所有幼崽的毛色都与成年猴的毛色构成了鲜明的对比。

在通常情况下，成年猴尤其是母猴"姑妈们"都情不自禁地认为这种"娃娃模式"娇憨可爱，这保证了即便不是亲生母亲的成年猴都会尽量避免伤害，甚至呵护这些小家伙，虽然这种情况不可能持续很长时间，但至少在短暂的相遇期间，它们可以做到这一点。

同样，人类对娃娃模式也有强烈反应，玩具娃娃的脸部更是将该模式美化成了一个超乎寻常的信号刺激。但是，由它所触发的爱不能与母爱混为一谈，因为由娇小可爱特征引起的本能反应根本经受不住生命重负的考验，只有真正的母爱才能经受住考验。

在猴类中，娇小可爱特征反而会导致与幼崽受保护相反的结果出现。当一个不受欢迎的公猴刚登上猴群统治地位时，娃娃特征所发出的"宠爱我吧"的信号反而会令它原本对幼崽抱有的好感转变成残忍。

纽约洛克菲勒大学的动物行为学家托马斯·T. 斯特鲁塞克（Thomas T. Struhsaker）博士这样总结道：只要一看见"娇柔"的"婴儿服"这种强烈信号，新的帕夏就会被刺激起狂热的毁灭欲。而少年猴子因为已换上成年者的皮毛便可免遭伤害——这一点有别于狮子。

大白鼻长尾猴中也有类似情况。尽管新王权建立4个月后出生的幼崽绝不可能是新首领所生的孩子（雌性大白鼻长尾猴怀孕的时间长达5个月），但它们也能免遭杀害。新帕夏会善待它们，视同己出。促使它转变态度的动力可能是，在这期间它与母猴间的紧张关系已得到缓和，猴群关系开始融洽起来。

对"雄性杀婴"现象，美国遗传学家汉密尔顿（W. D. Hamilton）试图以"亲缘选择假设"加以解释，这一假设摒弃了"种群保持原则"。毫无疑问，残杀幼崽无助于种群保持。汉密尔顿用以个体为基础的"基因层面的利己主义"来解释所有的社会行为：新首领杀死与自己无关的幼崽，以使所有雌性尽快恢复性敏感，这样，新首领（而非被驱逐的旧首领）的基因就可得以传承。

这一观点遭到了激烈的批判，但对"雄性杀婴"的真正动机，他们也说不出个所以然，因为非人动物根本就不知道发情、交配、怀孕以及产崽之间的内在联系。

英国动物学家温–爱德华（V. C. Wynne-Edward）教授用"种群调节假设"来解释这种行为，他的解释似乎更有说服力。他认为：当动物群体发生超员时，动物们的社会行为就会失常，杀婴可使种群数量回到正常值。所以，动物同类相食、残害幼崽就是种群数量过剩条件下的一种非常状态，而非正常现象。

在一个狮群中，种群数量越大，就会有越多勇士试图去征服母狮们，就会更频繁地出现首领更替现象，当然也就会有更多的幼狮惨遭杀害。狮子数量降低了，残杀就会停止，直到以后狮子数量再次上升。

如果外来征服者不再出现，那么，原狮群中长大的年轻的雄狮自然而然就会接任首领。在这种情况下，狮子继续减少则会将群体带向毁灭，杀婴现象自然也就不会发生。这是种群数量非过剩情况下的正常行为。

第三节 同类相残，自取灭亡！

除了直接杀害幼崽外，动物们还会做出间接伤害行为。在有些年份，生活在庄稼地里的黑田鼠数以百万计。慕尼黑动物学家瓦尔特·博伊姆勒（Walter Bäumler）对黑田鼠的研究发现了一种富有戏剧性的间接伤害现象。

黑田鼠通常过着一夫一妻制生活，循规蹈矩，彼此忠诚，共同抵御外来入侵者。然而，只要在风调雨顺的年份，黑田鼠数量就会上升，每家每户不得不挤在自家的地洞里。这时，公鼠们就会陷入性躁动，它们会与邻居母鼠偷情，为自己另立一群妻妾。

这导致了公鼠之间没完没了的激烈争斗。性欲上升引发了野蛮杀戮。这些动物相互撕咬对方的脖子来杀死对手。最终，90%的黑田鼠在争斗中丧生或出逃。

但这样一来，在争斗中获胜的少数公鼠确实可建立起平均由9只母鼠组成的后宫。一只母鼠每隔21天产下约7只幼崽，它们将和其他母鼠产下的幼崽一起被集中安置在一个中心鼠穴中，脱离亲生母亲的监护。幼鼠将由所有母鼠共同哺乳、抚养长大。

然而，这种组建大家庭和集体托儿所的模式在初始阶段根本没起到遏制种群数量增加的效果，反而使幼崽激增。虽然公鼠比原来少了许多，但母鼠们却生产了比原先多得多的孩子！

另外，令人诧异的是，成年鼠与幼鼠交配的现象也出现了。这些帕夏与自己出生仅3天、身体还很小的孩子进行交配，3周半后，这些幼鼠也有了自己的孩子。这种血亲相奸现象也许是我们在动物界了解到的最极端的性躁动现象。

不久，到了第二个阶段，这种集体放纵就开始导致整个群体的数量下降。外来雄性黑田鼠侵入这一种群数量严重过剩的地区，经过一场场残酷的战斗，它们从荒淫无度而虚弱不堪的帕夏们手中夺走了它们的妻妾。

新统治者不必像狮子和长尾叶猴那样为了能和幼崽母亲交配而杀害幼崽，它还会考虑到与幼崽交配的可能，因而，残杀同类幼崽也就失去了意义。接下来，黑田鼠身上发生的一切就如同大家所知的1959年发现的"布鲁斯氏杆菌病"*。对所有被征服的母鼠而言，单单外来公鼠的体味就可对它们产生"抗婴"作用。一闻到外来公鼠的体味，孕鼠腹中的胚胎生长就会自动终止；根据发育程度的不同，这些田鼠胚胎要么被完全分解，要么被流产排出。

幼崽尚未出生就被杀害，而且，外来公鼠不用撕咬就兵不血刃地通过体味间接地达到了目的！但是，对于被征服时离产期仅一两天的母鼠来说，这种自动且势在必行的可怕机制就失效了，幼崽会照常降生。这时，与狮子一样，新首领立即赶来，将刚出生的幼崽

---

* 布鲁斯氏杆菌病，又称马耳他热、地中海热、波浪热，是一种人畜共患的传染病。其特征为隐袭发病，造成发热、寒战、多汗、虚弱和全身疼痛等症状。布鲁斯氏杆菌在人与人之间的传播比较罕见，但在动物间能迅速传播。对布鲁斯氏杆菌病，迄今尚无切实可行的药物治疗方案。——译者注

悉数吞下。片刻之后，它便又与刚被自己吞入肚中的幼崽的母亲交配了。

这种野蛮做法使鼠群走上了自取灭亡之路，因为早在 21 天妊娠期结束前，即新统治者的幼崽出生前，便有更新的征服者取代了它。于是，鼠群再次丧失了所有的幼崽。这种极端的"基因层面的利己主义"导致的后果是短期内没有母鼠繁衍后代。如此循环往复，以至绝后。

这种因雄性动物旺盛的交配能力引发的谋杀和血亲相奸现象最终却造成了"后继无鼠"：尽管鼠群成员处于性亢奋状态且交配频繁，但其中的绝大部分都会在短期内走向灭亡。

第四节　只因不知所为

自然界存在着大量无意识的同类相食现象。无尾目动物的眼睛还处于演化的低级阶段，无法得到清晰的图像，因此，这种两栖纲动物只能区别正在移动的小的东西（相当于猎物）、比自己大的东西（相当于敌人）以及与自己大小相近的东西（相当于交配对象）。因此，任何一只小蝌蚪或离它太近的幼蛙都会被它视为猎物而一口吞下，可它们丝毫不清楚其中有些可能是自己的孩子。

这就是"弱肉强食"模式的基础，在章鱼、白斑狗鱼、鳗鲡、热带蟹、食肉性海蜗牛等其他动物身上也会出现这样的现象：它们都是野蛮的吞食同类者，可它们根本就不知道自己在做什么。

无意识的同类相食现象甚至还会发生在亲生父母与孩子之间。此前，我们只提到了外来同种动物吞食幼崽的情况，现在所描述的则是父母实施的同样的野蛮行为。这种残害幼崽的行为被称为"克洛诺斯现象"[*]（该词与希腊语中的"时间"为谐音，请别混淆）。

例如，在红角鸮中，给巢中雏鸟喂食的父母凭肉眼无法区分哪个是全身几乎无毛的雏鸟、哪个是作为猎物的老鼠，这种情况在夜间尤甚。因此，雏鸮必须不停地啼叫，以便让父母从声音上识别出自己；它们的啼叫是在央求父母别杀了自己，快给自己喂食。可有的雏鸮饿得虚弱不堪、无力啼饥，于是，这只"一窝中最弱的雏鸮"就会被自己的父母当作猎物来喂给它的哥哥姐姐们。

在狗中，有时会因人为的错误而引发无意的克洛诺斯现象。许多饲养者坚持一种错误的观点，他们认为作为父亲的公狗会杀害自己的幼崽，因此，必须让它远离母狗和幼犬。从自然生活方式的角度出发，狗类研究专家埃伯哈德·特鲁姆勒认为这种观点相当荒谬。为此，他进行了两个实验。

在进行第一个实验时，为保险起见，在幼崽刚出生的几周内，他没让公狗接近娇小柔弱的幼犬。等幼犬们稍微长大、身体强壮一些后，父亲或许就会愿意和它们一起玩耍。所以，直到幼犬出生 72 天后，研究人员才第一次让作为父亲的公狗来到它的孩子们身边。

"结果令人震惊，"特鲁姆勒报告道，"这位一家之主一上场就咬死了其中的一只幼犬，尽管母狗竭力阻止它继续向别的幼犬发难，但它最终还是得逞了，又一只幼犬遭到严重伤害。这时，我不得不

---

[*] 在希腊神话中，克洛诺斯是乌拉诺斯和盖娅的儿子，为十二提坦中最年轻的一个。在母亲的怂恿下，他阉割了父亲，从而使得天地分离。他成为提坦之王，娶自己的妹妹瑞亚为妻，生下赫斯提亚、德墨忒耳、赫拉、哈迪斯和波塞冬。但克洛诺斯把他们全都吞食了，因为他父母曾警告过他，说他将被他的一个儿子所推翻。宙斯出生时，母亲瑞亚将他藏了起来，并骗克洛诺斯吞食了一块石头。宙斯长大以后，逼着父亲克洛诺斯把兄姐们吐了出来，并战胜了他。——译者注

　　　　　温暖的巢穴：动物们如何经营家庭

对它实施麻醉。我只得把它和那些孩子隔开，除此别无他法。"

那种情况下，除了特鲁姆勒，估计恐怕没什么人有勇气再以不受人为干扰的自然方式做第二个"实验"了：让作为父亲的公狗参与母狗的生产，而且，也不把它和刚出生的幼犬分隔开。实验结果与原先的公狗会杀害幼崽的预想截然相反：那个父亲一边担当起警卫角色，一边照料孩子，显得和蔼可亲！人们对公狗会残害幼崽的担心完全是多余的！因此，要培养公狗的父亲意识，就必须让它时刻与自己的家庭成员在一起，否则，它就认不出幼犬是自己的孩子，因而不明就里地杀害了它们。

父爱本能未被唤醒的雄性动物很容易杀死同类，尤其是幼崽。

失去天性的后果也常常发生在成为母亲的雌性动物身上。在此，我只想请大家稍稍回想一下分娩或孵化后母兽和幼崽被隔离后所发生的一切。此外，也可能会出现因母兽太年轻而不完全具备照料幼崽的能力的情况。这种现象还偏偏会发生在被人们奉为幸福使者的"送子仙鹤"身上，这着实令人诧异。

7月初，在德国石勒苏益格-荷尔斯泰因州的白鹳之乡贝根胡森村，我们的"福星"朋友——一只雌白鹳产下了67枚蛋，这些蛋分散在22个巢中。不久，第一批雏鹳纷纷破壳而出。可这时，报警电话接踵而至。农民森德尔家的屋顶上，一只鹳咬住自己一只才3天大的幼鹳翅膀，使劲把它甩出鹳巢，紧接着第二只也被甩了出来。两个小家伙滚下屋顶，摔死在了石子路上。

中午时分，农民莱曼发现有只雏鹳躺在屋檐边的水槽里，已经没了生命迹象：它被父母抛下了"船"。就在同一天，农民卡斯滕也观察到，"他家"的白鹳以喙作匕首将自己的一个孩子刺死在了巢中，然后还把它撕碎了喂给了它的同伴。

接下来的几天，邻村南施塔珀尔的兽医武尔夫·汉森（Wulf Hansen）博士接收了不下 21 只幼鹳。"在这儿，这样的事情几乎每年都会发生！"他妻子介绍道。她义务收留这些孤儿，把它们养在院子里，并照料它们，直到 8 月底。到那时，它们就能穿越博斯普鲁斯海峡，飞往非洲南部了。

幼鹳被扼杀在巢中，原因有三个方面。

其一，年轻的鹳的父母天性还不够成熟。有时，第一次孵卵的鸟会把刚生下的蛋推出巢外，因为它们不知道一切从何做起。这些鸟此前一直生活在非洲南部，还从来没有经历过孵蛋。随着经验的积累，它们才会从内心感受到一种迫切的孵化需要。因此，当地农民戏称它们的首次孵蛋是"在付房租或学费"。

其二，孵蛋时受外在刺激而增强的攻击性会造成照料孩子天性的丧失。例如，当正在巢中孵蛋的雌鹳遭到四处游荡寻找落脚点的年轻白鹳的入侵时，双方就会爆发一场激烈战斗。即使年龄大些的身为巢主的鹳父母获胜，它们还是会因不可遏制的攻击性而把全部的鹳蛋或幼鹳扔出巢外，甚至来年都不再孵蛋。

其三，严重的饥荒会让白鹳父母不得不以杀子来喂养其他孩子。因为近来大面积的湿地被排干了水，当地几乎不再有蛙类生存。在有些年份，田鼠数量激增，紧跟着的数年里，这类啮齿动物锐减。蝗虫、甲虫等昆虫也都被农药杀灭。在这种环境中，可怜的白鹳们此刻还能以何果腹？如此说来，迫使白鹳不得不犯下杀子罪行的正是我们人类。

麻雀和天鹅父母也会杀害自己的孩子。毫无疑问，这又得归咎于提早出现的性欲。

汉堡市天鹅观察台台长哈拉尔德·尼斯（Harald Niess）曾报告道：几年前，一只生活在阿尔斯特河的雌天鹅在茂密的芦苇丛里孵出了4只雏天鹅。当它第一次带着小天鹅外出戏水时，此前一直在远处警戒而从未见过巢中雏天鹅的雄天鹅马上赶了过来。它对雌天鹅充满柔情、倍加宠爱，但这个以往总是悉心照料孩子的"模范"父亲此刻却视孩子如空气。

突发的性爱甚至挤掉了雌天鹅的母爱，它在越发急促的孩子的呼喊和发情雄天鹅热切的呼唤中来回应对，但感情的天平日益偏向自己的配偶。它任凭孩子们一天天衰弱下去，5天后，小天鹅们无一幸存。

当雄麻雀的伴侣不止一个时，相似的不幸也会发生，而且还不是个别案例。起初，它在巢中忙于创造下一代。当雌鸟开始孵蛋后，在雀巢附近某处的房屋角落里，这个"男主人"就开始与另一只雌雀纠缠不休。这出戏一直持续到第二只雌雀开始孵蛋。此刻，第一只雌雀的一窝雏雀已破壳而出。这时，身为父亲的雄雀回到巢中，它与孩子间没有建立起丝毫的情感纽带，雄雀除了性欲已别无他物。它在雌雀身边长时间地发情，直到把雌鸟"征服"。性爱最终抑制住了父爱与母爱。最后，这对麻雀父母把一窝雏雀统统扔出了雀巢，又开始了新一轮的产蛋孵化。

不管是疣鼻天鹅还是麻雀，在以上两种情形中，作为父亲的雄鸟均在孩子刚出生这几天缺席，因此，它们的父爱本能未能被唤醒，于是，不幸就发生了。

第五节　出卖孩子的父母

　　除了"父亲"的性欲放纵，成年动物的享乐行为也会让孩子们面临着死亡威胁。让我们来看小红蚁中的相关案例。

　　这个令人扼腕的故事讲述的是小红蚁因过度放纵口腹之欲而导致整个蚁群走向了毁灭。起初，一切都显得平常，一些蝴蝶（如小灰蝶）会把卵产在百里香上，它们孵化出的幼虫起初以百里香为食。等幼虫第二次蜕皮后，它们的背腺就开始分泌出一种醇香醉人的蜜露。这时，小红蚁或草地蚁中的工蚁们纷纷赶来，将触角扎入毛虫，挤出蜜汁。它们还设立警卫，保卫"自己（所占用）"的毛虫不被姬蜂、食虫虻等其他敌人夺走。一旦发现植物的叶子已被毛虫吃光，工蚁们就会把它们的"蜜汁奶牛"拖到另一株百里香上，当然会尽可能靠近自家蚁穴。

　　在第四次蜕皮后，毛虫发生了质的转变，由原来的素食者变成了贪婪的食肉动物。如果直到此刻它们还未被蚂蚁发觉，那么，它们就会津津有味地享用蚜虫和别的昆虫，或因它们同类相食的习性相互吞食……一直到每株植物上只剩下小灰蝶毛虫。

　　一旦这些毛虫被蚂蚁发现或被挤了蜜汁、受到了保护，那么，蚂蚁把自己所找到的蜜汁捐献者运回蚁穴内的时刻就到了。而毛虫自己也会发出信号：在被蚂蚁挤蜜汁时，它会把背弓起来，让蚂蚁用颚钳着把自己拖走。

　　在蚂蚁错综复杂的地下迷宫里，毛虫差不多要度过一年。外来者一进入蚁穴，就几乎无例外地会遭到主人的围追堵截，直至被通通消灭。但是，毛虫因能产蜜露而备受蚂蚁青睐，这些蜜汁生产者会受到热情款待，而作为贡品的竟是蚂蚁自己的幼虫！仅仅为了自己的口腹之欲，蚂蚁居然会把孩子出卖给魔鬼……犹如古老传说中，日耳曼人把少女献给暴戾的恶龙。

蚂蚁对美味贪得无厌，只要蚁穴附近有小灰蝶毛虫爬行，那么，无论多少，都会被悉数拖入穴中，并被喂以刚孵出的蚂蚁。这样做的最终结果是整个蚁群绝后，走向灭亡。

德国马蜂成为杀子的同类相食者与其说是因为追求享受，倒不如说是为极度饥饿所迫，以自己的幼虫为食已成了一种它们定期实行的生存机制。德国马蜂中的食子现象通常发生在夏季，那时，北极南下的冷空气会带来连续数天的降雨，因此，工蜂无法外出采蜜。

这里有两个原因需要考虑。首先，马蜂只要连续两天半没进食便会饿死。其次，与蜜蜂相反，马蜂蜂房中没有诸如蜂蜜、花粉等食物贮备。尽管如此，整个马蜂王国居然也可度过风雨交加的寒冷的一周。

这是怎么回事？原来，这些昆虫用自己的幼虫作为储备食物。刚开始挨饿那几天，工蜂还在蜂房里"体贴地对待"它们的孩子。它们带着乞求的神情，将触角扎进幼虫头部，直到一小滴汁液渗出。可以这么说，此时是幼蜂在哺育成年工蜂！

如果天气持续湿冷，那么，被吸走了体内精华的幼虫就会饿死，接着，它们的整个身体也会被吃掉。在蜂群中，这群幼蜂充当了同类相残并相食的成年马蜂们的贮备粮！

同样的行为也存在于大黄蜂和熊蜂中，而在这些蜂群里，吃掉幼蜂的并不是它们的父母，而是它们的兄姐，幼蜂的帮助者变成了杀害它们的凶手，成为人们所称的"该隐们"*。

布莱希特的角色变换说——"首先是残杀，尔后成母亲"——至少在少数动物种类那里得到了应验，其典型代表就是那些未建立起亲密的母子情感纽带、把所有母兽产下的幼崽集中起来由几位母亲共同抚养的动物，如狮子。在食物丰富时，这一机制运作得非常完美。可一旦突发饥荒，那么，一切原有的秩序就会被打乱，亲情的缺乏就会导致骨肉相残的恶果。

在食物匮乏期，尽管幼狮仍能得到母乳，但在稍大些后，母亲和姑妈们的乳汁渐渐枯竭，而这时幼狮自己还不会捕食。因而，在食物稀缺的那几个月里，它们就会被同伴用前爪愤怒而残忍地拍死、撕烂、吃掉。1969 年，在非洲，在另一种实施幼儿园式的幼崽集中抚养的动物中，与饥荒期的狮群中类似的对幼崽的肆无忌惮的残杀，造成了群体性灾难。

在西非纳米比亚北部埃托河国家公园中的平坦的盐池区，河水比以往更早干涸。岸边，数百万大红鹳正在集群孵化。此刻，大约有 15 万只雏鸟还不会飞行，在"幼儿园"里挤挤挨挨。幼鹳父母组成的飞行大队却再也无法寻觅到食物。按照习惯，大红鹳也会照顾非自己亲生的幼鹳。在近处找不到食物的情况下，所有的成年大红鹳都飞离繁殖基地，把数不清的无助的幼鹳留在了原地。

地面上的幼鹳们迈着蹒跚的步子，跟随着成年大红鹳的飞行轨迹；结果却在荒野里漫无目的地瞎转，最后成为上百头狮子、斑鬣狗、胡狼还有秃鹫的美餐。野生动物守护者、兽医及一支道路工程

---

* 该隐和亚伯，《圣经·旧约》中的人物，亚当和夏娃的两个儿子。该隐为兄长，因嫉妒弟弟亚伯而将其杀害，后受到上帝惩罚。——译者注

队的工人们至少成功地捕捉到了 12 000 幼鹳，并用车辆把它们运送到了另一处水源尚存的岸边。

第六节　自然界的"计划生育"

许多鸟类父母在与孩子建立起牢固的情感纽带后也会把雏鸟交给死神，其根源就是极度饥饿和对于找到食物的绝望。据罗道尔夫策尔鸟类观察站站长汉斯·勒尔（Hans Löhrl）博士报道，遭遇这种悲惨命运的往往是那些一窝中最后破壳，或最后才能独立生活，或尚在巢穴中需父母喂食的雏鸟。

如果年景风调雨顺，鸟父母能为所有孩子找到足够的食物，那么，巢中最小的雏鸟境况通常良好。它们受着父母宠爱，也能吃饱肚子。这样，身体发育状况良好的它们完全能赶上哥哥姐姐的约定，一起首次出巢进行集体飞行。

可一旦遭遇食物匮乏，父母的溺爱就转为致命的冷落，最弱小的雏鸟根本就得不到一点食物，因此就难逃饿死的命运。

那么，在食物短缺期，如果父母依然将最弱雏鸟与其他雏鸟一视同仁，结果又会怎样呢？所有雏鸟一律得到少量食物，一同拖着羸弱的躯体进入自立阶段，一样无法应付艰难的生存斗争。最终，在还没能拥有自己的后代前，它们便一起走向了灭亡。如果动物们以这种公平原则来对待全体成员，那么，这个物种在就会在短时期内全部灭亡。

当然，饿死最弱的雏鸟只是动物让后代数量与当前现实相适应所采取的可行方式之一。

其实，早在产蛋时，鸟类就会开始控制出生数量。假如当时的食物供给状况不良，或生存空间狭小，那么，它们绝不会抱有这样的策略：先产下一大堆蛋，然后再把部分雏鸟饿死。雌鸟首先会对食物供给状况进行评估，然后产下与自己希望养活的孩子数量相同的蛋。在有利的条件下，一只乌鸫通常一窝产 5 枚蛋，而在一些大量乌鸫集聚、已种群数量过剩的市郊，每只鸟每窝只产 2 枚蛋。

这种调节当然不是动物有意而为之，它只是遵循了某些必然规律：营养状况（营养越好，雌性就能产越多的蛋）以及承受的负担（种群数量压力越大，养育负担越重，雌性生殖器官的机能就会变得越弱）。另一方面，对自己该产多少蛋，鸟类也会有一种直觉性判断。

鸟会对蛋计数吗？肯定不会。但它们能以另一种途径得出相当于计数的结果。

有一部分鸟的器官只能生产数量有限的蛋，它们是"有限的产蛋者"。例如，每窝只产 2 枚蛋的家鸽、只产 5 枚蛋的夜莺、只产 5 或 6 枚蛋的家燕、只产 5~7 枚蛋的斑姬鹟。无论如何，它们不可能产下更多的蛋。但我们无法称上述情况为"计数"。

其他的鸟或多或少有能力通过追加产蛋而弥补因偷盗而蒙受的损失，它们凭自己的感觉就知道应该产多少枚蛋，之后便停止产蛋，继而进行孵化。在一项针对性实验中，蓝山雀对所在林区巢穴的大小和获得食物的机会做出评估后，决定孵 10 枚蛋。从它下第 2 枚蛋开始，蛋一落窝，实验人员就把它拿走。结果，在器官罢工前，它一口气产了 14 枚蛋。

在同样的实验中，金翼啄木鸟直到产下 72 枚蛋后才停止，绿头鸭的"成绩"在 80~100 枚之间。当然，家鸡是当之无愧的产蛋最高纪录保持者。由于众所周知的原因，鸡窝里的蛋从未达到过母鸡所期待的数量，所以，母鸡就会坚持不懈地产蛋，直到生命尽头——几乎每天一枚，年产蛋量可多达 270 枚。

研究人员还进行了与前述相反的实验：在一只刚开始产蛋的母鸡窝中混入假蛋。马上，母鸡认为自己的产蛋任务已完成，于是不再产蛋，并着手孵蛋。到底什么在帮母鸡"数数"？答案是孵化斑处的触觉细胞，即母鸡前下腹部羽毛脱落后皮肤直接接触蛋并为之加热的部位。但凭借这一部位的触觉，鸟类也不可能像人类一样精确计数，它们更多的只是得到数量上的笼统感觉：太多或太少。由此看来，母鸡知道窝里的蛋已够数就类似于我们的胃的饱感。

另一个问题就是如何确定一窝蛋的最佳数量，这就需要正确预测将来喂养雏鸟时的食物供给状况。鸟类的食物供应往往随天气或季节变化而起伏不定，因而，它们的预测自然也就时常出现偏差。但无论出现冰冻、酷热、持续阴雨或干旱等各种极端天气甚至发生自然灾害，春季的食物源总会保持相对稳定。

在鸟类中，灰林鸮可能已对食物形成最理想的适应机制。在大山雀、星鸦、红嘴奎利亚雀等种类的鸟中，种群数量的波动性大：有几年数量剧增，有时鸟群密度又明显下降，而灰林鸮则无论在食物短缺或富余的情况下都能保持种群数量的基本稳定。

灰林鸮是如何调节种群数量的呢？经过多年的观察研究，英国牛津大学的动物学家萨瑟恩（H. N. Southern）博士找出了答案。在某年中，如果其猎物即鼠类特别稀缺，那么，雌灰林鸮就会连一枚蛋都不产，也即放弃了生育孩子。

等到第二年春天，当老鼠数量有增长时，雌灰林鸮便会产下 3 枚蛋。但孵蛋中的雌鸟依然无法从雄鸟处得到充足的食物，所以，它只能离开鸟巢自行觅食。然而，离巢的时间一长，正在孵化的蛋就会渐渐冷却下来。结果，3 枚蛋中就会仅有一只雏鸟破壳。此后，这只雏鸟就会由父母共同喂养长大。

直到大量老鼠成群结队地定居时，雄灰林鸮才能为巢中孵蛋的雌鸮提供足够食物，雌鸟才能把产下的 3 枚蛋全部孵出。自此，出生的雏鸟才基本有望得到一个有食物保障的未来。

第七节　生存名额永远有限

与灰林鸮实施的"计划生育"相反，生活在巴拿马的旅鸫则会迫于极端恶劣的环境而将自己孩子的命运完全交给运气。不夸张地说，这些生不逢时的雏鸟只有两种选择：要么饿死，要么被敌害吞进肚子。

从食物供应角度看，雨季应是哺育雏鸟的最佳时节，那时，作为雏鸟的美食的蚯蚓数目可观，随处可见。但也就在这个时候，不计其数的食肉动物也必须喂养它们的孩子，对它们来说，作为自己孩子的食物，旅鸫雏鸟来得正是时候。在巴拿马巴尔博亚，史密森学会热带研究所的欧赫内·莫顿（Eugene Morton）博士发现：不少于 80% 的雏鸟都会遭受这样的噩运。

对于旅鸫父母而言，唯一的选择只能是改变孵蛋时间：避开雨季，改在旱季养育孩子。这时，大多数食肉动物已离开这个半荒漠地区，不会再对雏鸟们构成威胁。然而，在旱季，蚯蚓难得一见。

这样，旅鸫父母能喂给孩子的只有稀少的草籽，可这种单纯的素食中蛋白质含量实在低得可怜，怎能满足这些幼小的杂食动物的营养需求？因此，旱季出生的雏鸟长得又瘦又小，最终，约58%都会死于饥饿。

由此看来，旅鸫父母的孩子要么80%多被敌害吞噬，要么58%死于饥饿，这种非此即彼的抉择似乎让旅鸫父母很为难。尽管如此，旅鸫父母中有70%选择了旱季生育，虽然这样做可让更多孩子存活，但雏鸟们得经受忍饥挨饿的痛苦。

在上述情况下，对于许多鸟种来说，要想让所有孩子存活，就必须父母双全。法兰克福动物学家弗里德里希·威廉·梅克尔（Friedrich Wilhelm Merkel）教授多年来追踪调查某些椋鸟独特的生活轨迹，他所获得的发现给人留下了特别深刻的印象。

椋鸟的生活充斥着危险，因为它们总是要不停地迁移。在新的居住区，它们不了解猫的圈套、鹰的埋伏及其他天敌的生活习性。在两起案例中，椋鸟父亲丧生，而当时5只雏鸟出生仅8天。从此，椋鸟母亲必须孤身奋斗，找到必要的食物，但这已超出了它的能力范围，尽管它竭尽全力，雏鸟们还是陆续死亡。先是最后出壳的最小的孩子，接着，按雏鸟的体重从小到大逐一死去，在最后两窝鸟中，都仅有1只雏鸟生存下来。

对于许多鸟类来说，要想让所有孩子活下来，绝对离不开父亲的帮助。这是一个不争的事实，同时也是鸟类两性比翼双飞的比例比哺乳动物高的根源。

"家中添丁加口"时期所面临的食物短缺问题可通过事先有计划的储备来解决，只是这种现象比较罕见。在鸟类中，红背伯劳就能做到未雨绸缪。

在红背伯劳的巢附近（如田埂上的一排灌木中），若有人不经意间散步到这里，就会看到令人恶心的景象：大黄蜂、蝴蝶、甲虫、壁虎、青蛙、老鼠等等的尸体都被叉在灌木的刺上，挂满了许多枝条。这就是红背伯劳父亲建造的食品仓库。在雌伯劳孵蛋期间，作为其配偶的雄伯劳会充分利用有利时机捕猎各种猎物。

几天后，雏鸟破壳。紧接着，恶劣天气接踵而来（在欧洲常如此）。这时，红背伯劳父母就可从这个"食品储藏室"取食物来喂养孩子，以此为全家提供食物保障。

外行人可能想象不出，对许多幼小动物来说，恶劣天气意味着多大灾难。只要接连三天雨水不断，那么，在整个被雨覆盖的地区，所有尚在巢中嗷嗷待哺的欧亚鸳雏鸟将无一幸存！这是德国禽类学家迪特尔·罗肯鲍赫（Dieter Rockenbauch）历经 13 年调查研究得到证实的结论。如果只是连续两天下雨，那么，欧亚鸳雏鸟中就会有1/3 至 1/2 死亡，那些四五周大的雏鸟尤其脆弱，因为它们已无法得到母亲翅膀的庇护，得自己忍受潮湿和寒冷的折磨。在这种情况下，雌鸟几乎一直在撕扯已死去的雏鸟，把肉喂给一息尚存的孩子。

因此，恶劣的气候条件让我们了解到动物残杀幼崽的又一个原因。

虹鳉鱼吞食自己孩子堪称神秘事件。作为受人喜爱的水族馆成员，许多初涉宠物饲养的人（包括孩子）都把养虹鳉鱼作为自己的养宠事业的"起步"。因为家中总是儿孙满堂，所以虹鳉鱼也被称为"百万鱼"。但你可能想不到，它们还有"食幼鱼"的恶名。

1966 年，纽约水族馆馆长布里德（C. M. Breder）教授准备进行一次深入的研究，弄清这种虹鳉鱼先产下数百万孩子又紧接着吃掉幼子的前因后果。

在一只较小的水池中，持续提供的食物与氧气足够满足 500 条虹鳉鱼的相应需求，但教授只放入了一条已怀孕的雌鱼。在接下来的半年里，这条虹鳉鱼仅以 4 周的间隔分别产下 102、87、94、71 和 89 条幼鱼，总计 443 条。而统计所得出的最后结果却是：在如此多的幼鱼中，只有 6 雌 3 雄的 9 条鱼存活，其余的都一出生就被母亲吞入了肚子。

在另一只同样大小的玻璃鱼缸中，教授分别放入雄鱼、雌鱼和小鱼各 17 条，共 51 条虹鳉鱼。同样，没多久，从这种胎生鱼的雌鱼们的腹部一下子涌出了大量幼鱼，可每条幼鱼刚一出生（通常在夜间发生）就无一例外地被它们的母亲所吞食，尽管它有足够多的其他食物。而且，原来放在鱼缸里的 17 条小鱼也消失在了成年虹鳉鱼口中，甚至成年虹鳉鱼中也出现了无法解释的死亡现象。半年以后，鱼缸中还在游动的也只有 6 雌 3 雄的 9 条鱼——与第一个鱼缸里的结果一模一样。

虹鳉鱼吞食幼鱼是不争的事实。但这里出现的并不是不加选择、随意残杀幼子的现象。因为鱼母亲并非不顾一切地吃掉所有孩子，它们会加以控制，让一定数量的孩子存活。否则，这个世界上就不会有虹鳉鱼存在了。因此，应该说这种动物是在主动实行计划生育，只是采用的方式过于残酷。

但是，值得注意的是，让它们这种社会性群体生活发生蜕变、出现同类相食现象的原因并不是饥饿，那到底是什么呢？

布里德教授经研究发现：**一条完全成年的虹鳉鱼必须拥有约两**

升水的生活空间。如果它没有足够的空间，就会吞食幼鱼。鱼群中鱼的数量太多很可能会对它造成身心负担，这种生理和精神上的压力会增强它的攻击性。于是，它就拿那些最弱小的虹鳉鱼也就是它的孩子下手。

但这不是最终的结论，因为如实验中所示，成年虹鳉鱼也经常相互吞食，而到最后，只要有一条雄鱼留下，总会跟着有两条雌鱼幸免于难。另外，幼鱼也以同样的性别比例存活，即雌鱼数量是雄鱼的两倍。不过，为了精确地保证雌鱼数量两倍于雄鱼，这种动物从何而知现在该吃掉雌的还是雄的幼鱼呢？这一点迄今仍然是一个未解之谜。

这种同类相食行为有可能受信息素——动物分泌的某些芳香物质控制。在蛙身上，这一推测已被确凿的证据所证实。在一个养着一群小蝌蚪的水槽中投入一个比它们稍大的蝌蚪，尽管食物丰富，但小蝌蚪们却不可思议地因停止进食而死去。在一个容量 120 升的空间里，一只大蝌蚪能以这种神秘的方式迫使 6 只小蝌蚪饿死。

这种社会感应性厌食症也可通过人工诱导产生，只需把几只大蝌蚪游过的水倒入盛着小蝌蚪的盆中即可。正是以这种巧妙利用含有化学信号的液体的奇特方式，自然赋予了先出生者以生存优先权。

动物界广泛存在着这种颇为残酷的种群调控机制。它让我们明白：即使在大自然中，能在特定空间中生存下去的动物永远是名额有限的。关于这一点，金仓鼠可作为典型例子。

该实验令人不由得想起那项用虹鳉鱼做的研究。美国伯明翰大学解剖学研究所的戈德曼（L. Goldman）和海迪·斯旺森（Heidi Swanson）两位博士把雌雄两只金仓鼠放在一只面积 3 平方米的笼子中，让它们在食宿无忧的安逸条件下随心所欲地繁衍后代。

如果把实验动物象换作家鼠，那么，笼中鼠的数量可上升到 100 多只。普通田鼠的某些行为方式允许在拥挤程度低于上限但仍较高的环境中继续维持正常的社会生活。只有在真正达到极限值时，鼠群中才会发生种种变态及同类相食行为。

在相同条件下，作为典型非群居动物的金仓鼠则完全不同，在笼中，它们不会把自己的队伍扩大到上百只。事实上，它们在笼中的数量从未超过 8 只。金仓鼠控制种群数量的通常方式就是母鼠杀死非亲生的幼崽。

另外，某些诱因也能让金仓鼠母亲吞食自己的亲生孩子，而且这并不罕见。

母金仓鼠在临产前几分钟还会毫不留情地残杀别家的幼崽。母仓鼠的这种嗜血性会随着第一只幼崽的降生而渐渐消失。在母爱本能被唤醒后，它就不再侵犯其他母仓鼠的幼崽。

现在，让我们来观察一下正在发生的情况：一只雌仓鼠接二连三产下 12 只幼崽，其中第 4 只和第 8 只生下时已死且立即被母亲吃掉；现在，剩下的幼崽有 10 只。母仓鼠只有 8 个乳头，每个乳头都被一只幼崽占据，并作为个体专有奶源加以保卫；因此，另外两只幼鼠就得不到营养供给了。金仓鼠母亲解决这个问题的方法是把"多余"的两个孩子吃掉。

其实"多余"的幼崽能起的作用就是在一窝出现多个死胎时充当替补，因为每窝能正常存活的仓鼠数量最大值就是 8 只。对金仓鼠来说，按此标准控制仓鼠数量很重要，否则，在金仓鼠的原产地叙利亚沙漠中，这种动物就无法存续。

那么，金仓鼠母亲是通过清点孩子数量来判断是否超员的吗？若真是这样，那它们就比鹦鹉和猿猴都更聪明，但事实并非如此。其实，控制数量是仓鼠的本能在起作用。任何幼崽只要没像其他幼崽一样在吃奶，马上就会被母鼠当作"多余"幼崽处理掉。因此，有时幼鼠仅仅因睡过了"用餐时间"就会收到死亡判决。

有几只因过度饲养而退化的雌金仓鼠变得相当敏感，特别怕痒。当刚出生的幼崽第一次挤向乳头吃奶时，那些母鼠会惊跳起来，抓挠腹部，把幼崽拖到一边，直到它们了无生机地趴在一侧。接下来，母鼠就会把它们逐一吞下肚。

在母鼠生产时，有时仅仅因为旁边有人观察，它就觉得自己受到威胁，因而攻击性大增；但这时，它把自己的孩子当作了攻击对象。

由此，我们不难看到，在金仓鼠身上，发生着母爱本能极其微弱的非社会性动物身上所能出现的极端现象：仅仅因为某些微不足道的精神负担，母鼠的母爱就消失殆尽了。可见，对母爱脆弱的动物来说，在食物和空间有限的情况下，残杀幼崽这样的事是很难避免的。

第八节 父母杀害幼崽

有一种精神负担会使动物母亲的感官受到特别强烈的伤害，那就是紧张，更确切地说，是精神焦虑。

以前，在一些动物园里，会频繁地出现这样的情形：在众多参观者大惊失色的目光中，狮、虎等大型猫科动物及熊等猛兽对自己刚产下的幼崽张开血盆大口。那时，无论是动物园园长还是观众都一致认为这种行为发自野兽的残忍本性。

如今，我们已经搞清楚了个中原因。和金仓鼠一样，这是它们对好奇的参观者距离自己太近时做出的紧张反应。吵吵嚷嚷的大量学生、不停拍照的参观者都会造成母兽精神紧张。在绝望中，它们会用嘴叼着自己的孩子从笼子的一个角落转移到另一个角落，徒劳地寻找着一个能避开观众视线的藏身之处。最后，当防止攻击的"保险丝烧断"时，它们终于咬死了自己的亲生骨肉。

为了防止再次发生类似的不幸，如今，在比较先进的食肉动物的饲养围苑内都设有一间生子和育婴房。这个房间不供参观，里面光线幽暗，与外界噪声相隔绝，除了母兽外（也许还有一只摄像头）任何人都看不到室内情况。在动物园配备这样的设施后，至今尚未出现过一个害死自己孩子的"残忍母亲"。

有时，某些微乎其微的干扰就足以将动物父母变成残忍的恶魔。康拉德·洛伦茨曾描述过这样的案例：有一次，一架客机偏离了航线，在一家银狐养殖场上方低空飞过，结果造成整个养殖场所有刚产崽的银狐母亲都吞下了自己的孩子。

马克斯·施梅林（Max Schmeling）报道了汉堡附近一座村庄里水貂养殖场里出现的同样的情况。经过几年苦心经营，养殖场效益极好。可不久，附近建起了一座军用飞机场，从此，被噪声困扰的所有欧洲水貂都行为异常，对自己的孩子大开杀戒。无奈之下，他只得放弃这家养殖场。

紧张症表现得最突出的要数树鼩，它们可谓研究紧张症的"最佳实验动物"。这种原猴亚目的（哺乳动物）祖先会像遭遇经济危机的经理人那样死于精神过度紧张。树鼩属于受负面情绪感染就会紧张而死（而非相互咬死）的少数极端敏感的动物。慕尼黑动物学家迪特里希·V.霍尔斯特（Dietrich V. Holst）教授研究了这一特殊现象。

在泰国的热带稀树草原上，作为一夫一妻制婚姻的典范，每对树鼩夫妻拥有 20 平方米左右的地盘；地盘中间最好有棵树，这样，树洞就会成为它们睡觉的地方。在它们的周围，生活着无数不怀好意的邻居。

当家庭中有雄性成员性成熟时，它就得另立门户、向外迁移。出行途中，树鼩不可避免地要经过敌害的地盘。在一般情况下，相比于闯入者，驻守在自己地盘上的领地所有者总是占据绝对优势。因此，外迁的树鼩总是会遭遇一连串的惨败。

这给树鼩造成了巨大的心理压力。但是，只要还有一条逃亡之路可走，树鼩内心的痛苦就会在战败 10 分钟后消散，它们重整旗鼓，再次冲出去经受考验。一只离家外出的树鼩迟早会遇上某个因天敌捕食而失去雄性树鼩的家庭，这时，它就能填补那个家庭的空缺。于是，一切都变得顺利起来。

可树鼩也很可能陷入走投无路的境地。尤其是在种群数量过剩时，周围到处都是耀武扬威的获胜者，让外出打探的树鼩无法视而不见；可就这么看上一眼就足以给它造成长时间的心理紧张。于是，树鼩的体重急剧下降，并于数小时后，就会因精神压力过大而死亡。就这样，树鼩把种群密度调整到了所有幸存者能承受的程度。在种群数量过剩引发饥荒之前，树鼩们便通过"非必要生存者"紧张猝死的方式降低了种群的数量。

在大自然中，因超员而被逐出家门的毕竟是少数。在更多情况下，精神压力介入了家庭内部的种群调节。

相比于严酷的外部环境，家庭是安宁的港湾。尽管树鼩家中拥挤不堪，但当外迁对自己更为不利时，所有的孩子无论大小都可留在家中，直到10只树鼩挤满洞穴。可是拥挤也会令它们身心紧张，结果，性发育就比正常情况下慢了许多，下一代的生育期，也即家族的树鼩数量增长期，也就被推迟了。

但是，抉择的那一天终究会到来，家中的女儿完全长大成熟，而这又会给树鼩母亲造成心理压力，令它更具攻击性。但这时，它的攻击目标不是已长大的女儿，而是最年幼的孩子。上一秒钟，它还在满怀慈爱地哺乳；下一秒钟，它就会惊跳起来，冲向窝里的孩子，把它们接连吞下。对此，我几乎忍不住想说：快快结束这种无望的生活吧！

如果这样的紧张状态长期持续下去，那么，所有的树鼩，无论雌雄，都会失去生育能力，起初的心理障碍发展到后来便会导致相关的生理异常。在长期精神紧张的状态下，在临产的树鼩母亲体内，它的2~4个未出生的孩子竟然会完全变成体液！这些在地球上没有立足之地的小生命就这样消失在子宫中，未留下一丝痕迹。

第九节　杀害幼崽罪行录

在撰写关于残杀幼崽这一章节时，经过慎重考虑，我刻意对细节做出了前所未有的详细说明。为什么呢？因为目前看来，在我们所谓文明的国度里，虐待、残杀幼儿已经恶化到前所未有的严重程度。这也是我们这个时代的诸多重大问题之一。

令我不安的是，我们每天都能看到这些生死攸关的问题正在被以怎样肤浅的方式简单化处理。一方面，一些父母残酷对待自己孩子的做法恰巧符合一部分人的理论，他们不去探究其深层次根源，而只是一味诋毁家庭制度，因此我们无法期待在这种消极趋势下能出现好转迹象。

另一部分人往往只能认识到问题的某些方面，因而，他们所采用的解决办法治标不治本。其实，看看我们身边的动物世界，就可以知道"虐杀儿童综合征"是多么错综复杂。

在此，让我特意做一个归纳总结。我们注意到，在母爱或父爱缺失而造成的杀婴现象中，母爱的缺乏往往是由于下列原因。

其一，分娩时，母子情感纽带没能充分建立。毋庸置疑，这是不幸之源。这对人类而言同样意义深刻。母爱缺失会加剧其他破坏性因素的灾难性作用因而加重危局。其具体表现如下：（一）母兽过于年轻，母爱唤醒程度低，如前文中的白鹳。（二）母爱本能与提前燃起的性欲发生冲突。这主要应归咎未与幼崽建立起父子情感纽带的父亲的交配行为，如前文中的疣鼻天鹅和麻雀。（三）母爱本能与追求享受之间的冲突，如前文中的沉迷享乐的小红蚁。（四）母爱本能与攻击性之间的冲突。其起因可能有：1. 托儿所中的不和，如发生在父母间的冲突或与外来者的激烈搏斗（参见贝根胡森村的白鹳故事）；2. 极度饥饿（导致饮食本能盖过母爱本能），如前文中发生在狮子、大红鹳、德国马蜂等动物中的不得不以最小幼崽为食的案例；3. 种群数量与食物压力（导致同类相残），如前文中狮子、熊蜂、平原田鼠和树鼩的相关事例；4. 种群数量过剩造成（食物供应与食物需要）失衡，如前文中发生在虹鳉鱼和金仓鼠中的相关案例。

其二，过早解除母子情感纽带导致母爱本能消退。如前文中记载的母兽将刚出生不久的幼崽托付给"幼儿园"养育的案例。

在残杀幼崽的罪状里，现有文献对作为父亲的雄性动物记录较少，而它们本应被列在幼崽杀手之首。其原因在于几乎所有父子间的情感纽带都要比母子间的弱得多。因此，在稍有外在压力的情况下，父子情感纽带就容易断裂。

不过，从总体上看，雄性缺乏父爱的原因在根本上与雌性缺乏母爱的原因相同。但是，关于父爱的缺乏，"继父"角色也是重要原因，如前文所述的狮子和某些猿猴中的相关案例。

非人动物中母爱与父爱缺乏的原因都很值得我们去探讨，如能将研究成果适当地推广到人类社会，我们将能得到一些有益于解决或改善人类社会中的相关问题的结论。

第十章

拿什么来替代母亲

亲子情：最基本的社会纽带

第一节　开除母亲的实验

假如一个孩子不得不在缺少母亲陪伴的情况下成长，他将如何发展呢？

长期以来，我们实施的诸如"让儿童摆脱父母、家庭的束缚，为他们创造更大的发展空间"之类的实验可不少。某些偏执的"教派"甚至就是利用这种方式将年轻人置于自己的操控之中。希特勒就曾宣布：在夺取"最后胜利"后，要把孩子从母亲身边带走，让他们在"国家政治教育机构"中得到被塑造成合格国民的教育。而如今，我们同样看到种种令人担忧的趋势，年轻人越来越远离父母的影响。从综合型学校到全日制学校、学龄前儿童预备班，这样一条详尽规划的成才之路就说明了问题，它正一步步地把越来越年幼的孩子纳入其中。

出生于俄国的美国教育家哈里·哈洛（Harry F. Harlow）教授和他的夫人玛格丽特·哈洛（Margaret Harlow）简直就是这种教育方针的狂热信徒。目前，他们在美国威斯康星大学灵长目动物实验室工作。其实，他们的研究并非最近才"新鲜出炉"，早在 1954 年至 20世纪 70 年代初就已在开展之中，可惜至今得到公开发表的仍然只有一些零碎的、歪曲真相的报道。唯有充分阐明完整的发展过程，这样的工作才具有划时代的意义。可他们对这段历史的描述粗略潦草，对一些支离破碎的现象则牵强附会地硬把它们说成具有广泛而深远的内在联系。

事情的起因是这样的：一些在高等院校从事猕猴研究的心理学家希望能尽可能地从动物育种站得到性格接近的实验用动物。因为他们认为性情、智力、胆量和反应能力等方面的个体差异会令对比式的实验结果出现偏差。因此，哈洛夫妇的任务就是培育猕猴，使之不仅拥有相同的身体状态，而且在行为反应上也一致。人类梦寐以求的"人人平等"就将在这些动物身上实现。

每只猴子因何变得不同呢？作为行为科学家的哈里·哈洛教授认为：幼猴在出生时显然个个类似，可见差异的根源在于后天的教育。那么，是谁在教育动物幼崽呢？是它们的母亲。这么说来，母亲就是后代差异的主要制造者。因此，从现在起，就应该将母亲开除出去。

于是，在猕猴母亲分娩后，幼崽就直接被饲养员抱走。每只幼崽被单独安置在整齐划一而简陋的笼中，从此，它们再也见不到亲生母亲，而由饲养员用奶瓶喂养长大。

当然，兽医们的照顾也是无微不至的。每天，猕猴幼崽被注入各种抗生素、维生素以及补铁制剂。这些药剂必不可少，否则，这些幼猴就会大批死于感染。

这儿需要补充一点，在抗生素发明之前，群体死亡事件在由国家和教会设立的育婴堂里大量发生并时有报道。那时，母亲把自己不要的孩子扔出家门或送进育婴堂。然而，这些缺乏关爱的孩子在那里依然听任死神摆布，与被母亲直接丢弃在河中其实并无多大区别。几乎所有婴儿的生命在未满周岁时就会在育婴堂里戛然而止。在 1840 年前后的意大利威尼斯，2 000 个幼儿中只有 5 名存活；在 1858 年前后的捷克布拉格，2 831 名儿童中无一幸存；在英国伦敦的 13 229 名弃婴中，活下来的只有 1/18。同样，在罗马、巴黎、柏林及其他地方，情况也没有更好，或许"死婴堂"是更合适的称呼。

缺乏母乳这种天然良药及与之紧密相关的缺少安全感、难以摆脱的被遗弃的恐惧感都使这些可怜的孩子容易患上某些疾病，这些疾病对有母亲关爱的孩子构不成多大的威胁，却会使育婴堂里的婴童难逃一死。

哈洛在培育猕猴时自然可使用最新的药物来防止幼崽死亡。它们甚至比留在母猴身边的幼猴生长发育得更好。研究人员不免欢欣鼓舞，因为与自然生长的动物相比，由他们人工培育的猕猴生长更快、个子更高、体质更强也更健康。"我们成功啦，"他们极其振奋地宣布，"让亲生母亲来教育孩子就是对孩子不利。从现在开始，这种做法已经过时了！"

然而，在该成果的首次报道还油墨未干时，动物饲养员就对这些幼猴表现出来的行为障碍发出了警告：随着逐渐长大，幼猴们的精神性疾病越发明显。哈洛夫妇做了如下记录："在实验室里，那些一出生便被从母亲身边抱走的幼猴有的坐在笼子里发呆，有的沿着笼壁机械地打转，有的用前臂抱着脑袋、一连数小时来来回回地晃个不停。例如，它们每天会几百次地拧自己的胸部，直到流血为止。"

后来，他们还报道："有人靠近它们的笼子就会刺激起它们的自我攻击。这种行为表明它们已完全精神崩溃，所以采取的行动与正常防卫相反。在自然环境中出生的猕猴会攻击向自己靠近的对方，而不会攻击自己。类似的情感病理学症状也出现在孤儿院里神情沮丧的儿童身上，以及精神病院里对外界不予理会的青少年及成年人身上。"

尽管如此，哈洛先生还是没有停止实验。他希望猕猴的行为障碍可通过情爱得到治愈。当这些从小远离母亲的总计 56 只猕猴性成熟时，他把它们集结在一起，让它们交配。可此刻，它们的变态才被淋漓尽致地展现出来：所有的猕猴无一例外地都丧失了交配能力。现场并没有出现亲昵的性爱情景，只有一场场你死我活的撕咬搏斗。

这时，哈洛得出结论：看来完全没有母亲行不通。现在，他又开始琢磨，母爱到底是什么？也许，我们可以从它丰富多彩的表现形式中分离出某些单一元素，或把它们从母亲的种种特性中分离出来；这样，我们就可以给孩子所有他们所需要的东西。

第二节　美食无法取代母爱

1957 年，著名的替代母亲实验开始进行。供幼猴用的各种千奇百怪的模型被制作出来。最后，两款有望成功的母亲模型即"铁丝母亲"和"绒布母亲"被用于实验。前一款以一只圆锥形铁丝架子为躯干，胸围和下半截肢体与成年猕猴相仿，躯干上插着一只木脑袋，并没有前臂和双腿。在相当于真实母亲的乳房部位露出一只橡皮奶嘴，奶嘴连着装满牛奶、隐藏在支架内部的奶瓶。而"绒布母亲"是在"铁丝母亲"的支架外再蒙上一层绒布，但乳房部位没有连接奶瓶。

哪一款母亲模型会被幼猴们选中呢？是食物源源不断的那款还是可舒舒服服地依偎的那款呢？实验一开始，一进入安放着两个替代母亲的笼子中，幼猴们就毫不犹豫地扑到"绒布母亲"身上，紧紧地搂住它，一连几个小时都不肯松开。直到饥饿难耐，它们才攀上"铁丝母亲"，就着奶嘴匆忙吸几口奶后，又马上啪的一声窜回毛茸茸的"绒布母亲"身上。之后，实验人员把两个模型搬到一起，并排紧挨着。这样一来，幼猴饥饿时，双腿仍然夹在"绒布母亲"身上，只是把脑袋偏向一侧去凑近奶嘴。

能给幼猴安全感的似乎只有那种在身体接触时能给它们带来愉悦的母亲模型。

德国亚琛的施马洛尔教授从中得出重要结论："以往学术界一致认为孩子对母亲的情感纽带不过是由食欲的满足形成的次级需要，而该实验结果恰恰与此相反。确切地说，实验充分证明，满足孩子的交往需求具有重大意义；相对而言，食物需求的满足对母子情的影响则可被忽略。"因此，孩子对母亲的爱根本不符合以往精神分析学派得出的谬论，母子情根本就不是填饱肚子或"满足口福"所能取代的。

供食行为也不是那种能从母兽身上剥离出来的、幼崽所寻求的母爱的基本要素。

如果供食不是母爱的基本要素，那么，什么才是呢？难道是满足幼崽依偎在母亲身边的渴望的母子间身体接触？基于实验所表明的下述几点，哈洛夫妇希望对此做进一步探索。在幼猴抱着"绒布母亲"几小时后，最严重的恐惧感开始消退，幼猴逐渐对周边的一切（如笼中的玩具）产生了兴趣。起初，幼猴双腿离地夹着"绒布母亲"，后来只是两脚与之保持接触，手臂则向前伸出去触摸玩具。当它看到没有发生不测，幼猴终于脱离了与模型母亲的最后一点接触，小心翼翼地走上前去探试玩具。

但是，一旦受到惊吓，如实验人员悄悄地往笼中放入一只上了发条便"咚咚咚"敲鼓前进的玩具熊，幼猴就会像抓救命稻草一般地扑向"绒布母亲"，并紧紧地抱住不放，仿佛它能给自己提供保护似的。

笼子中没有放置"绒布母亲"的那组猕猴孤儿的表现又完全不同。即使没有任何东西给它们带来惊吓，它们也一直蹲在角落里，吓得缩成一团，用双臂搂着自己的身体，目光呆滞地盯着墙壁。它们可以一连几周保持这种姿势，至于旁边放着的玩具，它们根本不去碰一下。

我们目前研究的正是个体智力发展的萌芽阶段。现在，心理学家不再怀疑影响个体智力发展的主要因素是童年初期大脑接受的刺激量及当时是否关注这些刺激。疏忽儿童早期发展造成的罪孽将作用于大脑，导致儿童变得冷漠和懒惰，最终将他们的智力损害到无可挽救的地步。

这个结论已经被大量实验证实，在此，我只稍加说明加利福尼亚大学的一个工作团队做出的引起国际轰动的研究。1971 年，在心理学家马克·R. 罗森茨魏希（Mark R. Rosenzweig）、生物化学家爱德华·本内特（Edward Bennett）、神经解剖学家马里安·C. 戴蒙德（Marian C. Diamond）三位教授的主持领导下，该团队首次成功地用大鼠和小鼠证明：与那些和多个小伙伴一起玩耍、拥有许多能令它们兴奋的玩具的同胞相比，那些被孤零零地关在笼中 30 天的幼鼠在大脑结构上呈现出显著差别。那些会玩耍的幼鼠的大脑皮层比因被"关禁闭"而变得呆头呆脑的小家伙重约 6.4%。不仅如此,"会玩的孩子"的单个神经元的突起数以及神经元间的突触数也更多。

可见,儿童在幼年时大脑所接受的刺激和他们玩的游戏深刻地影响着他们的大脑发育。

有人质疑这个通过鼠类实验得出的结论是否适用于人类,心理学家雷金纳德·迪安(Reginald Dean)博士和玛塞勒·格贝尔(Marcelle Geber)博士对乌干达黑人儿童所做的研究调查表明上述问题的答案是肯定的。在按照从小到大顺序、针对不同年龄组的一系列测试中,他们一开始就得到了让自己惊讶的发现,那些生活在农村、不超过 1 周岁的黑人儿童在智力发育上远远超过北美和欧洲的同龄儿童。

然而,这一领先优势从第 12 个月起就开始消失,黑人孩子们的智力水平大幅度回落,一些 3 岁大的孩子甚至表现出了迟钝和冷漠。

研究人员将这种智力大幅退步归因为教育方法的改变。从出生到 1 周岁期间,黑人孩子一直与母亲一起生活,母子保持着密切接触,母亲不管去哪儿都会背着婴儿。只要孩子需要,母亲就会放下手头的一切满足他们,她和孩子一起玩耍甚至一起睡觉。这些都对孩子的智力发展大有裨益。

但黑人孩子在满 1 岁后便与母亲分开了。从此,孩子不仅无法经常与母亲身体接触,还会被送到外婆、奶奶或姑姑处照看。他们往往被关在光线暗淡的小屋里,既得不到玩具,又没有同龄伙伴与之交流;总之,从此没了任何能激发他们兴趣的东西。就这样,就像那些失去母亲的幼猴,黑人孩子幼小的心灵逐渐变得迟钝。

第三节　全自动婴儿床的失败

让我们把视线投回哈洛夫妇进行的实验。所有把"绒布母亲"作为自己探索外界的起点和依靠的幼猴都会对一切都表现出兴趣，大脑也显得灵活。它们的身体发育甚至也明显强于亲生母亲监护下长大的猴子。

研究人员就此断然推论：他们成功地超越了自然。"绒布母亲"看来是更出色的母亲，它随时恭候孩子，从不会失去耐性，也不会产生什么恶劣情绪影响孩子，更不会拒绝、阻挠、惩罚、殴打、撕咬孩子等等——这样的母亲总能顺应孩子的天性，让它们的发展不受任何影响。哈洛夫妇骄傲地公开宣布："我们已完全摆脱饲养中对母猴的需要，为通过人工喂养使幼猴健康成长探明了道路。"他们甚至预言，今后，人类母亲亲自照料孩子也纯属多余。

美国家电行业历来热衷把各种最新科学知识应用于现实生活，从而创造经济效益。于是，"全自动婴儿床"应运而生。只要躺在床上的婴儿一开口啼哭，音响设备就自动开启，播放母亲的心跳声和安慰声，同时电动机带动婴儿床来回摇晃。此外，保持适宜温度的奶瓶每天五次将奶送入婴儿口中。看来，就只差一个由电脑控制的尿布更换装置了。

正在这时，一声警报叫停了"替代母亲"工厂的流水线。原来，哈洛夫妇培育的由"绒布母亲"陪伴长大的猕猴已经性成熟，可这时，此前一直隐匿着的情况暴露出来了，它们的感情世界显然一片荒芜。当被放到集体圈养的笼中时，它们所表现出的合群性缺乏、攻击性过度和性变态等丝毫不亚于那些曾被单独隔离、没有"绒布母亲"陪伴的幼猴。两者之间唯一可见的区别是，尽管前者也没有对自己的同种异性产生爱慕，但它们却爱那个布偶，即替代母亲！

全体平等的理想境界可谓得到了实现。所有在无亲生母亲陪伴下度过幼儿时代的猕猴都一样地爱咬同伴、一样地充满戾气、一样地性欲反常，甚至一样地性无能。

这在那些"进步的"社会学家眼里无疑荒谬透顶。但是，如果没有母亲"强加于孩子的影响"，即没有亲生母亲的爱，那么，人工培育出来的只会是一个个不幸的、彻底在无理性的恐惧与攻击中无法自拔的、威胁着正常社会的精神怪胎。

1962 年，哈洛夫妇就这次事件公开承认实验结果推翻了他们的研究假设。我们必须对这两位实事求是的科学态度表示赞赏。于是，剥夺亲生母亲抚养而人工培育标准化猴子的一切尝试立即被叫停。奥威尔*和赫胥黎所担忧的机械化饲养猴子的恐怖场面总算没有成为现实。哈洛夫妇为事实所折服，并从此成了"自然的母子情感纽带是孩子心灵发展的根本前提"这一观点的最坚定拥护者。此后，他们俩的所有实验都以此为理论基础，通过充分的证据来论证这一观点。

现在出现了这样的问题：从小失去母亲的雌猕猴是怎么对待自己的孩子的呢？一只母猴由于不具备交配能力而被人工授精。当幼崽出生后，猕猴母亲却把孩子当作一堆废物。它听任幼崽躺在一边，不予理会，更别说要给孩子哺乳。当小家伙好不容易抱住它时，这

---

* 乔治·奥威尔（1903—1950），英国小说家、散文家和评论家。他的小说常描写有良知、多愁善感的孤立个人对于苦难和不公正的社会环境的不满。最著名的作品是反苏讽刺寓言小说《动物庄园》（1945）以及描写非理性理想化极权主义的《一九八四年》（1949）。——译者注

个母亲要么愤怒地一把扯下孩子并把它扔向角落，要么拿它当抹布一样地用来擦地板。

母猴自己就在缺乏爱的环境中长大，因而也就不具备能力给孩子以自己曾无比渴望的爱。可见，母猴的母爱本能得到唤醒、增长的前提条件就是它们由自然赋予的天赋不遭到破坏。

相比自己儿时被迫忍受的伤害，猕猴母亲的所作所为对孩子心灵所产生的恶果更不堪设想。从小失去母亲的母猴对孩子内心世界所造成的严重破坏远甚于任何形式的母亲模型（如布偶）。

这样就形成了恶性循环，使事态不断恶化并不断升级。

第四节　母亲在绝境中的精神状态

让我们从人类（而非猴子）中感觉最敏锐的人之初阶段切入，来审视一下这些不幸产生的起始阶段。在从未体验过母爱的年轻妈妈们身上会发生什么？她们可以从哪里得到帮助？要回答这些问题，我想先从一位年轻女士听了我的相关报告后给我的来信中摘录一段，这封信点燃了我们的希望：

> 您关于猕猴实验的描述如醍醐灌顶般让我解开了自己一直在黑暗中摸索却总得不到解释的许多困惑。作为一个在职单身母亲的女儿，在 3 到 8 岁期间，我总是被托管在托儿所、幼儿园或某某院所里。这种经历对我并非无关大体，儿时的我总是极其胆怯，总是认为自己很笨甚至一无是处；总而言之，我就是个完全的失败者。我几乎不敢进商店买东西，在遇到路人向

我打听时间时，我会恨不得在地上挖个洞，好让自己钻进去。

在详细描述了自己的情况后，她继续写道：

> 我遭遇的最大不幸是在我有了第一个也是最后一个孩子后。在妊娠期间，我感觉一切都很美好，更对孩子的降临满怀期盼，然而，我总是不知道自己将会面临什么。在孩子出生后，每当孩子哭闹时，我就会紧张得腹泻。更倒霉的是，住在我家楼上的邻居有两个 1 岁大的男孩，他们整夜没完没了地哭号，而他们的母亲竟然不采取任何办法加以制止。我简直烦躁得近乎发疯。这时，若我的孩子也开始哭嚷，我有好几次差点抱着他跳出窗外。就算我把孩子搂在怀里，他也不肯安静下来，而这大概要怪我的心那时还在怦怦乱跳。

可以说，这位女士并不缺少当好母亲的真诚愿望，但她内心的情感支撑却已塌陷。而更糟糕的情况还在后面：

> 后来，孩子学会了走路。有时，我会勃然大怒，恨不得杀了他。可当他哭着向我仰起无助的小脸时，所有这一切——充满泪水的眼睛、娇小、柔弱、渴望温柔和爱护的表情——都会隐隐地提醒着我心中曾有的那些杀死或毁灭什么的阴暗想法。我真的不知所措，只会更加凶狠地对待他，抓着他使劲摇晃，冲他大吼大叫。他越是逼迫我明白自己有多可恶，我就越发怨恨他。

于是，我恨我的母亲，是她把我带到这个世界上，然后置我于这种两难的境地。我始终无法理解：为什么在遭遇了如此不堪回首的童年之后，如今我成了母亲还要面对这般磨难。听了您对母子关系中深层的内在关联所做的阐述后，现在，我终于明白这一切为什么会发生在我身上，也终于醒悟我和儿子中的任何一个都不应承担这一切的责任。是您让我茅塞顿开，现在，我正努力凭借从您这儿学到的相关知识来控制自己的感情冲动。如今，我和我儿子的相处也比以往融洽了许多。

只要看看这位女士字里行间所流露的真情，一切评论都成了多余的。

第五节　徘徊在畏惧死亡与幻想谋杀之间

我们还必须搞清楚另一个极其重要的问题：如果动物在幼年成长时期缺乏母爱，它们的精神世界会出现混乱，这种混乱，确切地说是什么？通过一系列测试，哈洛夫妇终于发现了其中的奥秘。

实验用的幼猴又一次从一出生就被带离母猴，但之后又会被送回母亲身边。实验分三组进行，A 组幼猴 3 个月后回到母猴身边，B 组在 6 个月后，C 组的隔离则持续 12 个月。

当 A 组幼猴再次见到母猴时，最初它们惊恐不安，因为在幼猴眼里这个母亲不过是个陌生的大家伙；但接下来，它们给予了母亲（毋宁说那是它们眼里的"姑妈"）充分信任。而母猴对这些小家伙明确深厚的爱终于结出硕果，幼猴后来的心理发展没有出现任何障碍。最终，它们的社会属性都得到了充分发展，并成功地融入了群体。

B组中的幼猴在时隔6个月后回到猴群中的母猴身边时，已经表现出严重的心理创伤。面对活跃的猴群，那些幼猴不仅在当时表现出短暂的惊恐，还长期无法摆脱强烈的恐惧，因而，它们拒绝母亲每次善意的接触尝试，回避正常生长的同龄伙伴们的任何游戏邀请。它们始终处于惶恐不安之中，为自己选择了一种游离于群体之外的生活方式——这种情形一直持续了9个月。

可是，接下来，这种长期的惶恐状态突然来了个180度的转弯。在没有受到任何刺激或妨碍的情况下，这些素来胆小怕事的小家伙突然爆发出狂躁与攻击性，这着实出人意料。它们首当其冲的发泄对象是比它们自己更年幼弱小的幼猴。这些独来独往、性格乖戾的家伙如今变成了一座座充满仇恨的可怕的火山。

这种发展倾向在C组的幼猴身上表现得更为严重。它们与B组成员的不同之处只在于它们所处的惶惶不可终日状态明显持续得更久，长达整整1年。而紧接着的极端转变也越发强烈：它们对待任何同类都盛气凌人，直至发展到沉溺于残害同类。这些心灵扭曲的猴子们不仅会趁人不备袭击幼小同类，而且还会对自己母亲、其他成年猴甚至体形占绝对优势的帕夏也发起攻击。一方面，它们会恃强凌弱，也会突袭并谋害强于自己的同类；另一方面，在一次次的攻击间歇中，它们又总是会因为害怕而瑟瑟发抖。

让我们来分析一下这整个过程。一开始，它们被无以复加的巨大恐惧所攫噬，后来却转而进入了恶魔般的攻击阶段。因此，这些可怜的猕猴无法协调自己内心的情感，失去了害怕与攻击之间的平衡，于是，它们便不断地从一个极端跳向另一个极端，整个内心世界四分五裂，混乱无序。

这就是我们从这些实验中得到的最有价值的收获。

在动物中，唯一能让那些无法驾驭的极端自然力协调一致的力量就是母亲对自己孩子的爱和孩子在初生阶段得到的安全感。

这种现象在一些年轻人身上并不陌生，它会以突发的恐惧或暴怒这种完全非理性的形式出现，而后又转为冷漠与麻木不仁。在初遇陌生人时，他们会首先小心翼翼地表现出退避，但一旦出现观点不合，意见交换不可避免时，他们瞬间就会变得愤愤不平，态度急转，令人感到不可思议。事后，他们又会对自己的激烈反应感到后悔，却又无可奈何，心灰意冷。

针对这种情况，只有一位良医能妙手回春且无须任何费用，那就是更加深入地剖析、认识这一现象中隐含的内在联系，认清、摆脱极具破坏力的情感冲动，并拥有征服它们的意志等精神力量。而这种驾驭能力正是人类超出动物的至关重要的因素。

只要意识到自己在害怕和攻击之间的平衡方面有所欠缺也了解其前因后果，那么，我们就能凭意志的力量控制非理性冲动，进而达成两者的协调。不过，这需要一个人具备超强的自我约束力。

正因如此，我们不也应该从中认识到在情感层面上，我们人类与非人动物是何其相似吗？如果有人无视这一点，那么，他也就放弃了凭借人类特有的品质来根治这一毛病的唯一可能。

在情感上我们人类遵循着与动物相似的法则，这一观点并非只是从挣扎于绝境中的那位年轻母亲的来信中提炼得出的，更是约翰·A. 鲍尔比（John A. Bowlby）教授经过广泛深入的研究得出的结论。他对儿童福利院中年龄 6 个月至 3 岁的孩子的行为方式展开调查研究，发现被调查者"在后来的生活中都经历过盛怒与恐惧情感的强烈振荡，因而以一种新模式开始建立他们的社会关系，而在这样的模式中，往往没有任何人能激起他们的热爱与追求"。

对于其后果的可能表现形式，德国于耳岑的儿童心理学家克丽斯塔·梅韦斯（Christa Meves）列举了属于"神经机能颓废症"的部分精神症状：

> 1. 普遍以尖锐的言辞或激烈的态度否定他人的观点，这种否定完全超出通常意义上的意见相左，达到了抗拒甚至公然攻击的程度。
>
> 2. 感到自己受到亏待，因而一味地苛求外界，由此更易因缺乏抵抗力而沾染侵犯他人财产、丧失良知等恶习。
>
> 3. 在创造性领域中难以突破消极被动状态，也缺乏持久力。
>
> 4. 容易心灰意冷，有动机却少动力，靠酒精、尼古丁和其他毒品来麻醉自己。
>
> 5. 没有能力与他人建立情感纽带，也没有能力热爱自己之外的个体，因而只能将自己维系于某些组织或教义，以此来代替个体间的密切情感关系。

梅韦斯将如此长大的非母亲亲自养育方式的牺牲品称为"被毁掉的一代"。不过，这一表述并不那么确切，因为实际上，正如我们已看到的那样，治愈的希望肯定是存在的。

一个人在儿时感觉自己得到的爱越少，他长大后的上述症状也就发展并表现得越厉害，并最终可能会恶化到实施刑事犯罪、自杀甚至成为恐怖分子的程度。

如今，在巴西各大城市，200万"无人管教的野孩子"就是活生生的可怕的事例。他们自出生就得不到父母关爱，在世界上最悲惨的贫民窟中长大，在与老鼠、垃圾为伍的肮脏环境中忍饥挨饿，艰难度日，遭人毒打和虐待也是家常便饭。他们甚至不到10岁就被赶出家门，和一帮同样未成年的小无赖结伙，游荡在城市的各个角落。他们不再拥有父母，也不再拥有家。他们以盗窃和街头抢夺为生。这群少年犯罪手段特别凶残，甚至连参与凶杀都无所畏惧。因为对他们而言，再没有什么可失去了，就连自己的生命也照样一文不值。他们的脸上清楚地写着"我憎恨所有比我过得好的人"。

巴西的人口政策应该对这样的不幸负责，它宣称孩子（包括胎儿）的生命不可侵犯，拒绝以任何方式控制生育，却允许他们的心灵被肆意践踏。

第六节 天生罪犯，早有伏笔

如果让一个儿童心理学家去观察某个家庭，看看某个孩子在某种家庭氛围里的日常生活，那么，他可以有约八成的把握预言这个孩子今后是否会变成屡屡触犯法律的罪犯。

这恐怕令人难以置信。6岁，这么稚嫩的年龄，孩子们个个纯真无邪，居然有人声称可精确断言若干年后成年的他会有怎样的行为，是善是恶！这种宿命论动摇了深深根植于我们世界观中的对罪与罚的基本认识。如果确实如此，那么，将来谁还会愿意去谈过错与责任？

可如今，我们再也无法否认这样的预言在任何时候对任何人都能毫无例外地应验。论证它的工作当属自然科学史上最缜密、最充分的工作之一，且在业内被公认为无可置疑。这一由 37 名成员组成的专家组筹划并实施的研究持续了 40 年之久，又在其后无数次的实践中得到验证。它就是美国哈佛大学的犯罪学专家谢尔登·格卢克（Sheldon Glueck）教授与夫人埃莉诺·格卢克（Eleanor Glueck）所主持的一项犯罪心理学调查研究。

在不了解精神分析学的基本理论和方法的情况下，研究从另一个角度切入。从 1925 年起，研究小组对 500 名狱中在押犯人以往经历中的共性进行调查，结果，研究人员在他们的社会关系中的父母身上找到了共同点。在这些走上犯罪道路的年轻人中，72.5% 受过过于严苛或情绪无常的父亲给予的惩罚，83.2% 缺少母亲照管，75.9% 被父亲漠视或敌意对待，86.2% 被母亲漠视或敌意对待，96.9% 在缺乏相互关怀、毫无休戚相关意识的家庭中长大。

比较上述条目中相互重叠的部分，可以看出，去除来自父亲的影响因素对结果不会有任何改变。因此，这两条可以从上述五个条目中划去。

现在，我们可看明白，剩下的三点也可归纳成一个问题，即儿童与母亲之间是否存在亲密的情感纽带。假如缺了母爱及相应的母子情这一纽带，父子间的情感纽带通常也将不复存在；只有在个别情况下，父亲才会对孩子爱护有加（电影《克莱默夫妇》[*]当属经典

---

* 　《克莱默夫妇》（*Kramer vs. Kramer*, 1979）是由美国的罗伯特·本顿根据埃弗里·科尔曼的同　名小说改编并导演的一部电影，讲述一个家庭因妻子出走而发生的种种变故，突出表现了男　主角和儿子之间的感情，深刻反映了单亲家庭的日常生活。——译者注

案例）。这就解释了预测的偏差：在有父爱来补偿母爱缺乏的情况下，一个孩子尽管被预测为未来会有犯罪倾向，却依然能保持心灵健康。

在此必须强调的是：这一预测模型仅考虑了因本能活动控制有缺陷而具有犯罪倾向的违法者。当然犯罪诱因还有很多种，如妒忌、被鄙弃的爱恋、种种极端情形中的绝望、困境、生存恐惧、强烈的报复冲动等。那些非与生俱来而是受外因驱使的犯罪者并不在格卢克夫妇的预测范围内。

事实证明，受外因驱使而犯罪者刑满后多数可重返社会。然而，关涉本能的犯罪者则不同，迄今，他们中只有极少数能被教育改造成具有社会性和人性的成员。希望本书在参考大量研究成果的基础上阐述的相关知识能在将来为相关社会问题的改善带来转机。

如果把上文提及的修正因素也考虑在内，那么，格卢克夫妇对犯罪行为的预测准确率几乎达百分之百。这两位专家及其同事对刚入学的 6 岁儿童进行了访问调查，当然，他们的研究内容不会透露给孩子的家长、老师及医生，调查结果也被妥善保存起来，仅供科研使用。每隔 10 年和 15 年，他们就会对孩子们在此期间所发生的一切变化进行核查。事实证明，研究者预言将来会走上刑事犯罪歧路的孩子确实几乎无一例外地都触犯了刑法。

无论这些被调查者来自美国、波多黎各、日本、法国还是德国，无论他们出生于社会地位低下的弱势家庭还是富裕阶层，无论受教育程度是高还是低，无论他们信奉的是天主教、新教还是犹太教，也无论性别是男是女，所有这一切对预测的准确性都丝毫不起影响。

尽管实际只有极少数情况与占卜预言相符，但相信根据出生时辰预测命运的占星术的却很多。然而，尽管格卢克测试的预测力是如此强大，这世界上又有几个人听说过呢？

占卜师和儿童心理学家在这一点上是一致的，那就是他们都认为出生时刻具有决定命运的重大意义。只不过，前者观看星座，而后者则重视亲密的母子间情感纽带是否建立；前者所涂抹出的未来景象杂乱无章，而后者却洞察到了充满爱的母子情感纽带的有无所造成的结果，后者的预测可谓真知灼见。然而，在现实生活中，每天浏览着报纸刊登的星相分析的人不计其数，而格卢克的研究成果却至今鲜有人知。

尽管早在 1964 年格卢克的相关研究报告就已公开发表，尽管它在学术界不存在任何争议，尽管它不是某个热门观点的复述，而是以确凿事实为依据的严谨阐述，但格卢克的基本观点至今仍然远未得到充分重视。这种现象有法律、父母权利、哲学及流行观念等多方面的原因。

但归根到底，格卢克的研究成果受排斥的根本原因是：没有人知道该怎么表述才能将他的理论用于治疗实践。谁能在一位 6 岁孩子的母亲面前发出这样的警告："请您注意，您的孩子今后将成为一名罪犯！"不，没有人做得到这一点。相反，如果心理学家隐瞒这种需要扭转的可怕命运，那么，孩子的父母就会拒绝对自己孩子的培养教育所提出的任何建议。

最大的问题在于：一旦对一个 6 岁儿童做出这样的诊断，那么，被预先点破的命运就几乎无法改变。灾祸已酿成，心灵创伤更难以平复；除非让心理学家提前介入，设计好努力引导孩子重新建立起害怕与攻击之间的平衡的完整方案。

直到今日，我们才得以凭借本书所推介的格卢克的观点去采取补救措施。每一位即将为人母、为人父的人都应该了解这方面的知识，也都应从孩子降生的那一刻起就与之建立起一种充满爱的、亲密的情感纽带。无论如何，我们都要杜绝出现格卢克夫妇所指出的那种家庭状况——残害孩子心灵并将其推向犯罪之路。

第十一章

父亲好在哪儿?

雄性在家庭中所起的作用

第一节　照顾孩子的"更高级形式"?

在美国，父亲在一天中照料自己孩子的时间平均只有 30 秒。这是当时受卡特总统委托调查研究家庭问题的美国社会学家埃米莉·戴尔（Emily Dale）教授于 1977 年得出的结论。

在格卢克夫妇对儿童可能遭遇的犯罪命运的诊断预言中，父亲对孩子培养所起的作用也完全不被考虑，因为父亲角色被认为是无足轻重的。因此，"父亲的存在究竟好在哪儿？"这个问题一再被提出来讨论，也就不足为奇了。

英国动物学家、《裸猿》作者德斯蒙德·莫利斯博士坚持认为，对于人类而言，完成了交配以后，父亲在孩子生命中的意义与狒狒群中的帕夏无异，都毫无意义。这一说法至少对狒狒来说总该正确无误吧？

1974 年，在东非热带稀树草原上的一个小湖边发生了这样一个事件：

一个由 35 个成员组成的狒狒群来到湖岸边饮水。它们保持着小心谨慎，一是因为害怕水中有鳄鱼，二是因为它们生性怕水。

突然，一声尖叫响起，一只好奇的小狒狒从一根斜插向湖面的树枝上落到了水中。它害怕得拼命呼救，四肢乱舞拍打着水面，却无法凭借自己的力量爬上岸。与此同时，它的母亲紧张地叫着在岸边来来回回地跑动，竭力伸长手臂向前方试探，却始终不敢跳入水中去营救孩子。

这时，狒狒群的帕夏冷静地从座位上站起身，毫不犹豫地蹚水来到小狒狒身边，一把抓起啼哭不已的小狒狒，把它塞到那位吓蒙了的母亲怀里，顺手又轻轻地给了那个母狒狒一记象征性的耳光。

可见，狒狒父亲至少偶尔能完成一些超越日常琐事的"更高级别的"照顾孩子的任务。这么说来，难道不是存在着某些类似"弱化的母爱"形式的父爱吗？从前文我们已能清楚地了解，给雄笑鸽注射激素能将其转变为关怀备至的"母亲"。另外还有一些案例也表明动物父亲早就投身于家庭服务之中。那么，在动物界，父亲们的真实情况究竟如何呢？

先来给大家透露一下谜底，1973 年，通过对红角鸮的研究，雄性动物存在"父爱本能"这个一直备受争议的观点已得到证实。下一节，我将描述研究者们是如何得到这一富有启发意义的发现的。

第二节　发现父爱

一只名叫珀丽塞娜的雌红角鸮在一个原先住着啄木鸟的树洞里孵化着 4 枚蛋，它已经连续工作了 21 天，在此期间，每夜都通过丈夫普里亚穆斯的喂食来填饱肚子。

白天，在离巢口一两米远的隐蔽处，这只即将成为父亲的雄鸟端坐在树枝上担任警戒。它羽毛直竖，眼睛紧紧地盯着鸟巢。每隔一两个小时，它就会担心窝里的妻子是否安好；于是，它便会以温柔的鸣啭发出"摩尔斯电码"："嗨，亲爱的，你还好吗？"一旦雌鸟没有马上做出回应，它便立刻飞回到洞口，伸进脑袋去探个究竟。

在孵蛋的第22天，发生了一件改变了它的生活的事情。这一天，天公不作美，掀起了狂风暴雨，普里亚穆斯希望能到巢中避雨。一开始，妻子表示反对，但过了一会儿，还是让它进了巢。就在两只鸟和和睦睦地并肩蹲守之时，普里亚穆斯突然发觉自己肚皮底下的蛋里传来了微弱的啾啾声，这是蛋里的小生命在向父母宣告它们打算约两天后出壳。

这种信号会引发动物内心的悸动，就像能唤醒母爱一样，对父亲也会产生深远的影响。蛋中小生命的低吟仿佛魔术师的咒语立刻将普里亚穆斯从只关心妻子的丈夫转变成了一位富有牺牲精神的父亲。奥地利科学院院士莉莉·柯尼希（Lilli Koenig）女士仔细观察了这一奇妙过程中的每一个细节。

在此之前，普里亚穆斯总是独自打盹直至暮色降临，只有当夜晚开始，珀丽塞娜饿得在家门口大叫，告诉它第一顿夜餐时间已到时，它才清醒过来，随即便以满腔的热忱投入捕食工作中。可见，这位"当家的"还是比较靠谱的。

自从听到蛋里的啾啾声后，普里亚穆斯就开始变得心绪不宁，而这感受又难以名状。尽管雨还在下着，黄昏隐约才现，尽管珀丽塞娜既没有索要食物，也没有对紧挨身旁歇息的丈夫有排斥之意，普里亚穆斯还是直起身子，毅然飞出巢外去觅食。

此前，普里亚穆斯每个夜晚带食物回巢44次，可从现在起，它一下子把自己的工作量增加了两倍有余。而且，它递给雌鸟的食物也不同以往，不再是些未经"加工"的整块而是细小的碎粒，这种食物甚至可以被直接喂入初生雏鸟的口中。

珀丽塞娜很快被喂撑了，并拒绝继续进食。可这更激起了普里亚穆斯无比的捕猎热情，现在，它已把想得到的周围各处都改造成了食物贮藏处，里面堆放着不少蝗虫、甲虫、蚯蚓、夜蛾等，还有零星几只老鼠和小鸟。当提前到来的基于父爱本能表现出来的喂食冲动与孵蛋的母亲拒绝进食碰撞在一起时，一个货真价实的粮仓就诞生了。

这一切说明，雄性动物的父爱可以通过与母爱相似的方式被唤醒。对红角鸮来说，这个关键就是尚在蛋壳里的孩子的啼叫声。

想想孵蛋期间巢中的父母亲经常轮换上岗的鸟类，那么，父爱与母爱有着同样的来源和唤醒方式也就合乎逻辑了。但有意思的恰恰在于，作为父亲的雄红角鸮根本不参与孵蛋，它的任务只是担任巢外警戒并为即将成为母亲的雌鸟提供食物，而且在雏鸟出壳时，它也绝对不会陪伴左右。可即便如此，它还是成了出色的父亲。

如果没有那场倾盆大雨把这只雄鸟赶进巢中，那么，典型的父亲举动是否就不会在它身上发生了呢？

诺贝尔奖获得者洛伦茨教授通过观察对这个问题做了解答。灰雁的孵化任务也由雌鸟单独完成，丈夫同样承担夜间警戒工作，有机会时还会出去拈花惹草。可是，只要蛋壳里的小生命开始叽叽啼叫，它就会重新坚守岗位，对家庭忠贞不贰。可是，灰雁蛋里传出的声音极其细微，在并不紧靠蛋的地方，雄灰雁不可能听得见，因此，让雄灰雁坚守在鸟巢周围的肯定另有原因。

一种可能是正在孵蛋的雌鸟发出了作为对蛋中信号的回应的安

抚声；另一种原因可能是雌鸟行为上的种种变化，因为当蛋里的雏鸟发出的啾啾声日渐响亮时，有的母亲就会开始让那些已嚼烂的食物从咽喉处回到口中随即又重新咽下，此刻还没有一只雏鸟需要这些食物。可这一切已经明确显示，雌鸟已开始从孵化行为向着哺育行为调整。

雄鸟被其中的某个现象吸引了过来，一旦在紧靠蛋的地方听见蛋里的窃窃私语，那么，这个"花花公子"就彻底沦陷了。它会被这种魔笛声点化成一位尽心尽责的父亲，而把"婚外情人"抛到脑后。于是，随着父爱的觉醒，这对灰雁的婚姻回归正常。而促成这一结果的竟是尚未破壳的雏鸟从蛋中发出的微弱信号。

以此推断，人类父亲身上应该也存在某些共性。可现实令人沮丧，如今，许多年轻的父亲隔着产科医院里的抗菌玻璃第一眼看见自己孩子时，涌上心头的却是害怕，担心自己的生活受到影响，担心经济负担难以承受，而不是那种油然而生的、真切的父亲感受。这一切可能要归咎于医院的规定，在婴儿出生时父亲们不被允许陪在妻儿身边，他们只能远远地看几眼裹在厚实褓褓中的孩子，其后果就是，当孩子降临到这个家庭后，他们的父亲几乎一直在外忙工作。审视他们的行为，可以说他们根本不配拥有"父亲"这一称号，在某些情况下，他们的婚姻也因此走向破裂。

如果没有父亲的悉心照料小红角鸮就将无法存活，因为它们对食物的需求逐日加大。在出壳两周半后，雏鸟已长出一层暖暖的绒毛，这时它们的母亲也必须飞出巢外"挣口粮"。雌鸟花两天时间把自己由喂食者（把雄鸟提供的食物转喂给孩子）调整为亲自外出的觅食者。从此，父亲只需负责孩子的伙食，如今，它每夜提供食物的次数从 44 次增加到了 116 次，而其中只有区区 15 次是为自己。

不久后，这样的育儿狂热必然会自行终结。在出壳 35 天后，4 只雏鸟羽翼已丰，开始第一次自行觅食，此后 4 天，身为父母的鸮夫妻都已精疲力竭，从此不再理会自己的孩子。正是从孩子"飞离家门"的一刻起，这对红角鸮的婚姻也走向了尽头。

这个案例不仅证明了父爱觉醒、发展和逐渐消失的事实，更展示了另一些对我们人类而言也十分重要的东西：几乎和所有一夫一妻制的动物一样，在经过热恋、蜜月期及孵化、喂食阶段后，红角鸮的婚姻若要继续维持，就只能通过一种力量，那就是父母双方对孩子的情感纽带。

第三节　孩子是婚姻的强力黏合剂

如上文所述，一对帝企鹅在一年中足有 8 个月之久要为它们唯一的孩子操劳，可一旦熬过这段艰难的日子，它们便各奔东西，只为了以后在集体孵蛋时能再次重逢。我们将这样的婚姻称为季节性一夫一妻。

排除个别例外，持久性一夫一妻制得以实现的条件是，新的一年已开始，而上一年度生下的孩子才离家或还要在家里待上一段时间。这种现象出现在灰雁和许多鸦科鸟类以及大量哺乳动物中。

婚姻持久必不可少的条件之一是身为父亲的雄性与孩子建立起密切的情感纽带，否则，婚姻关系就难以为继，终将破裂。我们人类的婚姻中之所以存在如此严重的危机，许多婚姻之所以走向破裂，我敢断言其中的一个主要原因就是摆在我们面前的这个不争的事实：

　　　　　　　　　　　　温暖的巢穴：动物们如何经营家庭

近几十年来，不仅许多母亲未能给予子女足够的母爱，父亲们错失与自己孩子建立情感纽带的情况更是惊人。

父亲对孩子情感纽带的萌生不会恰巧发生在孩子出生时，他可以但并非一定得出现在孩子出生的现场，父亲开始与孩子接触的时间点迟一些也无妨。

在美洲极常见的椋鸟的家庭生活中，这一点表现得非常明显。这种鸟通常成群结队地筑巢，这个大集体的传统之一是由雌鸟独自承担孵蛋的一切重任。这无疑给雄鸟"出轨"创造了良机，正如北卡罗来纳大学动物学家 R. 黑文·威利（R. Haven Wiley）博士所发现的，与雄灰雁一样，雄椋鸟偶尔也会忙里偷闲，在嘈杂纷乱的大集体中，在自己配偶的视线之外，偷偷地与尚未交配的雌鸟玩一出婚外恋。

但孵化一结束，雌鸟就必须依靠雄鸟的帮助了，因为接下来的繁重任务凭雌鸟的一己之力绝不可能完成。因此，一等雏鸟破壳，椋鸟母亲就得想方设法地把这个对家庭不忠的丈夫争取回来。

在大多数情况下，雌鸟掌握着一个妙计，而且屡试不爽。它会摆出妩媚性感的姿势，开始重新整修因孵化而变得乱糟糟的家，竭尽所能地修筑爱巢。对于许多鸟类来说，再没有什么比筑巢的异性更有魅力了。共同度过那些快乐时光的记忆几乎总是能让雄鸟迫不及待地回到雌鸟身边。

接下来发生的就是巢中的一群孩子对父亲期盼的目光和妻子动听的鸣啭，它们唤醒了这个"一家之主"的父爱。正是父爱赋予了雄性哺育、保护孩子和从此忠诚于家庭的责任。这就是孩子所具有的凝聚婚姻、黏合家庭的无可比拟的强大力量。

鱼类哺育孩子时也是如此。以东南亚内陆水域为家的雄曼龙鱼是个残害一些特有鱼卵和幼鱼的杀手，可这个"一家之主"却对自己的亲生孩子疼爱有加。曼龙鱼的父爱必须经过在雌鱼产卵时它亲自举行的一种特别仪式才会萌生。

雄曼龙鱼一定要用双唇短暂地触碰一下离开妻子身体的每一枚鱼卵。如果实验人员阻止它给后代行"亲吻礼"，它就不会萌生出可信赖的父爱，那么，吞食自己孩子的惨剧早晚都会上演。

第四节 多余的丈夫威胁生命

不能不提的是，自然界中存在着多种由母亲独自养育孩子的动物，因此对它们而言，父亲纯属多余，有时甚至有害无益。这种动物根本不知何为父爱，父亲反而会对自己的孩子构成致命威胁。它们有杀幼倾向，这迫使妻子防止丈夫接近孩子。例如，在洞穴里照料幼崽期间，麝鼠、原仓鼠或北极熊母亲都会给孩子的父亲"吃闭门羹"。

丈夫被禁止进入家门的前提是夫妻间等级地位的一次有趣的颠覆。原先，体形更大、力量更强的丈夫总是占据着"一家之主"的宝座，但是，在生下孩子后，母亲的攻击性猛增，它不放过任何威胁到自己宝贝的危险因素，所以它的丈夫宁可息事宁人，放弃与之较量转而让妻子"当家作主"。母爱催生了母亲对孩子无限温柔的情愫，又让它能够对可有可无的丈夫耀武扬威。

又比如金斑鸻父亲，虽说还能凑合着做执勤工作，但有时，它也会做出危及孩子安全的愚蠢举动。当金斑鸻筑在地面的巢附近有赤狐游荡时，雌鸟立即开始假装自己瘸腿而无法飞行，以此来"引诱"赤狐。雌鸟在赤狐前方来回扑棱、跌跌撞撞，让狐狸以为眼前的猎物唾手可得，这样，雌鸟就把敌害的注意力全部吸引到了自己身上，以便将其骗离鸟巢。可是，当那个父亲看到这一幕时，它却不仅不帮忙，反倒跑上前去试图和妻子交配。它这么一发情就让家庭摊上了灾难。

如此愚蠢的父亲，我们不仅可以在鸻形目中领教到，还能在哺乳动物身上见识到。在东非大草原上，现执教于密苏里大学的德国有蹄动物研究专家弗里茨·瓦尔特（Fritz Walther）教授多次观察到过下列现象。一头出生没几个小时的汤姆森瞪羚幼崽正面临一只胡狼的袭击，母瞪羚立刻在幼羚和胡狼之间来回奔跑，试图以此保护自己的孩子。"就在这种情形下，一头公瞪羚如幽灵般突然从后方向前扑去——不过，它根本不是为了救自己的亲人，而是为了阻挡妻子的脚步，防止它跑入邻居的领地。而且，这样的情况并不少见。"

公瞪羚只关心一件事，那就是不能让自己的后宫妻妾走散，至于孩子的生死，似乎与它毫无关系。当然，这里要强调一点，这只幼崽是母瞪羚年前同另一头公瞪羚交配而生，所以，这头公瞪羚只是个继父。

对母亲和孩子构成更大威胁的，就是那些堪称"美男子"的父亲们，比如，极乐鸟、流苏鹬、琴鸟、松鸡、黑琴鸡、草原榛鸡、动冠伞鸟等，不胜枚举。它们披着如梦似幻、光彩夺目的美丽羽衣，吸引雌鸟前来交配。可是，交配刚完成，准妈妈们就马上和孩子父亲分道扬镳，不愿再与它们发生牵连，因为丈夫的美貌太引人注目，只会把自己养育孩子的家暴露给敌害。因此，在这些鸟中，雄性只是用来交配的，此外别无它用。

那些对家庭可有可无的父亲多半是些好吃懒做的家伙，即使就在家附近，母亲也指望不了它们什么。绿头鸭就是这样一种鸟。

从十一二月到来年春天，绿头鸭夫妇会进入一段延续数月的订婚期，在这个阶段中，性生活尚未登场，因为绿头鸭的性器官要到春天才成熟并发挥作用。尽管如此，在整个冬季，绿头鸭夫妇一直成双入对，形影不离。但这样的恩爱场面最多维持到母鸭的第一枚蛋落地，此后，孩子的父母终归要劳燕分飞。那时，母亲独自孵化，父亲则满世界溜达。

因为丈夫不愿为孩子操心，所以被孩子母亲干脆视作多余。在蜜蜂中，这一点表现得更加极端。在与蜂后结婚后，雄蜂立即被彻底消灭，其身份就如同害虫一般。蜂房中的雄蜂被工蜂围剿的过程会持续 3~6 天不间断，具体情景是这样的：

一开始，雄蜂在某个蜂房中遇到工蜂；于是，工蜂便缠上这位"绅士"，挡住它的去路，爬上它的背啃咬起来。此时，雄蜂若不立刻逃离蜂房，进入对它来说绝对自由又孤独的外部世界，工蜂们就会一拥而上，抓着它的翅膀和腿横拖倒拽，拉向蜂房出口。此时，雄蜂基本上已被扯破了翅膀、拔断了腿，就这样，它掉落在地，挣扎数小时后痛苦地死去。雄蜂并非如以往人们所设想的那样被工蜂蜇死，尽管这样做对后者而言更轻松。工蜂姐妹们杀害兄弟只因奉了蜂后之命——它们的母亲通过分泌芳香族气体分子发出了追杀令。

这与几种（并非全部）蜘蛛的婚俗只差了一小步，因为在一般情况下，当丈夫与妻子相比只是身材矮小的侏儒时，在交配完成后，雄蜘蛛就会被雌蜘蛛吞食，虽然这一顿远远够不上丰盛，但这些不多的营养至少算是父亲给未来的孩子献上的一份薄礼。

我们将这种形式的同类相食称为塞壬现象[*]。这种现象也存在于螳螂、蝾等其他昆虫身上。

第五节　育儿方面的苦差事

不同种类动物中的雄性角色可在单纯的交配对象、雌性的食物、全方位育儿助理之间变换，其中也不乏一些有意思的过渡形式，如雄疣鼻天鹅所扮演的角色。

作为父亲的雄天鹅对自己家庭承担的职责仅限于站岗。如前所述，当雄天鹅和巢中孵蛋的妻子没有接触时会发生的情况是，就算小家伙们已破壳而出，它（和雄灰雁一样）也不参与对孩子的指导，如示范行走路线、水底觅食，指点可食用植物，为学习落后的孩子补习——这一切都需由做母亲的来操心，天鹅"一家之主"充其量就是个在母子周围游弋的护卫。

可是，一旦孩子们的母亲突然死亡，出人意料的事情马上就会发生：父亲竟能一下子把每件事情都做得得心应手，转眼间，它已完全进入母亲的角色，承担起母亲的义务，为孩子们完美地化解失去母亲的痛苦。这简直令旁观者大跌眼镜。其实雄天鹅本来就能胜任这一切，以前只不过一直在逃避工作，而现在，它明白自己亏欠了孩子什么。但只有在迫不得已之时，许多种动物中的父亲们才会像上述疣鼻天鹅一样露出自己"出色母亲"的真面目。

---

*　塞壬是希腊神话中半人半鸟的女妖，常用美妙的歌声将水手引向死亡。——译者注

另一种过渡形式可在大斑啄木鸟和石鸡身上观察到。啄木鸟父母把一窝孩子分成两个小组，一组归母亲领导，另一组受父亲保护，大家各行其是。在雏鸟破壳 13 天后，这样的分工才开始实行，此前则由父亲和母亲轮番上岗。等孩子长到第 24 天，羽毛已丰、能独立生活时，这种状态才结束。石鸡父母甚至更早分手。雌石鸡先产下满满一窝蛋，孵化工作则由父亲独立完成。正当石鸡父亲忙活的时候，雌石鸡又在附近产下第二窝蛋，而这窝蛋的孵化及雏鸟哺育就由它自己负责。

小嘴鸻更加精心地设计并利用分工方式：雌鸟刚产满一窝蛋，丈夫就把所有后续工作接管过来，为雌鸟腾出充裕的时间去产第二窝蛋，而围绕着第二窝蛋的一切工作也不用雌鸟亲自负责，它会把这费力的活计分派给第二个丈夫。雌鸻拥有多个丈夫，也就是说，这种鸟奉行的是一妻多夫制。

相比小嘴鸻，雉鸻、灰瓣蹼鹬和红颈瓣蹼鹬甚至更胜一筹，一只雌鸟甚至可拥有多达 4 个丈夫，丈夫们包揽了从筑巢到指导孩子成长的一切"家庭主妇的工作"。在孩子被哺育期间，当母亲的雌鸟与孩子却没有一次像样的亲密接触。只有当敌害来犯，惊慌的父亲们发出求救呼喊时，雌鸟才会立即赶来保护孩子们。

这就是身披羽毛的巾帼英雄们领导的母权社会中所呈现的与父权社会迥异的社会景象，在这种社会中，父亲的职责就是全力以赴地哺育孩子。

更有甚者，妻子会把丈夫牢牢看管在育儿室内，强制后者劳动。四驱车鱼（又名蟹眼虾虎鱼）就是这样做的。这种鱼生活在珊瑚暗礁堤堰下方、水流不停地冲刷着鹅卵石的水域，实行严格的一夫一妻制。首先，四驱车鱼夫妇一起在鹅卵石堆中挖掘出椰子大小的洞穴，洞穴入口狭小，总数不超过 6 个。干活时，做丈夫的刚想稍作休整，做妻子的马上就会一口一口啃咬它的鳍边，以示惩罚，从而敦促它继续辛勤劳动。

接着，雌鱼会在其中一个洞穴里产下第一批卵，等它一钻出洞外，雄鱼马上就钻进洞去给鱼卵授精。就在这个时刻，那个母亲就从外面把洞口堵上，把雄鱼关在里面。这是由澳大利亚动物学家、墨尔本大学赫德森（R. C. L. Hudson）博士通过潜水观察到的情况。

于是，洞穴里的父亲不间断地给鱼卵扇风输送氧气；同时，它还必须完成保洁工作，以免鱼卵受细菌感染；此外，它还要担当四处巡游的哨兵，像一条游弋在百宝箱里的毒蛇。至于自己的饮食，连续三四天它都根本无暇顾及，而此刻，那个母亲则大吃大喝——为了确保下一次产卵时精力充沛，需要充分摄取营养。在这期间，雌鱼每天只给雄鱼所在的洞穴开一次门，一是为了检查一切是否正常，二是通过搅动往洞里补充一些新鲜水，这两个目的一达到，那个父亲又立刻被堵在洞里。一直到过了四五天后，雄鱼才得以重见天日，被恩准休息一两天来恢复体力，然后又被关入下一个洞穴。这样的过程最多可重复六次。

海马父亲面对自己强悍的妻子也同样束手无策。这位"皇后"用尾巴缠住丈夫，然后将一根导管插入丈夫腹部类似袋鼠的育儿袋中，往里面灌满卵子。从此，整个育儿过程统统归海马父亲独自负责，而海马母亲则继续产卵，之后把一切孕育重负再"强加"给下一个丈夫。

在四驱车鱼和海马中，雄鱼难免有被迫之嫌。但在三刺鱼中，做父亲的倒是甘心情愿，因为与麝鼠、原仓鼠、北极熊中的情况正好相反：在这种鱼中，残杀小鱼的不是父亲，而是母亲，因此，在产卵后，雌鱼就不得不被驱逐出育儿室。当然，这就意味着养育孩子的一切重任都落到做父亲的肩上了。

一位推崇男女平等的女性曾感慨自己无法理解大自然的用意：生育下一代是一桩多么艰巨的任务，既然雄性不具备这一能力，那么，他们至少得担负起育儿的主要责任；只有这样，从生物学的角度看，雄性才会显得更有意义一些。如此，我们是不是可以认为，她的希望毕竟在小嘴鸻、雉鸻、灰瓣蹼鹬、红颈瓣蹼鹬、四驱车鱼、海马、三刺鱼等动物身上已变成现实？如果回答是肯定的话，那么，在自然界，这样的动物的种类为什么那么少呢？

这样的家庭分工方式难道不具有极大的优点吗？妻子产下三四窝甚至更多的卵让丈夫来照料，作为父亲的雄性就不再毫无用处，或干脆溜之大吉，或仅仅在养育孩子时辅助一下，而是独自承担养育孩子一切的责任。依照这个模式，雌性不就可以花费更少的精力为这个世界带来更多的新生命吗？

事实上，在上述动物中，雄性大量过剩，因为雌性比雄性更容易被食肉动物捕食。丧失一个雌性动物要比丧失一个雄性动物后果严重得多。因为一个雌性动物最多只能让5个雄性来照料自己的孩子，反过来，一个雄性动物却能与比5个多得多的雌性交配。可见，为了种群繁衍，动物群体所需要的雄性远远少于雌性，只要一个雄性动物缺席，立即就会有不计其数的后备力量补充进来。

大自然通常都把养育后代的任务主要托付给母亲，这很可能是基于自然法则对雌性的尊重。母亲相比父亲更难被替代的事实，正是自然界只有极少种动物父亲承担养育孩子的全部重任的根本原因。

对于身处现代文明的人类来说，除去战争时期，（雄性或男人占比过低对繁衍的影响）这个因素已经无关紧要，但在猿人及早期人类的原始部落里，男人充当猎人和士兵，他们的生活要远比女性危险。所以，母亲作为孩子初期养育者的天赋使命得以形成并流传至今。尽管从生物学角度看，（女性育儿）这一传统已失去意义，但它依然留存于当今人类社会中。

第六节　父亲是孩子的天然童车

按照大自然赋予事物的运行规律，在某些动物中，把养育孩子的特殊任务交予父亲一定有其道理，即比交给母亲更有益处。在养育孩子方面，斑沙鸡和日鹏中的父亲简直堪称专家。

斑沙鸡生活在撒哈拉沙漠中心，在那儿，仅有的几处水洼周围也总有敌害威胁，所以，这种鸟把巢筑在离最近的饮水处二三十千米远的沙漠之中。那么，未离巢的雏鸟该如何获得赖以生存的水呢？莫非斑沙鸡父母来到饮水处时将自己浸入水中？可这样做又有什么用呢，待它们飞回家时，羽毛上的水早已蒸发殆尽了！

因此，自然赐予了斑沙鸡父亲一只真正的水箱。据德国汉堡的沙漠研究者乌韦·乔治（Uwe George）的观察，雄鸟来到饮水处，展开胸部的羽毛，就像飞机打开起落架，这时一块羽绒做成的"海绵厚垫"就凸现了出来。雄鸟把它没入水中，吸饱水后合上羽毛"盖子"，以每小时 80 千米的速度飞向巢中。巢中的雏鸟们挤到父亲身下，把小嘴插入它的羽毛缝隙中喝水，就如同哺乳动物幼崽在母亲怀中吸奶一样。

日鹛生活在非洲中部和南部河流两岸，那儿也危险四伏，藏着美洲鳄、蟒蛇、食人鱼等各类肉食鱼，还有来自空中的猛禽，谁也无法预料哪种敌害会首先向它们伸出魔爪。成年的日鹛尚且忙于奔走逃亡，巢中无助的雏鸟又如何有机会幸免于难呢？

日鹛的解决方案是打造飞翔的鸟巢。日鹛堪称鸟中的大袋鼠，父亲拥有两只育儿袋，一左一右位于腋下两侧。两只雏鸟一出壳，母亲就把它们送进父亲的袋中，再给袋中的孩子喂食，一直照料到它们羽翼丰满，能够独立飞行。一旦敌害靠近水边，父亲这辆"童车"马上就会带着孩子飞向空中躲避，若是有猛禽从空中俯冲而下，父亲又会马上变身为"潜艇"，带着孩子潜入水下几米的深处。

这些动物中的父亲都是保护孩子生命的行家里手。在护幼方面，它们可谓"八仙过海，各显神通"。在此，我们只能略述一二。

当了父亲的成年獾会直接在育儿专用的洞穴前修筑一间"警卫室"，一旦危险来临，它就钻入其中。这是一条短而狭窄的暗道，一旦藏身其中，幼獾就难以被捕捉，而每个奔幼獾而来的敌害只要经过这里，就免不了遭到成年雄獾钢牙利齿的撕咬。

在海狮聚居处，都会有好几个父亲一起担任"游泳教练"来保护幼崽。当鲨鱼游近时，海狮父亲们就阻止孩子游往深处，并驱赶鲨鱼离开近海岸的浅水区。

在非洲大草原上，大群的斑马在遭到狮群一波横冲直撞的攻击后，就会有斑马幼崽走失。在这种情况下，它的母亲无法脱离队伍去寻找孩子，因为那些没有妻妾的雄斑马和其他斑马帕夏将会无休止地纠缠住它。因此，只要发现有孩子走丢，母斑马就会猛地发出

　　　　　　　　　　　　　温暖的巢穴：动物们如何经营家庭

一阵特殊的嘶鸣，这是它向孩子父亲发出信号，要求对方马上展开搜寻，把走散的小斑马带回自己身边。在丈夫外出时，待在"家"中的妻妾们就会紧紧挤作一团，用后蹄猛击每一个妄想乘虚抢夺"妇女"的"外来汉子"的胸部，直到去寻找孩子的"搜救专家"顺利返回。

1969 年春天，在瑞士度假胜地克洛斯特斯，一只名叫凤凰的雄赭红尾鸲用行动证明自己是一位善于充分利用现代文明产物来养育孩子的顶级专家。它决定把鸟巢筑在防猫、防蚁又防雨的缆车吊舱中。就在缆车上方、用来固定钢索上滑轮的可转动支架旁，有一个挺宽敞的轴洞，就是这个轴洞被即将成为父亲的"凤凰"选作了最理想的筑巢地点。

它不辞辛劳地运来筑巢所需的所有材料，先是附近餐馆露台上的牙签，后是机房里填充使用的回丝。它的妻子则负责充分利用这一切，把巢筑得完美无缺。

可是，当巢筑到一半时，缆车迎来了季节性营运，赭红尾鸲夫妇一筹莫展，只好停工。幸好，半个小时后，缆车回到原地；两只鸟毫不犹豫地继续投入了工作。就这样，尽管不断被强迫休息，它们还是坚持把筑巢工作进行到底。

雌鸟下完 5 枚蛋时已到了 5 月，于是，它入巢孵蛋。这时，"男主人"的唯一任务就是守在鸟巢附近担任警戒。然而，清晨 6 点，缆车载着它的妻子朝山顶出发，这让雄鸟抓狂不已，它在缆车后追赶着飞了一段，不一会儿，便又无可奈何地折回原地。

这样的情况有那么一段时间让人不免担心，因为那时当地气温还很低，而雏鸟已出壳，这 5 个光溜溜的小家伙蜷缩在巢中，必须躲在母亲翼下取暖。那么，"凤凰"还能像别的赭红尾鸲父亲那样履行给全家喂食的职责吗？

在山谷起始站，它就开始喂食工作，接着缆车开始向山上滑行。但现在，它已不再跟踪一段便往回飞，因为一看见自己的孩子，它的父爱本能就被充分唤醒了。如今，它不停地围着缆车盘旋，跟着一起上山。缆车在途中停靠站台时，它发现一面大玻璃窗后飞舞着不少苍蝇——那可是丰盛的食材。等缆车返回山下时，它又马不停蹄地赶往旁边的一个停车场——这个父亲自有主见，它又在许多汽车水箱上找到了大量的昆虫。就是通过这种方式，"凤凰"成功地喂饱了嗷嗷待哺的一家大小，虽然在紧随妻儿乘着缆车上山下山的过程中，它损失了不少宝贵的觅食时间。

在历时 3 周的喂食阶段结束后，一切都表明"凤凰"成功喂养了所有的孩子，此后，孩子们开始远走高飞。

此外，南美侏狨、长须狨和真狨父亲们也会彻底化身"儿童保姆"，经常和自己的孩子一同玩耍。喂奶时间一到，做母亲的只需发出一声响亮的意为"开饭"的信号，做父亲的便会马上抱着孩子赶来，把它塞到母亲怀里。可以这么说，这些动物的母亲只需给孩子提供乳汁，而父亲则要给小生命成长必需的爱、安全感及帮助。

第七节　对孩子冷漠的"大老爷们"

然而，对于不少灵长目动物（猿猴类）来说，在孩子能离开母乳生存后，父亲乐意替代母亲照料孩子就多半得靠其道德觉悟，或者，那只是我们的美好愿望罢了。

在父爱上，鸟类和哺乳动物普遍存在区别：在鸟类家庭里，只要父亲和母亲两者共同承担了孵化任务，那么，后续的喂食、保暖、教导孩子等工作同样也会由父母亲共同完成；因此，一旦鸟类母亲意外死去，父亲也能轻松地做到全方位地替代。但是，在哺乳动物家庭中，父亲行为会受到一个事实的制约，那就是只有母亲才能给孩子哺乳。这也就意味着，只要幼崽离不开母乳，父亲就无法替代其死去的母亲。

这也就是哺乳动物幼崽与母亲的情感纽带通常要比与父亲的亲密许多的原因。要是我们再考虑到幼崽出生后的几个月内、始终陪伴它们的母亲给它们留下的终身不可磨灭的印象，我们也就不难理解，在哺乳动物中，为什么母亲对孩子心灵成长的意义要远大于父亲。因此，对于猿猴来说，没有父亲的不幸怎能与失去母亲的不幸同日而语。

只有在某些特殊情况下，我们才能发现一些例外。例如，侏狨母亲降格成只提供母乳的"奶瓶"，或者，出于个体原因，有些父亲特别喜欢孩子。亚历山大（B. K. Alexander）教授曾在日本猕猴身上观察到下列现象。在关根火山一侧的山坡森林中，活跃着一群野生日本猕猴。在这个拥有 160 名成员的大集体中，哈索是位列第三的公猴。虽然它身居高位，但对子女充满爱心，堪称典范。它像猕猴母亲一样同时照料着不下 3 个孩子。它一手带大了一个出生 5 个月就失去母亲的小公猴，还尽心照顾一个因生母丧失育儿本性而备受冷落、遭到驱赶的 2 岁母猴，喂它食物，教它在森林中寻找可食用的植物，总之，把母亲对这个小猴（或许也是哈索的女儿）亏欠的一切都弥补了回来。

寄宿在哈索那儿的第 3 个孩子叫塞拉，是一个同样丧失了母亲的 4 岁母猴。在整整 18 个月中，哈索和它一起玩耍，给它喂食，保护它免遭寻衅滋事或发泄不满的成年猴子的侵犯。

不久后，塞拉第一次进入发情期。这位多重身份的父亲没有设置障碍，而是允许公猴们追求塞拉并与它交配，而在这段时间内，哈索自己则避免与它接触。一过发情期，在塞拉的交配伙伴纷纷离开后，哈索又继续照顾了它一年之久。在塞拉分娩时，哈索承担了助产士的工作，它还指点作为新手妈妈的塞拉应该怎样维持孩子的生命、抚养孩子长大。这位猕猴父亲不愧为妇婴保健顾问！

但我们不能不提的是，目前在日本，共有 30 群日本猕猴处于科学家的观察之下，其中，雄性不认为照料孩子有损"大丈夫尊严"的只有 7 群。即使在那些素有父亲照料孩子习惯的猴群中，也只有为数不多且身居高位的公猴把对子女的爱充分付诸行动，而其余公猴，尤其是帕夏们，对孩子无不表现出冷漠。

此时，我们的观察对象已开始表现出与人类相近的特质。

同样，在野外生存的狗、狼及赤狐群体中，我们也能观察到与人类类似的父亲角色。

在这些动物群体中，父母之间的分工对我们颇有启发。母亲主要负责家庭内部事务：为孩子哺乳、清洁和保暖。而培养孩子在集体中的社会行为、传授捕猎方法则完全是父亲的职责。

根据两性性格的不同特点来分派照料孩子工作的不同部分，这一点也让我们看到了人类家庭的影子。关于动物中的幼崽教育问题，我将在后面的章节中予以描述。

第十二章

如同该隐与亚伯？

同胞间的行为

第一节　同胞相助，弥补不公

鸟类父母在给孩子分配食物时会出现严重的不平等。因为担心寻觅不到足够的食物，父母总是紧张又忙碌，根本不可能抽出时间从容不迫地做出公平分配。它们以极快的速度把口中的食物塞进那些"优等生"和挤在前面的小家伙口中，而那些"羞怯的孩子"——个头小、身体弱的雏鸟——则一无所得。

然而，1979 年，德国斯图加特霍恩海姆大学动物学研究所的沃尔夫冈·埃普勒（Wolfgang Epple）博士在观察仓鸮时，却发现雏鸟同胞间存在着相互帮助的行为。那些"优等生"吃饱以后，会把自己口中多余的食物转喂给那些被父母忽视的弟弟妹妹，作为它们被父母忽视的公正补偿。让我们来看看这一令人惊讶的行为是怎样发生的。在一间旧粮仓的鼠洞里，住着 7 只雏鸟，其中一只名叫图图的小仓鸮正好 1 个月大，比同窝的弟弟妹妹大上 10 天。同一窝雏鸟的破壳时间并不同步，图图就是同胞中个子最大也最强壮的一只。

那时正值 5 月底，黑夜变得短暂，因此，成鸟的外出捕食很受时间上的限制。如果要喂饱全部 7 个孩子，这对仓鸮父母必须在每天短短三四个小时内捕捉到 16 只小家鼠或 5 只大鼠。所以，只要一捕到猎物，这对夜间狩猎者就会立刻送回巢中，根本无暇顾及黑魆魆的家里该轮到哪个孩子得到食物了，因此，父母总是把猎物塞进老远就伸长脖子迎向它们的那只嘴张得最大的雏鸮口中，而那多半就是图图的嘴。

而图图的表现无疑具有兄长风范。只要自己不再饥饿，它就会伸长脖子，晃动着嘴里衔着的老鼠，模仿父母打着咯咯的喂食招呼："哪个想吃点？"

尽管这只仅 30 天大的雏鸟发出的声音听上去怯生生的，最多不过有那么一点点父母的意思，可饥肠辘辘的弟弟妹妹们却立刻就明白了，叽叽叫唤着挤向它："给我，给我！"图图心甘情愿地让紧紧挤在自己面前的同胞们取走口中的食物。

这就是体现在才 1 个月大的**动物间的手足之情**。

这种无私行为在接下来的几天里依然延续，并且日臻完美。当一个特别弱小的弟弟或妹妹被挤到一堆同伴的最后，饿得叽叽直叫时，图图甚至衔着老鼠挤过吃饱了的伙伴，蹒跚着走去给它喂食。

不久后，图图开始正式操持食物加工事务，以减轻父母负担。当父母往巢中带回一只又大又肥的老鼠时，它们无须再为分割猎物而花费时间，因为这个工作已由 50 天大的图图全权接管。从此，这个大哥就会非常平均地把食物分给每个弟弟妹妹。

就这样，仓鸮父母因疲于捕猎而无力顾及的公平就由它主持了起来。在一窝养育众多雏鸟的鸟类家庭中，没有发生雏鸟饿死的现象，这不能不归功于**同胞相助**这一伟大举动。

第二节　子宫内的谋杀

不过，我们有一些案例，证明同胞间也存在不合乎文明社会规范的行为。在一个灰鹤巢中，已有 5 只雏鸟破壳而出，也就在刚开始的约 20 天内，它们还算顾及同胞之情，但接下来，等到父母不在时，可怕的流血冲突就会发生，其间总有两只最小的灰鹤会被哥哥姐姐用尖利的喙刺死，并扔出巢外。

与鹰巢中发生的那些非同寻常的事件相比，灰鹤雏鸟间的这种该隐式的**骨肉相残**不过是小巫见大巫。在金雕的孵化巢中，几乎每次总有 2 只，偶尔 3 只雏鸟出壳，但是，能在巢中安然度过 80 天，直到羽翼丰满而能独立生活的雏鸟往往只有 1 只，且总是一窝之中年龄最大的孩子。这个老大会把自己的同胞当作猎物杀死，然后吞进自己的肚子。

柏林鸟类学家贝恩德-乌尔里希·迈尔堡（Bernd-Ulrich Meyburg）博士对 6 种不同的雕类进行了跟踪调查，探究这种可怕现象在"育儿室"中是如何发生的。在通常情况下，一窝产三四枚蛋的西班牙白肩雕的情况与各种鸣禽相似：只有在食物匮乏时，被喂养的孩子们才会挨饿；而在风调雨顺期，所有孩子都能吃饱并和睦相处，共同成长。

小乌雕则不然，即使在食物充足的情况下，巢中的雏雕们也会互相残杀。攻击性首先在最大的孩子身上苏醒，它很快便发展到沉迷于嗜杀比自己弱小的弟弟妹妹，而相对幼小的雏雕则任其宰割，因为它们身上的攻击性尚未被唤醒，它们只是一味地退缩。最后，最大的孩子把目标锁定在最弱者身上，将后者挤死或压死，变成自己的美食。第二大的乌雕雏鸟则往往是"大哥"遭遇不测时的替补者。

而只有在饥饿难耐时，白尾海雕和吼海雕的最大孩子才会对年幼的同胞发起致命攻击。

归根到底，这种骨肉相残应由攻击性的强度决定。小乌雕天性好斗，同胞间的杀戮往往不可避免；而白尾海雕和吼海雕的攻击性只会因饥饿而不断加强，直至达到致命的程度。

如果有谁觉得这种动物间仇视同胞的现象难以理解，那他只需向我们人类中的双胞胎父母了解一下情况。孪生婴儿在 6 到 10 个月大还不会走路时，父母片刻都不能让他们在不受看管的情况下"一起玩耍"，因为他们会带着无邪的神情把对方视作沙发靠垫般又抓又打。

他们为什么会有这样的举动？是最初的游戏，是对取得的强化行为的效果表示满意，还是本能的防御反应？也许，其中还夹杂着哺乳时曾被排在后面而让他们在潜移默化中形成了竞争与忧患意识？不管怎样，这种行为并非出于理性或人类的思想，因为这个年龄的人类孩子仍然近乎纯粹的动物，只是相比之下表现形式较为温和。直到孩子间互相建立起一种情感纽带，这种情况才会好转。这要等上很久，也可能根本就不会发生，正像《圣经》中的该隐与亚伯。

我们发现，越是向更远古的时代追溯动物演化的阶段，同胞之间具有亲密社会关系的现象就越罕见，出现该隐式残杀现象也就越频繁。许多肉食鱼就是如此。

德国汉堡大学国家级动物学研究所及博物馆的总负责人维尔

纳·拉迪格斯（Werner Ladiges）博士曾报道过他做的一项实验。他把一条雌白斑狗鱼产下的约 100 万个鱼卵放在一只玻璃容器中孵化，当数量庞大的幼鱼中最强壮的一尾长到 3.5 厘米时，它终于鄙弃了出生后一直享用的浮游生物，开始吃自己的同胞！在几周的大快朵颐之后，偌大的容器中只剩下了它自己：它简直就是所有弟弟妹妹们的一座漂动的坟墓！

沙虎鲨幼鱼也毫不辱没自己的恶名，幼鱼在母鲨子宫里就已破卵而出，但在来到这个世界之前，它们还要在母亲子宫里待上一段时间，那么，在这期间，它们靠什么维持生命呢？鲨鱼可不长胎盘和脐带。很简单，它们以共处一室的同胞为食，就轻松地解决了问题。

首次发现这世界上存在这种独一无二的"子宫内的该隐式凶杀"的是美国海洋生物学家斯图尔德·斯普林格（Steward Springer）博士，他后来又得到了这种攻击和饕餮的进一步证据：有一次，他为一条怀孕晚期的母鲨体检时，竟然被一只尚未出生的幼鲨咬断了一根手指！

对于这种鲨鱼而言，同胞存在的唯一意义似乎就是充当长兄的食物储备——"蛋黄补给"。因而，这种"鲨鱼该隐"脱离身长 2 米的母亲时，它已拥有 1 米长的伟岸身躯，一出生便能体力充沛地投身绿林生涯。

但同胞间你死我活的竞争并不一定以互相吞食的形式表现出来，抢占同伴赖以生存的基础也是一条途径，关于这一点，我们以袋鼬为例来加以具体描述。袋鼬生活在澳大利亚，外形和行为与石貂有很多相似之处，但它和大袋鼠一样属有袋目。

袋鼬新生儿生命的第一天充满着悲剧色彩，正如所有的有袋目动物一样，刚出生的幼崽体形特别小：从头到尾只有 6 毫米。在五六月时，袋鼬母亲一胎会产下多达 24 只幼崽，但母亲那只向下开口、狭小如同一道皮肤皱褶的育儿袋中只有 8 个乳头，有的甚至只有 6 个乳头。因此，就在幼崽降生那一刻起，奔向母亲乳头这场决定生死的赛跑就已经开始。

　　每一只抵达未被占领的乳头的幼崽都会紧紧咬住乳头，一连 7 周都不松口，剩下的只能无望地寻找，徒劳地拥挤，最后只能就着运气更好的兄弟姐妹的腿啃上几口。在情急之下，它们难辨真假，可那小细腿里自然流不出奶水，不一会儿，它们就松开了嘴，最后，悲惨地死去。

第三节　打造"鱼之王者"

　　同胞竞争还会在许多其他动物种类的成员间激烈展开，如雁鸭、鹧鸡等，而从中得出的结论也纠正了以往的陈旧观点：一直以来，人们认为体力大小与等级高低之间存在内在联系。为此，本节有必要对故事的来龙去脉做详细介绍。

　　假如我们在其生命之初就试图预测它的未来，那么，我们所得出的结论不外乎条件平平，无论体重还是天资均为中等。然而，不久后，它却一跃成了成员数量可观的大家族的头领。它为实现目标所采取的方法推翻了长期以来人们关于动物夺取领导地位的手段的观点。

　　这个与众不同的动物是一只名叫阿尔基比阿德斯的雄斑头雁，

是灰雁位于中亚的亲戚。据塞维森的马克斯·普朗克行为生理学研究所的伊雷妮·维丁格尔（Irene Würdinger）博士观察，在它和 7 个兄弟姐妹一起钻出壳后的最初 36 小时内，大家能和平相处，可接下来，这些可爱的"小绒球"却突然怒气冲冲地对啄起来，虽然没有明显的冲突缘由。

原来，这就是所谓的雏鸟的"排名之争"。这种堪称动物幼崽奥运会的竞争现象存在于几乎所有雁鸭和鹑鸡亚目的鸟类中。只是在养鸡场里，在母鸡离开孩子的情况下，一窝同胞之间的群殴要到出壳后第 7 或 8 周才发生。

在这群出生不足两天的雏斑头雁中，"捉对厮杀"的两只一分出胜负，输者就会将脖子伸向前方，目光以直角从胜方移向侧面，示意投降。接着，两只小斑头雁又开始下一轮并不血腥的较量，无论胜者还是负者都会寻找新的对手。

就这样，这群毛茸茸的小家伙花了 4 个小时以一对一的格斗方式逐一较量，最终确定了彼此间的等级秩序，这也是将来它们跟随母亲行进时的队列排序，以及生活各个方面都必须遵循的尊卑秩序。

在这个过程中，身体上不占优势的阿尔基比阿德斯非常幸运：它在第一轮争斗中的对手是最弱小的妹妹，这使得它当然取得了完胜。接下来它遭遇的对手不巧是个略微强壮些的哥哥，可这位老兄刚刚惨遭失败，垂头丧气，而阿尔基比阿德斯还沉浸在上一场胜利带来的兴奋中，因而，它斗志昂扬，来了个先发制人，并一举取胜。这大大鼓舞了它的斗志，使它接着一一击败了后面的对手。

最后，它与同样击败了之前所有对手的最强壮的兄长之间的领导地位争夺战打响了。一开始，阿尔基比阿德斯就挨了对方一顿狠啄，但没多久，占优势的对方就在匆忙中被地上的金属网缠住了双腿，就这样，它不得不向阿尔基比阿德斯投降，随后，一直屈居第二位。

在雏鸟间的较量过程中，母亲试图调解并平息孩子间争斗的情况并不罕见。而母亲的干预又会导致新的意外：某个倒霉蛋显然是最强壮的孩子，只因遭到母亲的追啄、驱赶，便在与弟弟妹妹的决斗中败下阵来。因此，母亲的插手会扰乱子女间正在形成的等级秩序，而像"你等着，下次我俩决一高下"这样的希望排序得到更正的机会几乎就不存在，这种想法就像奥运会闭幕后还想获得一枚奥运金牌一样幼稚可笑。

决定着未来的正是一场接一场的较量，因为从那时起，每只小斑头雁的体重增长情况就会与它们的等级高低完全吻合。在刚开始时，阿尔基比阿德斯的体重只居中等，但后来，它却长成了群中最重、最强壮的大个子，而其原因就是它当上了一窝雏雁的头领，而相反的因果关系——它因大个强壮而当上头领——则并不存在。它能成为头领还得归功于一个个偶然，这些偶然以雏鸟争斗时的对手排序和外部干预的形式出现，却带给了它自己天生注定获胜的心理暗示。

由此可见，那些传统看法——动物幼崽间争斗时总是身体最强壮的一方取得优势，只有遗传性质决定身体力量并由此掌控命运，等等——都已陈旧过时。另外，上文刚提及的各种外界影响也产生了类似作用，它们甚至能扭转动物禀性和天赋所能产生的竞争结果。

这些现象还大量出现在非流血性的"古罗马角斗士竞技赛"中。这场竞技赛由两位英国动物学家丹尼斯·弗雷（Dennis Frey）博士和鲁道夫·米勒（Rudolph Miller）博士在一个玻璃鱼缸中举办，角斗士是两条体长 15 厘米的蓝曼龙。

这种鱼的攻击性极强，实验人员刚把它们放入鱼缸中，它们就立刻相互搏斗起来。比武形式主要是相互撕扯对方的鳍，就像德国巴伐利亚农村儿童玩的一种游戏——相互钩住手指再把对方拉倒。

比武最终得到的结果是，谁在首场角斗中遭遇容易战胜的对手，谁在第二轮中就会更有胜算，即使对手略微强壮一些。一条鱼在连续打斗中胜绩越多，它在下一场角斗中就会表现得越自信、攻击越猛烈并越有获胜的惯性，即使它最后必须如"大卫对战歌利亚"那样与一位"巨人"对抗。

落败的痛苦总是令选手变得呆头呆脑。利用这个规律，实验人员通过"操控的偶然"，就如编好的程序那样，通过选择适当对手就能把任何一条蓝曼龙打造成"鱼之王者""常胜将军"。

这些研究成果当然也可以为竞技体育的心理顾问和教练所用。

在所有这些实验中，相对于心理影响而言，身材、力量等因素几乎无足轻重，而技巧、耐力、攻击性等特质会随着先前的胜败而增强或减弱。事实上，发生在这些动物身上的偶然因素就是上述特质的促成者。

然而，当这样的"偶然"发生在白臀豚鼠身上，而且是由父亲频繁有规律的失误所引发时，它就不能再被称作"偶然"了。

由于白臀豚鼠的小牙齿基本不构成什么危险，因而，在面对"级别高于自己"的同胞时，在争夺排名时处于劣势的弟弟妹妹也不会表现得那么敬重。同样，一窝中最厉害的那个孩子也狂妄自大、目无尊长，不愿对作为家族最高领导的父亲恭恭敬敬、唯命是从。

起初，这样的日子倒也波澜不惊，直到小家伙性成熟。当有母白臀豚鼠在场时，不可避免地，它会和父亲同时产生性冲动。这小伙子可没对身旁的这位家庭领导俯首帖耳，而是把屁股朝向了它，用白臀豚鼠的语言说："去你的吧……"

这个最强壮的孩子当即被父亲的利齿撕扯得皮开肉绽，接着一连数周，它屡屡被追赶、被撕咬，可谓受尽折磨。据慕尼黑动物学家彼得·孔克尔（Peter Kunkel）和伊莲娜·孔克尔（Irene Kunkel）博士夫妇的观察记录，这个排行最大、身强体壮的儿子从此地位一落千丈，降至了整窝同胞的末位。

其他的兄弟姐妹也趁机以它们的方式刁难这个受尽屈辱、惨遭父亲贬斥的"孩子王"，它们的诡计频频得逞，于是，昔日的大哥日渐颓唐消瘦，整日无精打采，而别的弟兄很快在各方面超越了它，将它作为活生生的反面教材，学会以灵活圆滑的手段与自己的父亲相处。

因此，在白臀豚鼠家庭里，生来最强壮的那个儿子绝对当不上孩子中的老大，也不会有生儿育女、培养接班人的机会。这也验证了人们一直以来深信不疑的所谓"唯强者有繁殖权自然法则"及"遗传天赋高者有优先权"等僵化的旧观念不免存在小小的瑕疵——陈规俗套并不总是与事实一致。

第四节　家庭为社会生活之根本

最初的偶然事件而非最初的肌肉力量竟也决定着命运。这种认识能否给人以慰藉，在此我们暂且不做讨论。重要的是，在社会组织程度较高的动物社会中，同胞间竞争、等级关系以及社会群体中晋升机会等诸多方面，它所体现的深远意义清晰可见。赤狐和狼的两个例子将清楚地呈现出这一点。

在赤狐家庭中，在出生的头几个月里，一窝幼崽就像真正的同胞那样友好相处，一起玩耍。与喜欢孤独生活的赤狐父母相反，这群小家伙显得那么情投意合。可是，进入秋季 11 月份，就在它们即将性成熟的前几周，"男孩"间的对抗游戏变成越来越激烈狂暴，最终演变成真刀实枪的撕咬，并导致大家庭分崩离析。从此，兄弟们在一个彼此敌对的世界里各行其道。

这种疏远在赤狐姐妹间会往后推迟一年左右，其前提是自家领地周围全部区域都被别的赤狐家族占据。也就是说，假如它们无法向外迁移，那么，本来吵个不休的姐妹们就会相互保持和平，留在大家庭中，并担任"助手"——专业一点的表述就是，在来年的春夏两季，它们将在父母养育小一岁的弟妹们时助上一臂之力。

这便是社会组织性较高的集体形成的开端。

这样的社会化尚属只在某些特定条件下暂时显露的初始阶段，但在狼群中，社会组织已得到更显著也更持久的发展。狼群由一头公狼（父亲）、一头母狼（母亲）以及大大小小的孩子组成，包括所有成年的公狼和母狼，即作为父母助手的年龄较大的子女。

在狼群中，无论出现什么情况，这些兄弟姐妹都会克制对彼此的天生反感，相互之间及和父母之间都建立起持久的情感纽带。与狐狸相比，狼所秉承的推动社群构建的天赋能力要强大得多，此外，父亲也有计划地培养孩子的社会化行为。每天，我们都或多或少能从由狼演化而来的犬身上，从它对人的忠实和亲近上感受到这种对群体的忠诚。

也就是从这一现象里，我们看到了更高级的社会行为的开端。

在动物界，只要有孩子断奶后立即被父母赶出家门，或孩子自愿离开父母，或同胞间争斗令家庭破裂等现象，那么，这些动物形成的社会充其量只能算起步阶段，不仅形式相当初级，成员数量也极为有限。只有在有部分孩子留守家庭并接受统一分工的动物中，我们才能看到组织方式较为复杂的社会，包括多种猿群与猴群、狼群、非洲野犬群、斑鬣狗群、狮群、海豚群、象群和大鼠群，还有某些昆虫小王国，如白蚁群就由蚁王、蚁后以及上百万既是兄弟姐妹又担当父母助手的孩子所组成。

在整个动物界，通往更高级的社会生活形态的途径必须经过家庭、家族进而发展到氏族直至部落这样的过程，此外别无选择。

当然，也有给我们留下深刻印象的其他动物集群现象，例如：成员数以亿计的飞蝗群和蚊群，规模庞大的椋鸟群，红嘴奎利亚雀飞行纵队，迁徙的旅鼠群，大西洋鲱鱼、沙丁鱼及其他鱼群。但是，在这些群体中，每一个体都无足轻重，它们只是被集结到一处，互不相干。在这种没有头领却整齐划一的大部队中，每一个体的命运多半笼罩在集体死亡的阴影之下。

在这种每一个个体都彼此陌生的（乌合）群体中，绝不可能产生多层面的社会形态。复杂的高级社会形态只能在由家庭发展而来的、个体间相互约束并基于分工而行动的联盟中实现。

然而，不得不提的是，家族群体也可能因成员泛滥而变成关系淡漠、了无个性的乌合之群。例如，若某个昆虫群的昆虫数量超出了可估算的范围，那么，在这种情况下，真正的个体间的相知相亲就只能被"气味一致"所替代了。

以狼群为例，仅需观察其中"兄弟"间的分工，一些有趣的趋势就已显露出来。尽管这群兄弟为同一对父母所生所养，但幼狼们会表现出显著的行为差异。其中，一头小狼表现最勇猛，面对陌生的事物，它总是敢于第一个去探个究竟，由此可看出，它天生就是当狼群头领的料。

而比勇气和进取心更重要的还有一个现实条件，那就是在级别争夺决出胜负后，其余小狼都对它在兄弟中位居头把交椅表示认可，并以各种方式支持它。如果在群体中得不到其他成员的追随，那么，一个动物的统治权就无从谈起。

不过，在同一个动物身上，控制与服从并不互相排斥，而是可以同时存在。狼群中每只幼崽都具有一定的做头领的才能。实验表明，如果人为地把一群小狼中的头领转移到别处，那么，用不了多久，另一个原先俯首称臣的成员就会接过权杖，成为狼群的新首领。

第五节　变竞争为互助

当整个群体一致为生存而斗争时，最初互相争斗的同胞们也会不得不向着协调、合作和互助的方向妥协。

在狮子身上，这一点表现得尤为突出。在经过一小番打斗后，狮群内部年龄相仿的几头狮子又会言归于好，结成一个牢固的小团体，团体成员究竟算是自己的兄弟还是仅仅是玩伴，对它们而言都无所谓。终于到了它们被逐出狮群的那一天，年轻的雄狮三五成群，一起踏上长达2~3年的流浪之路。它们尾随着大批有蹄类动物，在它们的漫漫迁徙路上伺机掠食。

一开始，它们并没有完全掌握狩猎技巧，却时刻面临着重重危机，不少狮子就在这一"游学"磨砺技术的过程中失去了生命。在它们出击去征服一群雌狮、把后者据为己有时，也必须联合起来，依靠集体力量才能成功，这种患难与共、相互扶持的关系也是雄狮们在征服一个狮群后并不会因争夺交配权而反目的原因。这些兄弟之间始终保持着友好的关系。

甚至，在若干年后，当它们丧失对狮群的统治权时，这种肝胆相照关系依然保持下来。在进入迟暮之年后，被驱逐出群体的狮子的命运尤其艰难，它无家可归，在草原上四处流浪，随时都可能面临陌生狮群头领的敌对威胁。在这种情景下会发生什么呢？让我们听一听津巴布韦卡里巴的牧场主乔治·贝格（George Begg）的叙述。

两头被驱逐出群的老年雄狮正围猎一头沙漠疣猪，疣猪在最后一刻钻进了地道，从而捡回了性命。其中一头狮子显然已经被剧烈难耐的饥饿推向绝望，它竟然紧随着钻进去，却被牢牢卡住，使出全身力气挣扎都动弹不得。于是，同伴用嘴巴咬住它的尾巴或后腿，试着把它拉出来，可每次都因为它发出的痛苦嗥叫而作罢。

次日，朋友再拉它时，它不再出声，但拖出来一看，这头狮子已死了。剩下的这只狮子似乎不愿接受这一事实，一连数天拖着昔日伙伴的尸体四处乱转，狂暴地对每个试图靠近的人发出攻击。直到某个早晨，它躺倒在开始腐烂的尸体旁，也死去了，那不是因为饥饿就是出于悲伤。

类似的亲密友谊，我们也能在家猫、野生火鸡及不少种类的猴类身上发现，尤其是从猴类身上，我们看到了非常奇特的互助形式。

在一群长尾叶猴中，一伙由六七只公猴结成的"少壮派"聚众闹事，试图联合起来与某家的帕夏展开决战，将它驱逐出群。福格尔教授正好亲眼看见了这一过程。

这场以 7 对 1 的小规模战斗并未以闪电战结束，而是一场持续数小时的难分胜负的拉锯战，原因在于"少壮派"中的 6 个进攻者都只是剩下的那个发起者的盟友。与狮子的行为相反，在长尾叶猴小联盟中首领的战友中，没有哪个在战斗胜利后可能成为的新帕夏，或能和大家分享一部分胜利果实，所有的收获都被头领占有，因而，"以怨报德"常常出现于猴群中，一旦获胜，头领便会毫不客气地轰走自己曾经的盟友。

因此，这支后备部队的战斗状态也是心不在焉的，不过是敷衍塞责而已。它们在一旁大声叫嚷，张牙舞爪，摆出各种威胁姿势，并佯装进攻，但这一切不过是虚张声势，一旦老帕夏冲它们反击，它们个个便掉头逃跑。永远别指望这些低级别长尾叶猴"战士"能展露一丝的英雄气概。

但这样的事情落到东非狒狒身上，情况就会完全不同。它们的亲密友谊只限于在三四只狒狒之间，与狮子相似的是，在取得胜利后，被打败的狒狒群会由整个作战小组接管，并以"三雄执政"的方式统治数年。

第六节　无私行为中的自私之心

通览本书本章之前的描述，我们看到动物同胞间的行为完全在残害和仁爱这两个极端之间摇摆。在德国汉堡，一位公证人曾经辛辣地指出，只要一触及遗产继承问题，再真挚的兄弟姐妹情都会破裂。如此看来，这种情况只出现在一半动物中实属值得庆幸。动物同胞间甘于自我牺牲和互助的例子不胜枚举。

自 1976 年以来，基于对大量鸟类、哺乳动物及昆虫行为的不断观察和研究，科学家们已得出结论：从根源上讲，动物甘当助手现象建立在同胞间行为中的某种自我损失上。让我们以冠翠鸟为例来阐明这一点。冠翠鸟是非洲普通翠鸟的近亲。塞维森的马克斯·普朗克行为生理学研究所的海因茨-乌尔里希·赖尔（Heinz-Ulrich Reyer）博士曾花了 3 年时间对野生冠翠鸟进行观察研究。

在悬崖峭壁上的冠翠鸟巢里，5 只雏鸟破壳还不足 7 天，正面临饥饿威胁。父母盘旋在非洲维多利亚湖的水面上，一刻不停地寻找着猎物。它们向着湖面的俯冲多数一无所获。它们不知疲倦地辛勤努力，却仍然无法觅得足够的食物帮助孩子解除日益加剧的饥饿。

这对父母的绝望处境似乎触动了一只陌生冠翠鸟。有那么几天，它不时嗡嗡地飞来表示关心，在父母给孩子喂食时，它也叼着鱼飞了过来。它叼鱼的方式不同以往，它衔住鱼尾，让鱼头朝前，以此明确表示这条鱼它不打算自己吃，而要喂给雏鸟。

此前，冠翠鸟父母总是驱赶这个外来者，也不理睬它的热情相助。但是现在，眼看着孩子因饥饿濒临死亡，它们也就不再干涉这位志愿者，希望大家一起努力能挽救孩子的生命。

那么，为什么冠翠鸟父母一开始拒绝其他鸟伸出的援手？为什么这只不相干的鸟一定要郑重其事地把帮助强加于它们？这位志愿者又为什么如此乐于助人呢？

通过观察分处在两个不同孵化群体中的所有成员都具备的特征，

温暖的巢穴：动物们如何经营家庭

赖尔找出了真相：有些甘当助手的冠翠鸟随时都会受到雏鸟父母欢迎，另一些鸟只有在受助者处于极度困境时才勉强被接受。那些受欢迎的"保姆"其实是比挨饿的雏鸟大上一两岁的孩子，而且，无一例外均为雄性。一开始，这些鸟试图寻找雌鸟并与之交配，可惜在相亲中一无所获，于是，便又回到家中。赖尔博士将这些鸟命名为"初级助手"。

而那些在雏鸟父母被极端困难所迫时才被允许提供帮助的志愿者都是些外来的鸟，它们被称作"中级助手"。

在冠翠鸟中，与别的动物正好相反，只有雄鸟充当助手。这是为什么呢？原因并不在于这些"保姆"具有某种个性缺陷，而是因为雌鸟的缺乏。造成雌鸟缺乏的原因主要是：

在冠翠鸟中，孵化工作由雌鸟单独完成，丈夫的任务就是给孵蛋的妻子喂食。它们的巢筑在峭壁黏土中深约 1 米处，只能由一条狭窄的通道到达。但有时，一场倾盆大雨就会导致鸟巢坍塌，正在孵化的雌鸟被掩埋其中。此外，蛇和鼬是夜间杀害雌冠翠鸟的主要凶手。

于是，因为实在难觅雌鸟，在迫不得已之下，雄鸟成为帮父母照顾弟弟妹妹的助手。

动物获得助手资格几乎无一例外都是在繁殖过程的关键时刻，例如，在冠翠鸟中，就是在缺乏雌鸟之时。而普通翠鸟在澳大利亚的近亲笑翠鸟，缺少的则是筑在老树中的巢穴，因此，雌雄笑翠鸟（儿女们）都要提供帮助。而对非洲红黄拟啄木鸟来说，缺少雄鸟才是燃眉之急，在这种情况下，也就只能让女儿们出面充当助手。

在南美洲的鹟䴕中，存在着关于养育助手的第四种有趣的变体。因为孵化场地严重不足，所以做父母的无论如何都希望能从上个年度出生的孩子那里获得帮助。它们精心策划，巧妙实践。在南美鷿鷈大家庭中，尽管独雌鸟始终占据一席之地，依然负责孵蛋，然而，一旦雏鸟破壳，鸟父母就会马上飞离鸟巢，把一整窝 10 只雏鸟的喂食、保暖以及指导任务统统托付给自家稍大些的孩子。

让我们把视线拉回到冠翠鸟。在一次实验中，赖尔博士从 5 只未离巢雏鸟中取走 2 只。此前，这对冠翠鸟夫妇还允许"中级助手"帮忙，但现在只剩 3 个孩子嗷嗷待哺，它们完全应付得过来，于是，它们就把"助手"赶跑了。这可真是"用得着时要你干，用不着时撵你走"。

那么，急需帮忙的冠翠鸟父母为何对乐于助人的陌生"热心人"如此不信任呢？先透露一下，因为陌生鸟的帮助绝非无私的行为。

首先，在提供帮助的方式上，兄长与外来者即初级助手和中级助手之间存在着根本性的区别。哥哥为了喂养自己的弟弟妹妹，会投入大量时间和精力去捕鱼；而外来者大多是在装模作样，并没有付出太多劳动。

起初，外来鸟使出小花招来讨好冠翠鸟父母。就在雏鸟出壳这一天，丈夫会停止给妻子喂食，现在，它的首要任务是喂饱孩子；而雌鸟仍然在不断讨要食物，因为它也饥饿难耐；可做父亲的不能抛下孩子不管。于是，外来鸟趁机向雌鸟呈上一条美味的鲜鱼；大约一连 7 天，雌鸟都能抵挡这样的诱惑，总是坚定地驱赶那个纠缠不休的家伙。但是，随着孩子不断长个子，食量也跟着猛增。在维多利亚湖边集群孵化的所有冠翠鸟家庭中，任何一对父母都无法为自己的孩子带回足够维持生命的食物，尽管它们已竭尽全力。

在东边 170 千米外的奈瓦沙湖边，驻扎在那里的另一群冠翠鸟

温暖的巢穴：动物们如何经营家庭

父母都能做到自食其力，因为那儿的自然条件比维多利亚湖优越许多。它们捕获的鱼更大，这样就减少了捕鱼总次数。而且，那里的湖面通常平静如镜，水下的鱼一目了然，冠翠鸟几乎每次俯冲下水都不会空手而归。可在维多利亚湖，水面经常被风刮起阵阵涟漪，这让捕鱼过程如同一场赌博，完全要靠碰运气。

雪上加霜的是，维多利亚湖边孵化的鸟群还频频遭到当地居民的干扰。只要有人在附近活动，冠翠鸟就不敢飞回自家巢穴，因而又失去了许多宝贵的觅食时机。

这就不难解释，为什么中级助手在奈瓦沙湖边从来得不到准许，而在维多利亚湖边却能屡屡获得许可。由此可见，这种与当时当地生态条件相适应的社会互助机制是非常灵活的。

在维多利亚湖边，中级助手的义务劳动始于给饥饿的冠翠鸟母亲喂食，当这一行为最终被认可后，它才会将这份热心转移给雏鸟。只不过，一个外来的助手绝不会一捕到鱼就毫不犹豫地飞向鸟巢。它总是先守在附近，直到雏鸟父母中的某一个回到巢中，它才献上"爱心"，目的无非是想让自己的"无私"行为被它们看到。

获得认可后没过几天，外来鸟就会变得越来越懒惰，几乎只顾自己舒服，当然，它不会忘记卖力地在鸟巢附近转悠。

其实，它对那些受它"帮助"的孩子丝毫不感兴趣。它之所以这么做，不过是为了吸引孩子母亲的兴趣，它在暗中制造机会，在下一个交尾期时取代孩子原来的父亲，与那个母亲结对交配。据赖尔博士观察，15个中级助手中，有7个在来年成为它们"全心全意"地"无私"帮助过的雌鸟的丈夫。

如此说来，这些陌生助手，原来就是雏鸟父亲潜在的"情敌"，难怪鸟父亲对它们抱有强烈的反感，只是因为担心孩子挨饿，它才强行压抑住了自己的厌恶情绪。

相对而言，鸟父亲来年被自己的大孩子即初级助手挤走的危险就要小得多。其中显然存在着一种乱伦禁忌机制，这种禁忌阻止着初级助手与自己的母亲交配。只有在自己的生母死去、另有雌鸟选中了父亲的老巢的情况下，儿子们才会试图挤走父亲。这种情况在15个儿子中只有两起。

从未离巢的雏鸟到担任初级助手，再到当上中级助手，最后成为丈夫和父亲——这就是通常情况下一只雄冠翠鸟的成长经历。甚至，有一次，有个兄长看到邻居家有可能接纳外来助手，它便立刻离开自己的家。就这样，在为自己的弟弟妹妹服务了仅仅一周后，它就马上赶去为别家的孩子喂食了。

哥哥姐姐帮助弟弟妹妹，以此度过它们 1 到 3 岁的年龄段。在此阶段，逆境阻止它们养育自己的孩子，却把它们培养成了有用之才，它们借做初级助手的机会学会了怎样给孩子喂食，以便今后成为中级助手时施展技能，顺利收获相亲机会。

无论如何，许多（胎生和孵化的）新生儿得以存活下来还真得该感谢哥哥姐姐们的这种"为己所用的利他主义"行为。

第七节　以杀婴使产妇成为奶妈

在不少猿猴中也有类似的情况，主要是长大的母猴在年幼的弟弟妹妹前扮演母亲角色。在这一过程中，它们积累下大量照料婴儿的经验，这是为将来照料好第一个孩子的必要准备。假如出于某些原因没能掌握好此类实习（这经常发生），那么，第一个孩子死于它们自己之手的悲剧就会反复出现，尽管它们同样爱自己的孩子。

狼群中也存在类似"女助手"，但它们的行为在何处表现出利己，目前依然不得而知。据我们了解，狼群中的助手机制达到了极致，令人咋舌，甚至不寒而栗。

这是美国印第安纳州普渡大学西拉法叶分校的埃里克·克林哈默（Erich Klinghammer）教授数年研究的成果。几年来，他一直观察着在野外和非常接近于野外状况的饲养场中生活的狼群的社会行为。这位动物学家得到了狼群的认可，可随时与它们在一起，就像狼群中的一员。

以往的观点认为，在一群狼中，只有等级最高的那只母狼才能得到狼群首领的宠幸，与它生儿育女。这与最新掌握的实际情况不符。事实上，那些等级较低的母狼在隔开的洞穴里也同样受孕产崽，只不过几天后，这些小生命就会被狼群中的其他成员杀死，而母狼们只能听任自己的孩子惨遭屠杀，而不做任何反抗。可生育后的母狼的乳房胀满了奶水，就这样，它们不仅成为通常意义上的"领头"母狼的助手，而且还有能力为它的孩子奉上充足奶水，成为自己的弟弟妹妹名副其实的奶妈。

现在，我们了解到了同胞间错综复杂的行为模式：在多种动物的兄弟姐妹间存在强烈的，有时甚至是你死我活的紧张和对立；在某些动物的青少年时期，这样的敌对关系会得到消除，或干脆转变成同胞相助——当然前提是出手相助确实能给自己带来好处。

这就是基于利己之心的利他与无私的母爱和手足情之间的巨大差别。

第八节　排斥同胞间婚姻

动物同胞间有时相互帮助或结成朋友，在这种情况下，它们是否可能结对交配呢？

这种情况完全有可能发生在不少动物身上，如绿头鸭、黄眼企鹅、大山雀、歌带鹀以及某些鹡鸰科的鸟等等。为什么这些近亲繁殖现象没有造成可怕的遗传缺陷呢？这仍是目前的基因研究未能破解的一个谜团。

但是，原则上，绝大多数动物种类的同胞之间会形成一种极其有效的乱伦禁忌机制。例如，在红腹灰雀家庭里，一窝同龄小鸟就像早恋的中学高年级男女生那样打情骂俏，甚至可以玩"过家家"游戏，假扮成一对对小情侣，只要还未成年。但是，一旦假戏就要真做时，它们就各奔东西，与另一窝的同类结对交配；作为交配对象的红腹灰雀绝不可以是一母同胞。

这种现象令人感觉十分有趣，因为它与我们人类的情况一模一样。在正常情况下，红腹灰雀根本无须颁布权威的戒律、严苛的法令来阻止同胞交配。同样，我们人类也有着本能的行为准则，阻止兄弟与姐妹结成婚姻。鉴于其深远意义，在此我认为有必要再次对以色列海法大学的约瑟夫·沙斐（Joseph Shepher）教授报告中的一些客观事实进行描述。

教授将 2 769 对（也就是 5 538 名）出生、长大并结婚成家于以色列的基布兹的年轻人列为调查研究的对象，研究内容就是，谁与谁在任何情况下都绝不可能相爱结婚？

在基布兹，所有的孩子出生后便不再由父母照料和教育，年龄相同但无亲缘关系的儿童（双胞胎除外）被分成一组，由训练有素的专业人员监护。每位"职业母亲"负责照顾7~9个孩子，这些近乎兄弟姐妹的男孩女孩们通过强烈的情感纽带生活在一起，偶尔也会互相争吵甚至打架，但"桃园结义"的他们永远齐心协力一致对外，情同手足。

依照同胞共同生活的常规，成长中的孩子拥有极大的个性自由和性自由。在儿童时代，他们热衷于做一些与性有关的游戏，也从来没有被禁止。但当他们长到10岁时，关于性的最初顾虑和羞耻感却突然形成，这并不是因为受到任何外界刺激，而是完全由内而发的。

这一情感发展过程无疑表明，羞耻心绝非只是压制式教育的产物，而在相当大程度上是天生的，它会在儿童10岁左右时自发地生成。当然，强调两性关系应该谨慎的教育能大大增强羞耻心。顺便补充一点，两性关系教育如果被过早地，即在不恰当的发展阶段施加给儿童，那么，它反而会变成对儿童的赤裸裸的性启蒙。

就在羞耻心觉醒的这段时期，基布兹里男女孩之间的关系变得紧张，诸如嘲笑、争吵、拒绝一起玩耍、认为对方愚蠢等事情天天在上演。男女同班的课堂也无法改善他们的关系。这种彼此嫌恶的现象直到青春期末及成年期初才消失。

现在，我们来看一看他们在配偶选择问题上的表现。双方均在基布兹长大的2 769对受调查夫妻中，只有13例的双方曾在同一个小组，其他所有人都更愿意选择不同组别的成员为配偶。非婚的两性关系也仅在非同组的成员之间发生。

之所以"准同胞"之间的性禁忌和婚姻排斥更值得注意，是因为在缔结婚姻时完全无须担心乱伦问题，他们的结合既不会受法律禁止，也不会被大众指责为伤风败俗或遭到唾弃，没有谁会对这样的婚姻表示异议。

那么，同组的人为什么不愿结婚呢？对方和自己一同长大，亲如兄弟姐妹，也和自己在感情上紧密相连，同时自己喜欢对方，在他或她面前从不拘谨。那么，这种相互排斥应该做何解释呢？答案恰恰就在作为例外的那 13 对双方同组的夫妻身上。

通过对他们的深入访问调查，我们得到了一些很有意思的发现：他们中的每个人在小组归属上都中断过一段时间，当时的年龄都不满 6 岁。其中有的迁到了另一个基布兹，有的与父母一起到国外生活了一两年，还有的生病住院了很久。

就是这样的中断，解除了这些孩子在 15 年后成人时原本会阻碍他们结婚的排斥，而且，似乎正是昔日的友谊和手足般的亲密促成了他们的婚姻。

更值得注意的是，如果当事的孩子离开同龄小组的时间更晚（如在 6~9 岁），那么，这种"准同胞"间的乱伦禁忌就无法被破除，尽管有几例中的分离时间达到前述的 3 倍。

由此，我们可以得出结论：在一个人从出生到 6 岁这段时间中存在一个未来的择偶动机会被预先设定的敏感期。它是一种**反印随**，即不是记住而是反对对某一个体的性爱定向。

在这段时间中，儿童中兄弟对姐妹或姐妹对兄弟的排斥被深深地刻印。在他们具备同胞手足般的休戚相关意识、拥有友谊和爱慕的同时，这种排斥能自动而有效地阻止性欲的萌发和结婚意向，既无须依靠理智，也不需靠惩罚来约束。

这种现象还在有一点上表现得比较特别。在儿童成长的过程中，当贞洁意识、羞耻心、对异性间逗弄的厌恶等萌发时，即从 10 岁起，兄弟姐妹之间才会在两性关系上被刻上彼此疏远的印记，而这时，（6 岁时就已显现的）乱伦禁忌已潜伏了 4 年多，已深深植根于孩子的性格中。

这样的刻印过程未免令人心惊胆战，也让人难以理解。这些印随显现时，我们也无法从孩子的表现中察觉，它们一定通过某些影响在发挥作用，而我们除了能明确这些影响与逻辑并无多少联系外，在其他方面一无所知。

这一点可解释红腹灰雀及人类中的同性恋这样复杂的现象。在此，我略做说明：

我们曾依照逻辑演绎得出推论，处于儿童时代的男孩，如果与别的男孩玩涉及性的游戏，那么，在今后生活中，他们很可能成为同性恋。但这种现象根本没有在红腹灰雀身上出现。相反，我们经常观察到，同性别的一对对红腹灰雀虽然进行着这样的结婚游戏，但它们偏偏最快就各奔东西。因为在游戏阶段结束后，这些鸟对同性伙伴产生了无法消除的性排斥，而这种性排斥就是杜绝这些动物今后成为同性恋的保证！从中我们可以认识到这样一个发展过程同样存在于人类的异性同胞之间。

这一点同样值得我们深思。

第十三章

猴群中的反抗

断奶，疏远和反叛

第一节　溺爱式养育的坏处

在非洲雨林中，青潘猿幼崽弗林特现在 3 岁了，到了该断奶的时候。虽然母亲的乳汁还能再维持一段时间，但它已经开始频繁地拒绝孩子黏在自己胸前，要求每天晚上弗林特自己搭建睡觉地方，也不再让弗林特和自己睡在一处。因为在 3 岁大小时，幼青潘猿得开始培养起自己的独立性。

不过，事情出现了异常变化，在坦噶尼喀湖附近的贡贝国家公园从事青潘猿研究工作的珍·古道尔博士报道：因为弗林特的母亲弗洛年事已高，已显出衰老之相，显然，它对儿子不断的调皮捣蛋已经力不从心，而且态度也不够严厉。而弗林特总是抓住任何机会硬往母亲胸前凑。每当被老母亲轻轻推开时，它便暴跳如雷，要么赖倒在地，四肢乱舞，要么在树林中尖叫着往山下冲。弗洛实在不放心，便软下心肠，赶紧追上去，抱住它，安抚它……最后还是让它吃奶。

母亲的前后不一行为及一味迁就反而导致了儿子对它的依赖，也使弗林特越发像小霸王一样欺负它。一方面，弗林特成了典型的"妈妈的宝贝疙瘩"；另一方面，一旦母亲没有马上应允儿子的所有要求，顺从它的意愿，儿子就会殴打、撕咬母亲。有时，弗洛也会对弗林特的攻击进行反击，只见它伸出一只手象征性地轻轻拍儿子一下，而另一只手又充满爱怜地抚摸着儿子。这种场景每次总是以母亲让步、给任性的儿子吃奶收场。这种情况持续了两年。

但是，对如何与群落中其他小青潘猿一起玩耍并获得小伙伴们认可、如何融入群体，弗林特什么都不会。古道尔写道："它和其他小猿玩耍的时间越来越少，只是越来越频繁地独自抓虱子，却不和其他伙伴相互挠痒。看得出来，它对周围的一切变得越发冷漠，也越发消沉。"

这与没有母亲陪伴成长的猕猴表现出的行为障碍极其相似，非常值得我们注意。从中，我们能得出这样一个重要结论：**过度的母爱**也是一种危险，竟然**会造成与缺少父母关爱相似的后果。**

已阅读过本书、了解了其中深层次关系的人对此并不感到惊讶。我们知道，在那些离开群体、失去母亲陪伴的情况下长大的幼猴的感情世界里，它们的害怕与攻击之间的平衡、它们与亲属的情感纽带早已支离破碎。而过分溺爱恰恰使幼崽经历了同样的发展过程。

同样，接受反权威教育的人类儿童——那些典型的"妈妈的宝贝儿子或女儿们"也表现出了同样的特点：无约束的攻击性、超常的恐惧感以及在集体生活中与他者相处的极度无能。

同样的现象也体现在许多动物身上。以家猫为例，在通常情况下，在彻底断奶后，小猫离开母亲，从此，它们在这个世界上开始独立生活。然而，分离这个时间点却在很大程度上取决于一窝中幼崽的数量。如果母猫拥有五六个孩子，那么 6 个月后，小猫只得结束它们受母亲庇护的生活；如果母猫只生下两三只小猫，那么，孩子就可在 8 个月大时才与母亲分离。

小猫吃奶时，长长的牙齿令母猫感到疼痛，因此，随着小猫逐渐长大，母猫就会越来越坚决地拒绝给小猫喂奶。孩子越少，它能坚持哺乳的时间就越长。

当只喂养一个孩子时，母猫就会愿意将如此轻松的负担永远地承担下去。它对孩子非常爱怜，从不拒绝小猫的要求，尽管 10 个月后它已不再产奶。小猫像吮吸橡皮奶嘴一样含着母亲的乳头，喂奶的意义也就由供给营养变成了给予安抚。小猫这种天堂般的生活要到母猫下一次产崽才会结束。

城里的居民常常阻止家中宠物猫交配，这就造成一个滑稽的现象：独生孩子早已长大，身长体重均已赶上母亲；尽管如此，母猫依然把它当幼崽一样对待。孩子想独自跑到另一间房间时，母亲也会紧追不舍，像衔着尚在吃奶的孩子那样噙着它的脖子把它拽回窝里，虽然它已不堪重负。这是母亲和娇子之间的一种完全占有式的极其狭隘的情感。

在以下情况下，动物中往往会出现溺爱孩子现象：母亲表现得几乎与祖母外祖母无异，竭尽全力也无法给孩子断奶，或习惯了一窝抚养多个幼崽的母亲如今只有一个独生孩子需要照料。当然还有更多原因，如前文所述的银鸥和雕鸮，幼崽患有残疾使得父母照顾它的时间和程度大大增加。

第二节　适得其反的分离

除此以外，生活富裕也造就了"妈妈的宝贝疙瘩"。在这方面，殷勤的动物园游客们也常常参与其中并起到了推波助澜的作用。

在汉堡市哈根贝克动物园中，一对圣鹮在专门饲养鸟类的水池边的树枝上，雌鸟把两个孩子拉扯大。饲养员很贴心，每次都把食物直接投到鸟巢旁，这样，母亲轻轻松松就能让雏鸟们饱餐一顿。因此，当孩子逐渐长大、需要更多营养时，它也能喂养这两个大孩子，而不像在野外环境下母亲再也无法寻觅到更多食物。一家衣食无忧，生活富足……直到一切为时已晚。

慢慢地，雌鸟的母爱渐渐消退。当它需要独自安静一下或自己吃点什么时，两个如今已长得和它一样强壮的孩子就会像恶棍一样向它发起袭击，对它拳脚相加，无奈之下，它只得再给这两个一点也不圣洁的圣鹮喂食。甚至当两个孩子已经完全长大，它们也从没想过自己去取一下就在身边的食物。这意味着，即使不要求它们拥有生存所必需的技能和努力，它们也绝对无法独立生活。

这就是动物界因富裕而导致的堕落。

此外，我们也了解到一些动物种类，每个幼崽小时候都是母亲的宝贝，却并没有因此对成长不利。那些生活在数量众多、相互没有联系的群落里的动物不需要融入复杂的社会结构，对于它们而言，独立、等级、自制等都是未知的概念。这一点尤其适用于大袋鼠。

世界上可能再也没有别的动物像大袋鼠幼崽那样受到如此娇惯。它们几乎永远被母亲装在育儿袋里。红大袋鼠幼崽会在母亲的育儿袋里藏上整整 24 周，之后才第一次探出脑袋瞧瞧外面的世界。如果这个世界不是令它特别喜欢，那它就会在育儿袋里再待上 6 周，之后才第一次跳出来。而且，这通常也非幼崽自愿，因为那多半是母亲打扫卫生时把它撵出口袋的。不过眨眼间，小家伙又会重新跳进

"妈妈的口袋"。

大袋鼠幼崽把母亲当童车用的时间超过 8 个月，直到它开始觉得育儿袋太小，最后就算它再怎么努力押拉袋子也无法继续待下去。不过在外面，它仍然非常依赖母亲，总是紧紧地依偎在母亲身边，想吃奶或出现危险时可以最快的速度将头埋入育儿袋。虽然在危险来临时，这么做非但毫无意义，反而会给必要时的御敌造成困难，但这至少证明了它有逃离世界、回到母亲子宫里去的天真想法。

大袋鼠孩子甚至在性成熟后还在吃奶。一只已做了母亲的年轻雌大袋鼠的育儿袋里装着自己的孩子，却仍然和自己幼小的弟弟或妹妹一起吸着母亲的乳头，这样的现象并不罕见。

大袋鼠的这种已养成习惯的幼稚行为，极有可能只在澳大利亚这个极少有其天敌的国家才会出现，而在其他各洲大陆就只是例外，如东南亚豚尾猴和其近亲——只在西里伯斯岛（苏拉威西岛）上生活的西里伯斯黑猴。不过，在以另一目的开始的系列测试结束时，这些特征才表现出来。

两名美国心理医生——查尔斯·考夫曼（Charles Kaufmann）教授和伦纳德·罗森布拉姆（Leonard A. Rosenblum）教授对失去母亲会在多大程度上影响孩子的发展进行了研究。

他们在纽约州立大学州南部医学中心进行的第一项实验是：将一群豚尾猴（猕猴的近亲）关在一处宽敞的猴山中，有 4 只母猴和它们各自的 1 个孩子，1 只没有孩子的母豚尾猴及 1 只作为所有孩子的父亲的公豚尾猴。在豚尾猴幼崽刚满 5 个月时，饲养员制造了一出其中几个母亲突然死亡的情景，幼崽则继续和其他成员一起生活。

于是出现了一连串戏剧性的激变。在最初的 24~36 小时里，失去母亲的孩子惊恐不安，不断地发出痛苦的求助呼叫。它们到处乱走，不停地四下张望搜寻，并且，"各种举动无缘无故地突然爆发，瞬间又突然变成呆滞的姿势"。

第二天，它们的行为则完全改变了。所有表面上可识别的活动都已消失不见，小家伙们蹲在角落里，耷拉着脑袋，肩膀无力地向前松垮着。尽管处于如此严重的抑郁状态中，这些"孤儿"还是一再小心谨慎地尝试与小组中的其他成员建立联系，然而回应它们的只有敌意。可见这些被遗弃孩子的悲惨处境不能仅仅归咎于它们自己的行为表现，"社会"同样负有一定责任。

在同样条件下，另一实验组里的西里伯斯黑猴的反应则截然不同，尽管它们与第一组的豚尾猴有亲缘关系。这组中的其他成员马上充满爱意地照料起失去母亲的幼崽，别家的母亲收养了它们，其他的孩子也与它们一起玩耍。渐渐地，最初出现在它们身上的严重抑郁症状消失了。

来自姑妈或朋友的关爱可以完全替代母爱吗？通过4周后让孩子与母亲再次团聚，美国的研究人员得到了一个令人惊奇的答案。发生在第一个实验组中的豚尾猴身上的一切皆如所料，母子重逢的场面令人心碎，从此，它们几乎一步也不愿分开。

西里伯斯黑猴幼崽在失去母亲后，其他成员给予了很好的抚慰，而这显然减轻了它们的痛苦。研究人员以为，经过4周的分离后，孩子们会比较淡定地走向突然重现的母亲。现实却截然相反，它们重见母亲的喜悦相比被全世界嫌弃的第一组孩子还有过之而无不及。可见对这些动物而言，母爱不只意味着提供食物、陪伴玩耍和给予安全。

从实验中得出的首要结论是**母爱在世界上无可替代**。要达到心理上的完善，除离不开与母亲的情感纽带外，孩子还需要有与父亲、兄弟姐妹和小伙伴的情感纽带，虽然如此，但这些基本要素中的任何一种都无法完全取代另一种。

西里伯斯黑猴幼崽在与母亲分离期间对丧母表现出的似乎无所谓的态度，令人想起相同境况下人类孩子的"感觉淡漠"。人们普遍认为年幼的孩子对母亲的死亡几乎感受不到精神痛苦或他们还不能真正意识到发生了什么。美国青少年精神分析学家琼·西蒙斯（Joan Simmons）教授认为这种观点极其荒谬可笑。事实上，丧母之痛对儿童的打击相比将悲痛发泄出来的成年人更加强烈，所谓孩子的感情淡漠只是成人的凭空臆想。

这位精神分析学家认为，成年人的悲痛结合了恐惧、无助、失望及震惊，同时也和精神僵滞现象联系在一起，这些都是一个人经历太过惊恐的事件而一下子无法承受时所做出的无意识的自我保护行为，而对儿童袭来的这种不幸会持续更久。如果没有成年人帮助，这种精神僵滞将演变成麻木并成为终身性的心理创伤。

儿童虽然在他人面前没有掩盖失去亲人的事实，却隐藏了几乎所有与之相关的感情。和悲痛的成年人一样，儿童也会逃进回忆的世界，而且，此刻的情感表现如同母亲还在世上。维持这种假想会耗费儿童大量的心理能量，从而使他们在心理成长过程的其他方面缺少了这些能量。所有这一切都在看似冷漠的面具下在他们的内心涌动。

这一结果不仅对实验中失去母亲的幼猴影响深远，对从孩子身边被掠走的母猴同样重要。母子重聚的时间被科学家特意安排在幼崽出生的第 7 个月初，在通常情况下，母猴会在这个时间给下一代断奶，让它脱离自己，并最终独立生活。

然而，两组实验得出的结果出奇一致。在经过痛苦的分离后，猴子的爱变得没有止境，孩子和母亲一直黏在一起。一场分离使得它们再也无法分开。

第三节　孩子疏远父母

在断奶的最初阶段，父母减少疼爱及孩子依附性的减弱已隐含了疏远甚至公然对抗和叛逆的萌芽，这就是自然发展过程中的代沟问题，也是俄狄浦斯情结的生物学基础。

如果在这个关键时刻前的亲子情感纽带出了问题（如父母过度溺爱或敌意和冷漠）都会给孩子的心理发展造成伤害，致使亲子关系朝着反常、高度攻击性甚至破坏性的方向发展。而这一切正是当今社会的青少年问题。

因此，接下来，我们有必要对断奶过程做进一步研究。

在雏鸟长到不再需要陪护、靠自身热量能生存的情况下，大山雀母亲仍然与孩子一起在巢中过夜。它这么做的原因是要保护雏鸟不被鸡鼬等叼走。

可这不是大卫对战歌利亚吗？如何才能成功呢？勒尔博士在罗道尔夫策尔鸟类观察站发现了其中的奥秘。勒尔博士在雀巢旁边搭建了一个隐藏的观察所，在里面安装了一架反光镜，这样他就可看到巢中情况，同时又避免惊扰到大山雀们。博士用手指敲了敲观察所，开始描述他看到的情景：

雌鸟收起羽毛，拉长身子，让自己显得像蛇一样细长苗条，眼睛紧盯着外面。接下来，它把头慢慢地往后缩，一边张开嘴巴，突然，它的头像只钢丝弹簧一样猛地向前弹出，口中还发出嘶嘶声。紧接着，它又合上嘴，对着墙猛扇翅膀。勒尔博士不禁被它吓了一跳。然后，它让身体松弛下来，马上又重复上述过程，每隔二三秒钟就开始新的一轮——这样的练习它连续做了不下100次。

大山雀母亲不愧为出色的变身艺术家，它在鼬面前呈现的无疑就是一条嘶嘶作响、从天而降的蛇。它把自己伪装成敌鼬的天敌，要的正是人们在嘉年华上游玩鬼屋时会看到的出其不意的效果。就这样，它往往能大获全胜。

这一切不过是它的表演。勒尔博士把自己的一根手指伸到大山雀母亲张大的喙前，可它连啄一下都没做，否则，被它啄一口还是有点痛的。它只是一次又一次机械又呆板地上演着"假蛇哑剧"，就如同一个上了发条的玩具。这证明大山雀根本没有意识到自己在做什么，它只是在顺从神秘本能的驱使。

这场生死攸关的表演持续的时间也从不取决于孩子年龄的具体状况。贝恩特博士和温克尔博士在黑尔戈兰岛鸟类观察站进行了实验，他们把一个鸟箱中一对山雀的一窝孩子换成了另一些山雀的雏鸟，它们比这对山雀的孩子或大或小。

自雏鸟破壳后，大山雀在夜间守护16天，不多一天也不少一天。在研究人员塞给雌雀几只小了4天的雏鸟后，它可没有顺理成章地再增加4天的守夜时间。在自己孩子破壳16天后，它就把别家的雏鸟孤独地留在黑暗中。

相反，对于那些比自己孩子早破壳4天的雏鸟，雌雀把它们一直守护到 20 天大，虽然早在 4 天前这些小家伙就已学会像蛇一样嘶嘶作响，它的夜间守护业已失去必要。除非在 16 天期满前雏雀已长大飞离，它才不会继续守在巢中，这时，巢里已空空如也，没什么需要保护的了。

大山雀母亲夜间保护孩子的持续时间并不取决于雏雀的实际年龄，该行为似乎是由基因预先设定的。固定的守护时间到了后，这一母爱行为就会消失。

这个例子对说明许多动物中的**母爱期限**具有典型意义。在孩子出生那一刻，动物的母爱本能瞬间苏醒，并在接下来的时间里逐渐增强，最终到达顶峰，然后又逐渐减弱，直到最后完全消失。只有在少数动物中，母爱之情才会持续一生。

在驯鹿母亲因孩子死亡而伤心的表现上，我们可清楚地看到母爱之情的增减变化。根据斯德哥尔摩大学动物学家英韦·埃斯普马克（Yngve Espmark）教授的观察，假如母兽产下一个死胎，它会在尸体旁仅仅停留半小时左右。母亲把已死的孩子舔干净，就像对待健康的孩子一样，之后却不知道该做些什么。在最终离去时，它并没有流露出伤心的迹象。

在另一个案例中，新生儿在出生 8 小时后死去，驯鹿母亲在失去生命的孩子身旁守候了整整 4 个小时，其间，它赶走了想凑近幼崽的鹿群其他成员。母鹿不停地用舌头使劲地按摩孩子全身，轻轻地伸出蹄子触碰，盼望着孩子能站起来，同时还悲伤地发出呼唤。

第三只驯鹿幼崽在出生 13 天后死去，母鹿的悲痛持续了整整 45 个小时。它寻找，呼唤，倾听，好像孩子会在某个地方回应自己似的，然后，它又接着开始悲号，神情紧张又绝望。虽然幼崽尸体早已被清理，可它还是不断地回到孩子死去的地方，再不知疲倦地回到鹿群中寻找，接下来，它又折回孩子死去的地方，仿佛孩子就在那里等着它。

当已经几个月大的小驯鹿失去生命时，母鹿则会比较冷漠地接受现实。

如果这种悲伤程度可以用来衡量母爱，那么，观测到的这一切已清楚地显示了动物身上母爱情感的潮起潮落。每个阶段的母爱期限都由基因先天确定并合乎该种动物的要求。但是，外部影响可以大大延长或缩短这些阶段。

第四节　被赶出家门

美洲豪猪的母爱持续期极其短暂。在吃奶时，才 10 天大的幼崽身上的刺就会扎痛母兽，于是，母亲无法忍受，把孩子赶走。

青潘猿的母爱持续期则极其长久。古道尔曾报道，有个 13 岁大的雄青潘猿，在 6 年前就已完全长大并性成熟。有一次，在它受到一个强壮的雌青潘猿攻击时，它的母亲在发现后立即与儿子联合，投入了战斗。

这与人类母亲和孩子之间持续一生的爱只相差了一小步。

在灰雁等动物中出现了母爱发展的中间阶段。通常，灰雁在一岁大时离开父母，这时，父母已经又孵出了一窝雏鸟。但康拉德·洛伦茨却发现了一些例外：有时，灰雁父母会遗弃自己刚生的一窝蛋或刚刚孵出的雏鸟。这时，那些一岁大的雏雁只要还没有配偶，就会立即回到父母身边再待上一年。而从原则上讲，它们并非父母的助手，因为这时父母根本不需要帮助。

更有甚者，即使灰雁已与配偶在一夫一妻制中共同生活了若干年，但一旦配偶死去，它还是会再次投到父母膝下。如果父母也已去世，丧偶的灰雁便加入它未婚的兄弟姐妹行列中。

但是，只要孩子与父母以前情感比较冷淡，这个过程就会被五花八门的伴随情况所改变，或延长或缩短。

例如，儿子正在长大，开始敢于羞答答地挑逗母亲，这时，正处于父爱逐渐减弱阶段的父亲对孩子的爱就会被儿子与自己争夺异性的恐惧感所取代。儿子被父亲残暴地驱逐出去，女儿则可以继续留在家中。许多种猴就是通过这种方式形成了妻妾成群的大家庭。

在类人猿中，母亲待女儿从小就比待儿子更温柔，好像它知道女儿会一生陪伴左右似的。相比于儿子，猿母亲把女儿抱在怀里的时间更长，在它闯祸后的惩罚措施也轻一些。再后来，它与所有自己生养的女儿们结成一个全能无敌的"妇女联盟"，重点对付那些"男士"尤其是帕夏，监督它们，并迫使它们在"女士"面前安分守礼。

此外，在另一些动物（如犬羚、黑长臂猿等）群体中，父亲通常会把较大的儿子驱逐出家，母亲则赶走长大了的女儿。由此产生了一种"警卫犬式"的一夫一妻制婚姻——婚姻的一方时刻醋意十足地监视着另一方。在这种情况下，要超越简单家庭模式、形成复杂的社会结构是不可能的。

然而，就人类而言，将孩子赶出"父母的家"的一个更有意义的变化形式是：所有女儿长大后都离开自己出生和成长的家庭，而最大的几个儿子作为"王储"留在父母身边，他们的弟弟们则闯荡江湖，或在其他地方结婚安家，或成为"雇佣兵""和尚"等终老。这种习俗可在平原斑马、非洲野犬中看到，也会出现在高壮猿、青潘猿及人类中。

本书仅以高壮猿为例对此做进一步描述。

第五节　抢亲

这种类人猿经常熟练地上演"换妻"剧。

在非洲中部卢旺达的维龙加火山的山坡上，两个"丛林巨人"怒目相视、剑拔弩张。雄性高壮猿马克斯是拥有 8 名成员的猿群至高无上的统治者，乔是一个年富力强的单身流浪汉。尽管腿不长，但雄性高壮猿直立时身高可达 2.3 米。两个高壮猿龇牙咧嘴，它们尖利的牙齿唯有老虎牙才可相比。它们一边发出令人毛骨悚然的尖叫，一边捶击自己宽厚结实的胸膛。

马克斯突然冲向对手，它 275 千克的身躯如推土机一般碾过丛林，它扯断树枝、拔起小树狂怒地掷向对方。即使最强壮的人也会被它在数秒之内砸成碎片。狂奔而来的它几乎与"采花大盗"乔迎面相撞，最终它们擦肩而过。

乔马上会意，这次只是个佯攻，作为血腥搏斗前的最后一次警告。这些超级"泰山"虽然很少释放原始力量相互攻击，但一旦真正开战，就会造成两败俱伤，有时甚至死亡。

虽说高壮猿不是野蛮凶残的"金刚"，却也并非如《格日梅克的动物生活》*所描述的那样拥有一副菩萨心肠，真实的高壮猿其实介于两者之间。卢旺达卢亨格里的卡里索凯研究中心的英国动物学家哈考特（A. H. Harcount）博士经过 10 年观察得出了这样的结论。

而乔这次的战斗虽然算作一半失败，但它还是实现了自己的目的。出于保全面子，它又虚张声势了一番，便退回丛林，一头扎进密林深处，很快消失于跟踪者的视线之外。

乔的目标是阿斯塔——马克斯刚成年的女儿。这场骚乱正合后者的意，趁着有利时机，阿斯塔神不知鬼不觉地钻进一旁的灌木丛，离开了自己的家，加入了乔的撤退行动。

高壮猿从来不像古罗马人对待萨宾妇女**那样"强抢民女"。雌高壮猿只要年满 8 岁性成熟后就会选择合适时机自愿离开自己成长的家庭，也会在厌倦了配偶之后离家出走，跟随自己选择的另一任丈夫。

猿类社会通行的习俗是雌性进入青春期后离开父母的家庭。雌高壮猿刚进入青春期时并没有遵从这一习俗，但哈考特博士认为，雌高壮猿后来还是遵从相似的规则，她所调查的 470 个猿群几乎都是如此。

到底是什么促使雌高壮猿离开自己父母的保护圈呢？阿斯塔得到每个家庭成员的善待，这些成员包括：作为族群首领的父亲、包括母亲在内的父亲的三四个妻妾、两个成年雄性——它的哥哥和一个同父异母兄弟，当然还有一些年幼的孩子。

---

*　该书由德国动物学家伯恩哈德·格日梅克（Bernhard Grzimek）于 1968 年所著。作者曾经是法兰克福动物园园长，也以兽医、商人、电视节目主持人等身份从事职业。——译者注

**　萨宾人是古意大利部落。据传罗马城创建者罗慕路斯和雷穆斯曾邀请萨宾人赴宴，趁机掳走其妇女，充作自己手下男子的妻子。——译者注

温暖的巢穴：动物们如何经营家庭

只有一点令阿斯塔无法满意，就是性。高壮猿严格禁止乱伦，雄性亲戚对它不感兴趣，它对它们也毫无性欲，这就是前文已提及的动物界避免有害的近亲繁殖的普遍现象。

在通常情况下，父亲不允许任何陌生的雄性进入家庭，因此，成年的女儿必须外出寻找自己的真爱，对此，没有谁会阻止它。父亲的武力介入只是为了让"新郎"远离自己的妻妾。不过，这个女儿只在自己"性趣高涨"的日子且对追求者中意时才会出走，这两点可确保它得到由衷的欢迎。

至于阿斯塔是否以及能够忠于乔多久，那是另一个问题，由它自己决定。如果它去意已决，那么，它的丈夫除了放手别无选择。在丛林里，看守住妻妾、不让其逃走，无论如何都是个无望的举动，因为它们随时可在不知不觉中隐身于密林叶幕后。一个强有力的雄性肯定不愿看到雌性离自己而去，但它至少可让追求者落荒而逃。而雌高壮猿往往就是在这种小骚乱中秘密出逃的。

离婚的首要理由清楚地呈现在哈考特博士面前，那就是抚养孩子的失败。一半的高壮猿幼崽会丧生于成年前，而过错总是该由父亲承担，比如它没能保护好孩子免受豹或蟒的袭击，或它被迫带着孩子背井离乡，退到缺少食物的区域，或在与其他雄高壮猿搏斗中孩子被杀死。据美国高壮猿研究者戴安·福西（Dian Fossey）报道：这些事时有发生。

尤其是最后一种情况，失去孩子的母亲会立即离开无能的"小丈夫"返回自己父母家中，倘若它又正好不那么性欲旺盛，那么，它还有机会被其他猿群接纳。

在不是特别艰难的处境下，失望的母亲也可等待有利时机转向更有实力、更有成功保障的族群，或与帕夏的某个儿子一起离开，建立自己的家庭。

但在后一种情况中，雌高壮猿只能诱拐父亲的一个与自己非同母的儿子——后者虽已成年但在兄弟中排行并非最大。因为大儿子往往拒绝与某个雌性出走，似乎它明白自己作为"王储"总有一天会成为父亲"王位"的继任者。

这就是呈现在我们面前的人类社会的家庭组织模式：不管父亲是农民、工匠、公司经理还是国王，在通常情况下都是长子继承农庄、工厂作坊、企业或王国。女儿出嫁，小儿子们则必须仔细琢磨可以在别的什么地方安家。

对这些小儿子而言，在别处安家落户绝非一件轻而易举的事情。当他们年满 11 岁成年时，虽然不会像常见的其他动物那样被父亲赶出家门，但在性活动方面却要受到禁止。儿子们憋着气，越来越游离在族群边缘。在经过长时间犹豫后，它们会最终做出决定：离家出走，独自闯荡丛林。

离开了族群同伴的保护，这个"隐遁者"的危险期就开始了，它的周围危机四伏，随时都可能遭到猛兽袭击。如果得以幸存的话，这个阶段要持续 2~5 年。之后，它便拥有足够的力量和经验，有机会被某个雌高壮猿选中。

然而，这样的流浪岁月让青春期的雄猿在心理上难以承受。这些小伙子早有旺盛的性欲，却得不到释放和满足。它们感觉自己已足够强壮，但谁也不拿它们当真。它们极想统治，却找不到统治对象。在行为学中，这些不知天高地厚的状况被称作"青少年问题"；在人类心理学中，可将其归为青春期第二阶段心理综合征。

温暖的巢穴：动物们如何经营家庭

第六节　年少婚配，往往后悔

一旦这些年轻的独行者积累了足够的力量和经验，可唤起那些正期盼配偶出现的雌猿的充分信任——相信它可保护和供养自己和孩子们，那么，在短时间里，它们就会成为高壮猿中最受欢迎的配偶候选者，尤其受年轻雌猿的青睐。

这出于以下几个原因。一方面，新来的雌猿在每个族群中大受欢迎，甚至包括那些长久居住在猿群里的妻妾，它们首先想为孩子们找一个稀缺的玩伴。一个高壮猿群中最多拥有 4 个成熟的雌高壮猿，它们每隔 3.5~4 年才生育一个幼崽。

另一方面，让一个"移民"融入一个陌生群体的后宫很不容易，它必须持续数年在群中当个"委屈的小媳妇"。因此，它更愿意组合一个小家庭，除了年轻的帕夏，它位居第二。

不过，对高壮猿来说，德国谚语"年少婚配，往往后悔"尤其适用。因为随后观察到的很多事例证实：生孩子和养孩子完全是两码事。孩子死亡只会让妻子得出结论，年轻的丈夫辜负了自己对它的信任。这样，不久后，它们的身份又变成了离异。

于是，受过打击的年轻雌性在再次组建家庭时会更谨慎小心。哈考特博士注意到，它们设立了以下条件：新的帕夏必须拥有成功抚养孩子的证明，同时它的妻妾最多不超过两个。而且，这两个妻妾的孩子越小越好，因为这说明这是一个相对年轻的群体，而不是一个要求每个新来者像奴隶一样从属于它们关系复杂的社会。

因此，年轻雄高壮猿的生活轨迹大致都如同乔。1972 年，11 岁的乔离开了自己成长的家庭。之后整整两年，它独自在丛林里游荡。

间或，也有对它感兴趣的年轻雌猿，但在经过短暂的试婚期后便纷纷离它而去。1974年，乔终于成功地与雌猿阿斯塔缔结婚约。同年，另一只雌高壮猿也跟随了它。乔没有让两个妻妾失望，因此，到了1977年，又有两个雌猿加入了进来。

但不管怎么说，它从一个单身汉上升到权势地位稳固的帕夏整整花了5年时间。从此，出于前文已描述的原因，它不再向雌性施展魅力。

从中，我们可得出一个有趣的"高壮猿社会政治学"结论：如果其中的帕夏地位稳定，那么，两个高壮猿大群落在丛林中不期而遇时，彼此会相安无事。那两个帕夏谁都不会担心自己族群里的雌高壮猿会奔对方而去。它们经常数小时坐在一起，一同进食，让孩子们一起玩耍。但是，一旦有招引雌性的单身游荡者或小群落靠近，灾祸就会降临，一场"部族纷争"就会爆发。

这是高壮猿中唯一显露的代际冲突形式。如果我们想对此现象有更深入甚至刨根问底的认识，那么，我们就必须观察成员更多的动物群落。

第七节　代际冲突如此产生

一帮叛逆者慢慢向头领逼近，准备痛揍后者一顿，头领发出一声尖叫，它的贴身警卫马上跑来，于是，一场混战全面上演。

当5支消防水枪一齐喷射时，胜负已经揭晓：头领和它的手下个个灰头土脸，喘着粗气，一瘸一拐地撤出了战场。从此，"叛逆青年帮"夺取了领导权。这伙半彪子针对"现任统治集团的"革命大获全胜。

此时警察在哪儿呢？他们置身事外，因为这是发生在巴黎动物园中狒狒之间的帮派斗争。也许，这一切听上去有点奇怪，但在猴子社会里，确实存在一个以头领为首的小集团，它们欺压团伙外的所有猴子。同样也存在敢于违抗、叛逆的青年，它们时而掀起革命、奋起反抗。

这种代际冲突是如何产生的呢？

就东非狒狒而言，苗头早就出现在孩子的少儿时期，当一只狒狒大约两岁时，它又有了一个弟弟或妹妹。在这之前，它一直是母亲疼爱、关怀、操心的中心，集所有宠爱于一身。母亲总是陪着它玩，独生子的它享受着母亲喂奶、捉虱、挠痒。突然，这些美好时光一下子都成了过去，现在，母亲把所有精力都放在了它的小宝贝身上，因而回绝了它的大孩子的一切想要亲近的尝试。

对因不再被疼爱而受伤的孩子来说，让它们在这样的情景下表现得明智，能理解小宝贝比作为"大男孩"的自己需要更多的关爱是不可能的。在体察父母心情方面，它们表现出了极大的欠缺。

母亲因一个新的小生命而把对它的关爱突然收回，这对它的心灵无疑是个沉重的打击。小狒狒怎么也无法承受，它盘算着复仇。从现在起，母亲不得不提高警惕，保护自己最小的孩子免受兄长的欺负。只要它有一次不小心，就可能发生人类社会中的类似悲剧，就如 1981 年某家街头小报的头版标题所示的那样——《哥哥把婴儿扔进了垃圾箱》。

在动物界，又一次出现了该隐与亚伯。在这种基础上产生的对弟妹的敌对态度仅仅限于家中排行最大的哥哥。如果第一个孩子是个"女孩"，那它就会成为护理幼崽的助手，从而大大缓解家中的紧张状态。

当东非狒狒中的"少年们"在经历突然爆发的青春期第一阶段而心灵饱受痛苦煎熬时，已长大尚待字闺中的姐妹们则生活和睦，关系融洽。它们身上蕴蓄着强烈的护理幼崽的欲望，于是，它们尝试着帮助母亲照看新生儿。在这期间，它们学习如何对待幼崽。将来，在自己所属的族群里，作为母亲的助手，它们一生都把母亲当作上级来尊重。

而它们从幼崽的临时照看者转变成母亲的过程也十分顺利，不会经历心理痛苦。

年轻雌狒狒的自立更多来自自身的动力，而不同于"男孩们"的因受挫折而谋求自立。如果之前它还像个孩子试着以各种借口让母亲抱着或爱抚，那么，因小妹妹或小弟弟的降临，它的自尊就不再允许它继续骑在母亲身上，就连母亲的每个讨好举动都已令它厌烦。

连它们的断奶阶段也过渡得非常自然。母亲对孩子们的吃奶要求并没有一口拒绝，只是孩子吃奶的目的逐渐从吸取营养转向得到抚慰。许多小猴子睡觉时嘴里还含着母亲的乳头，其实那更像含着安抚奶嘴。

当狒狒或青潘猿"姑娘"把小弟弟或小妹妹放到母亲怀里吃奶时，它立即会对自己需要吃奶或寻求抚慰的举动充满鄙视。从此，在烦恼时，它就开始吮吸自己的大拇指。没错，与人类中的孩子一样，猿与猴的孩子也爱吮吸拇指。

至今，我们还没有在狒狒母女间发现过基于自然法则的代际冲突而形成的紧张关系。而在人类中，据观察，近年来不断上升的男性间代际冲突蔓延到女性间，这是否应归咎于女孩在家中总是不被过问因而孤立无援，或她们越来越被如男孩般对待，这一点值得我们做广泛深入的调查研究。

雄性小狒狒的断奶是一个名副其实的恶性循环。母亲把它从身边推开，它就把气撒在弟弟妹妹身上。而报复弟弟妹妹所得到的结果却与它的愿望背道而驰。它对母亲的渴望越强烈，受到母亲的惩罚也越频繁越严厉。为此，母亲与大儿子之间的情感纽带终于破裂。

这个极度痛苦和失望的孩子现在只得尝试着独自在狒狒群的社会秩序中找到一个位置。它离开母亲的小圈子，却不像高壮猿那样彻底离家出走，而是留在庞大的群落中与其他狒狒打交道，但从一开始就不断遭到严酷的挫折。

这就是导致狒狒"王国"革命的第二个根源："社会制度"。

离开母亲保护的年轻狒狒的更大不幸是，虽然不久后它就性成熟了，但是，与高壮猿类似，它们在年长者处还远远得不到领导地位及它们期盼得到的尊重。

什么是雄性狒狒生命中最重要的东西呢？在行为学研究者眼里，这早已不是秘密，那就是出人头地和夺得高位。为此，它可以忍受一切——饥渴、严寒酷暑、风霜雨雪、危险等等，只有被排挤到狒狒群地位末尾和充当替罪羊这样的耻辱才会令它忍无可忍。

此外，年轻狒狒还绝对缺少经验。当下一个水源地完全干涸时，它会带领一班人马奔向再下一个水源地吗？不会。它知道如何以群体战斗力抵御豹的袭击而使自身不遭受损失吗？不知道。它了解在不同季节草原上何处可以找到最多最好的食物吗？不了解。它能协调交恶的雌狒狒间的争斗吗？它的权威还远远不够。

年轻狒狒无论在哪儿都必须对比自己大的狒狒俯首帖耳，它只要敢抱怨一下，就会遭到那些结成帮派的两三个成员的一顿痛打。它不认识自己父亲，又被母亲赶出了家门，更小的狒狒们只知道崇拜悠闲自得的帕夏却谁都不去理它。在群落中的其他成年狒狒们的眼里，它一事无成，因此只能与同龄狒狒结成帮派。

我们会不自觉地拿同样处于两难境地中的人类孩子与年轻狒狒作比较，流浪少年们只能从叛逆少年帮、某些宗教派别、政治反对派以及依靠毒品进入的虚幻世界中看到出路。

为确保在任何情况下不误导大家，这里必须再次强调一下。狒狒和高壮猿的案例表明代际冲突是个自然过程，从来没有一个动物种群因此分崩离析。然而，一旦从出生起未成年人的心理发展就出于前文提及的原因遭到严重破坏，一旦非理性的恐惧和破坏欲在情感纽带断裂的情况下扩大代际冲突，那么，毁灭性的暴力就会被释放出来，给人类带来灾难。

第八节　动物中的幼儿园

在动物界，年轻动物结成团体是一个普遍现象。行为学将未成年动物的联合体称为青年团体，它超出了同胞的范围，成员首先是没有亲缘关系的年轻动物。这里我们再次把所谓的幼儿园与青少年团队区分开来。

动物的幼儿园主要用来减轻动物父母的负担，为幼崽免遭年轻动物的侵犯提供集体保护，它让幼崽有了游玩伙伴，并能得到至少一只成年动物的看管。父母会不时地过来给孩子哺乳或喂食。让我们来看一些相关案例。

在西班牙安达卢西亚和法国卡马尔格，半野生状态的雌兽会选择一个隐蔽处生下幼崽。但幼崽出生 4 天后，母亲就会带着它回到群中，群中的其他动物会好奇地上前观看。幼兽能马上被其他小伙伴接纳，它们整天一起戏耍。母兽只是在远处观望，只有当危险出现时，它才会上前保护。此外，母兽的任务就是给孩子喂奶，至于社会行为及幼兽生存所需要的一切，孩子们都会向幼儿园里的小伙伴学习。

阿德利企鹅的父母给雏鸟上了奇特的一课。它们开设了堪称动物界最大的幼儿园，里面集中了足足 200 只小企鹅。当然，只有在孩子差不多 1 个月大时，企鹅父母才会将它们送入幼儿园中，这时，幼企鹅已有能力抵御严寒，保护自己不受凶猛的海鸥或大贼鸥侵犯。

企鹅父母会不时地抓些小鱼，或者墨鱼和虾过来。它们向后仰着身体、一摇一摆地向前，以免自己在装满了食物的嗉囊重压下向前倾倒。企鹅父母有办法在这么一大堆小企鹅中找到自己的两个孩子。只是，这时如果小企鹅以为可饱餐一顿，那它们可就大错特错了，母亲没给孩子喂食，便转身朝大洋走去。

于是，两只小企鹅发疯似的朝它奔去，试图挡住它的去路，它们张开了喙与母亲对啄。接着，母亲又走在前面，两个小家伙迈着小碎步拼命追赶。终于，母亲怜惜孩子，再次停下脚步，就这样，它们离幼儿园一次比一次远。这个游戏的意义在于让小企鹅熟悉通向大洋的道路。因为当孩子 9 周大时，离别之日终将来临。从这一天起，企鹅父母就再也不会回到幼儿园，它们将永远离开孩子，所以，小企鹅必须清楚地知道哪一条路通往大洋。

父母和孩子之间扑打、争吵以及对抗等动机在企鹅父母身上表现出了矛盾。因为亲子间发生这一切，一方面是为了孩子的利益，另一方面企鹅父母肯定不是自觉地理解其中的内在联系。因此，这种举动的起因是父母的养育激情逐渐冷却，它们起初还回到幼儿园看看，但考虑到就在眼前的食物转送，它们希望独吞食物的利己思想又逐渐产生，并以越来越强大的力量使父母和孩子日渐疏远。

动物界拥有五花八门、千奇百怪的幼儿园。例如：鱼中的一群群幼鱼，狮子、鼠、山雀等动物中的被多位母亲集中在一起的一窝窝幼崽，猴中的幼猴游玩团队，长颈鹿中的托儿所，等等，不胜枚举。

那些幼崽并非如人们长久以来猜想的那样被父母弃之不顾，虽然父母远离孩子们，但实际上随时在护卫着孩子。例如，在 800 米外，长颈鹿父母利用自己高出地 5 米的脑袋，犹如一座"瞭望塔"，将孩子和狮、豹等天敌尽收眼底。一旦敌害发动攻击，它们立即就可以把孩子们带到安全的地方。

第九节　何时奋起反抗？

与受到父母悉心照护的幼儿园相反，"单身汉联盟"是所有被赶出家门的年轻雄性为维持生存和公开对抗上一辈雄性并夺其权力而组成的团体。

让我们以非洲最危险的大型野生动物非洲野牛为例，了解一下动物们的团队训练。这些年轻力壮的雄水牛 3 岁时就离开了母亲的保护，虽然这时它们已具备繁殖能力，但还必须与同龄伙伴进行整整 5 年的搏击对抗练习，直到它们拥有足够的力量和经验，能在争斗中打败一个不大的野牛群中的帕夏。这样的训练营可为它们提供不同种类的单身汉团队。

一方面，这些年轻的雄野牛每天相互进行多场激烈而不血腥的对抗；另一方面，团队总是出没于由多个妻妾组成的兽群周围，或袭击大群动物在迁徙途中穿越可能遭遇狮子的区域时先出现的先遣部队或落在后面的后续部队，并在这些过程中积累对付不同敌手的经验。

另外，还有一些专属单身汉团队的行动。它们被排挤到集体的边缘，被推向了"前线"，与数量众多的敌手展开斗争，许多成员因此丧失了生命，而这样的团队对处于野牛群中间的"老弱妇幼"发挥了保护作用。因此，谁能排除所有天敌带来的危险，谁就能获得家族统治权。

在经过两年帕夏的生活后，这头野牛已属于"废铁"了，又一个"强劲的号角召唤而来的骑士"废黜了它。不过，奇怪的是，这个有生之年无望重登王位的下了台的老兵却重新加入了单身汉团队。年轻的雄野牛们一致推它为头领，因为它可作为经验丰富的老师给年轻一代提供无价的帮助。可见，雄野牛们的代际冲突仅仅针对父辈，而非祖父辈。

我们可以在多种动物尤其是有蹄类动物及猿与猴中，发现相似的、由离开了有母亲照看的幼儿园后的半彪子们组成的单身汉联盟。最典型的代表莫过于东非狒狒、猕猴和东非黑白疣猴及日本红疣猴。

猴子中的这些青年团体对"社会"来说无疑是把双刃剑。一方面，这些半彪子通过团队内部相互斗殴、两个团队间的争斗来撒气，危险的攻击行为正是通过这种方式（就像服兵役一样）得以抵消的。另一方面，这也孕育了革命的萌芽，年轻的反抗力量逐渐积聚并被组织起来。

至于它们是真的能掀起一场暴动，还是只能做些无效的吵吵嚷嚷，得取决于这些小青年的外交本领，看它们能否与其他帮派结盟，共同对抗上一辈的统治者。

一个野生猴群差不多由 70 只猴子组成，一个青年帮派最多有四五个强手，而族群首领拥有 8 个亲兵护卫，因此，它们总是被打得落花流水。更糟糕的是，帮派内部还经常发生内斗。

但这些印象中要么自由散漫、要么纠缠不休的青年帮派——无论是在野外生存还是动物园猴山上的猴子——会时不时地出于对统治阶层的不满而忘记彼此间的仇恨，握手言和，共同组建起一支比"警队"还要强大的力量，共同反抗压迫它们的团伙。于是，接下来，如本章前面所描述的那样，一场血腥的革命终于在猴子王国中爆发了。

第十四章

坏学生的死刑判决

学习与教育

第一节 人类常犯的错误：以为动物"愚蠢"

史努比是一只娇小可爱的斑海豹幼崽，1975 年 6 月，几个浅滩漫游者在离德国诺德尼岛海滩不远处发现了它。显然，它遭到了母亲的遗弃，正放声哀嚎，就像哭泣的人类孩子一样，十分可怜。于是，北堤动物收养站的饲养员们慈爱地收留了它。

可等它长大一些后，一个大问题凸显出来。在以往的几年里，德国北海沿海四个斑海豹收养站救助了很多遭遗弃的小家伙，可这些动物被重新放归自然后，动物保护者们却再也没见过它们，至多见过个别瘦得皮包骨的小斑海豹尸体。处在渔业资源丰富的海域，它们却饿死了。

饲养员没有想到一点：单靠喂食远远不够。幼年时没有学会捕鱼的斑海豹在成年后根本没有能力维持生命。即使巨大的饥饿和严重的生存恐惧也无法让它们补回错过了的技能学习。德国有句俗话"有需要就有发明"，看来这句话只适用于人，而不适用于动物。

"授人以鱼，不如授人以渔。"于是，北堤动物收养站的工作人员在 1975 年首次开始对斑海豹幼崽开展生存训练。从那时起，史努比要跟人类学习那些本该由自己母亲传授的东西：怎样捕捉鱼类。

而首先进行这方面学习的却是另一种学生——动物收养站的工作人员。要知道，要完美地教会动物幼崽生存本领是一项多么艰巨的任务。

首先，史努比要通过学习知道味美又充饥的鱼是什么。到目前为止，它吃到过的只是糊状物，根本不知道自己的主食应该长什么模样。只有某些动物完全凭本能就知道食物，能从大致轮廓上辨认出来，比如刚出壳的雏鸡就能马上饮水、啄食谷粒，尽管之前谁也没向它们演示过。

于是，等小斑海豹饥饿时，饲养员就将一条死鱼放到它的鼻子前，可小家伙根本就没想去咬上一口。两个饲养员只好一个掰开它的嘴，另一个往它嘴里塞鱼。如此这般，到第3次时，它总算明白过来，见鱼张嘴就咬。

第二课，水下捕猎。现在，饲养员把一条死的大西洋鲱鱼绑在一条长线上扔进人工水池，然后来来回回地拉动。到开学第一天的傍晚，这个小家伙总算开窍了，它紧紧跟在鲱鱼后面，转眼间一口吞下了它。

然而，把史努比放归北海10天后，几名荷兰人在阿莫兰岛附近发现了瘦骨嶙峋、奄奄一息的它。人类尽了最大的努力来教它生存却徒劳无功。那么，他们在哪儿做错了或做得还不够？

斑海豹主要以蝶鱼、鲆、欧洲川鲽和鳚鱼为食，难道捕捉这些鱼比捕捉拴在线上的鲱鱼还难？也许正是如此吧。这么说来，饲养员只需再给他们的斑海豹学员上最后一课：捕食活蝶鱼。

在训练时却出现了意想不到的问题。这些小病人不知道自己该如何吞下一条蝶鱼，它们根本无法把这么宽的猎物塞入口中，而一

　　　　温暖的巢穴：动物们如何经营家庭

口一口地啃咬蝶鱼的尝试也以失败而告终。斑海豹究竟是怎么吞下蝶鱼的呢？这一点连饲养员都不清楚。于是，他们捕捉了一只成年斑海豹，目的就是跟着它上课，拜它为师。

在一个大水池中，这只成年斑海豹公开展示自己的本领。它用牙齿咬住蝶鱼头，然后，以鱼身为纵轴快速旋转，蝶鱼全身的骨头立刻散了架，卷成了我们平常食用的鲱鱼卷模样，这样，斑海豹就能一口吞下蝶鱼了。

可是，怎么可能让人去教一只小斑海豹这一切呢？做动物幼崽的师傅，其难度远远超出我们之前的想象。我们总以为动物"愚蠢"，殊不知这是我们评估动物时犯的大错，而这个错误也是造成无数失败的根本原因，尤其在为人类保护下长大的动物做野外生存准备这方面。

第二节　令人惊讶的教育才能

向北山羊的羊羔传授生活所必需的知识技能，是我们人类绝对做不到的事情。以下的观察结果可以证明这点。谁会想到在山峰背面即阿尔布里斯峰另一侧，一只金雕正在空中盘旋，它可是北山羊羊羔的可怕天敌。而在山的这一边，由母亲指导孩子的高山攀爬课正在进行，师生都专心致志。

从出生的第一天起，小北山羊就必须勤奋学习，以掌握攀爬技术。而母亲则会在课堂上循循善诱地指导，根据孩子的点滴进步将难度从轻而易举的"傻瓜式练习坡度"增加到有摔断脖子危险的"悬崖峭壁"。这种循序渐进的教法展现了北山羊令人佩服的教学能力。

在瑞士上恩嘎丁地区，北山羊总在 5 月初生育，场所就是人类感到寸步难行的高山牧场。在这块远离喧嚣的儿童乐园里，刚出生 1 小时、才学会行走的羊羔就凭着自己的感觉在母亲身后亦步亦趋，它迫不及待地独立行动，导致自己频频被不起眼的石块绊得趔趄，在不平坦的地面上滑倒，弄得自己受伤并因此疼痛。

可过了两三天它就开始明白，只要自己学着母亲的样，而不是擅自盲目行动，所有那些倒霉的意外都可以避免。它并非被母亲强迫，而是主动认识到，最好听从母亲的教导。

对部分年轻人来说，顺从常常会在某种意义上刺激他们敏感的自尊心；他们认为顺从就意味着放弃个性的自由发展，因而断然拒绝这样做。在生存威胁频现的自然界，在这一点上，动物们别无选择。对于过群体生活的动物（包括每个孩子）来说，如果既不顺从母亲也不顺从同龄的游戏玩伴们，那么，它离死亡也就只一步之遥了。而且，那种只以自我为中心的自私行为也根本无法被称作社会行为。在由自然设定的范围内，动物幼崽身上其实保留着足够的进行非个体主义的个性培养空间。

对北山羊母亲来说，孩子愿意跟自己学习就意味着它可以开始教授攀爬课程了，而且还无须担心学生走神因而不够专心致志。一开始，它选了一块堆满了光滑卵石的坡地，一小步一小步地攀爬，孩子的任务就是用自己的四只小蹄子完全踩上母亲的足迹。

在遇到难行的地段时，母亲会将前蹄跨过羊羔肩膀（见相关彩插），这样一来，既可清楚地指出落脚点，又能给羊羔以支持，同时，身体的接触还能让羊羔保持镇定。一天又一天过去了，母羊逐渐提高登山练习的难度，让孩子跟得上自己，又不用顾虑会摔倒。

温暖的巢穴：动物们如何经营家庭

到 14 天大时，小羊就得着手学习应对各种危险的方法，并学会对爬过一处陡峭悬崖的可能性做出"预判"。如今，小羊已偷偷离开老师约 100 米，而且在攀爬陡壁时也越发果敢。当爬到一处"死胡同"时，小羊进退两难，不知如何是好，它内心升起了对坠崖而死的极大恐惧，于是咩咩地哀叫起来。

这时，母羊立刻赶过来。它们之间的这段峭壁，如果让训练有素的人类登山者来攀爬，在敲岩凿壁、绳捆索绑后，最快也得花上半个小时。而母羊仅仅花了数秒钟就迅速赶到了。在来到小羊的身旁后，从教育学角度看，母羊所做的一切非常值得赞赏：它并没有惩罚那个开溜的小家伙，也没有"埋怨责备"它，甚至连一丝不满都没有流露出来。相反，母羊先是慈爱地以身体接触来抚慰吓得浑身颤抖的孩子，以免它因精神恍惚而失足丧生，直到小家伙从惊恐中平静下来，这位母亲才给孩子指出正确的道路，采用的方法就是在前面慢慢行进。

动物们好像仅凭本能就知道迄今仍然被某些中学老师熟视无睹的常识：恐惧是我们所能想到的最坏的老师，它不是促进而是阻碍大脑的运转。

在给孩子授课上，为什么那么多动物父母所采取的方法远比中学里许多有职称的教师更符合教育规律呢？是动物幼崽更聪明吗？回答当然恰恰相反：正因为动物幼崽的智力远不及人类小孩，所以，就算用极其完美的教法来教它们，它们也不过能学会一些简单易学的小事。另外，对于动物幼崽来说，"学业不佳"的惩罚可不是老师写下一个无伤大雅的"不及格"，而是由环境来实施的死亡。

也正因为动物母亲们的智力比不上人类老师们，所以，在它们的行为清单中，就包括了对最理想教育方法的本能式掌握。动物母亲们能比我们人类更有效地传授本领，可它们并不清楚自己在做什么以及这样做的原因。

自然在潜移默化中赋予了每位动物母亲以教育天赋，它们中的每一位与我们人类的母亲并无殊异。自然在无意识中预设了一系列广泛多样的行为方式，使动物母亲们不必接受儿童教育培训就能成为自己孩子最完美的老师。根据慕尼黑马克斯·普朗克精神病学研究所的哈努斯·帕保塞克（Hanus Papousek）教授的研究：从通过做出简单肯定或拒绝的手势表明态度、树立榜样到讲授语言课，每位动物慈母在教自己孩子学"说话"时所采用的教学法都是任何一所学院所采用的教学方法或教学大纲所无法比拟的。而这些本能性能力存在的前提就是孩子一出生母子间便建立起了无可改变的情感纽带。

研究人员认为，只有两样东西会破坏这种天然的母亲教学法的完美。一是仅依赖书本的、教条主义的、戴着有色眼镜看世界的灌输式教育，二是成长过程中的家庭不和。在孩子们的学习过程中，一个和睦、轻松、自在的环境有多么重要——这一点甚至连北山羊母子都已经清楚无误地提示了我们。

上述初级攀爬课程的授课地点就在高山牧场的通道上。当翱翔的金雕越过山脊时，一只站在突起的山岩上担任警戒的老山羊立刻会用鼻腔发出一阵尖锐刺耳的警报，于是，16位北山羊母亲及其身后跟着的每只小羊羔都像触电般地向着牧场中央狂奔。

这时，小山羊马上就领悟到，在空中之敌靠近时，必须采取与对付地面之敌（如狼或人）完全相反的策略。面对后者，北山羊可借

温暖的巢穴：动物们如何经营家庭

助悬崖峭壁保护自己，因为敌害到不了这种地方。但当金雕来袭时，北山羊就必须从绝壁上撤离，逃到比较平坦的地方。否则，这种猛禽就会在攀爬者身边掠过时抓住它的后腿把它掀翻，然后，山羊摔坏的躯干就会被金雕一口一口地吞食。

那么，到了牧场中央后，北山羊又如何保护自己免遭雕的袭击呢？这时，所有的北山羊母亲就会迅速以孩子为中心围成一个圈。在雕来犯时，每只母羊都会以后腿为支点竖起身体，筑起一道高度可达两米的围墙，并将各自的羊角都对准来犯之敌。在 3 次进攻失败后，金雕就会无功而返，只好去别处狩猎旱獭。

小山羊们得救了。这次历险使它们感悟到，只要在母亲的保护范围内，它们就可以免受任何威胁。这使得幼崽们更加信赖母亲，而这也就为学习获得成功打下了更坚实的基础。

第三节　人类智力的进化

英国的青潘猿研究者斯特拉·布鲁尔（Stella Brewer）也就自己的研究做了报告。她选择的任务是给从一次非法国际动物交易中扣留下来的青潘猿幼崽上课，训练为期约 3 年，目的是让它们在被放归塞内加尔热带原始森林后能独立生活。

小青潘猿们第一阶段的学习被安排在一个四周围着篱笆的、安全的露天饲养场。在这儿，它们表现出了出乎意料的迅捷理解力，而且，在接下来的几次自然环境中集体散步的课堂上，它们同样表现得十分出色……直到第一场恐怖情景的出现：与象、蚺、蟒以及一群喧嚷不已的狒狒的一次不期而遇。刚刚还像从前在栅栏内那样无忧无虑地玩耍的小青潘猿们猛然感受到生存的严酷和不确定的危险，这种恐慌感深入骨髓。从那时起，它们就经常神经质地四处窥望、反复细听周围的动静。因此，学习效果开始急剧下降。

很久以来，许多行为研究者就对下列情况惊诧不已：在实验室的智力测试中，青潘猿能完全胜任那些最难的任务，可一回到非洲野外生活，在长达几十年的跟踪观测中，研究人员连一次都没能观察到它们表现出与之前相近的学习成绩。在它们本可展现机智的危险环境中，为什么这些青潘猿偏偏表现出了明显的愚钝呢？

要回答这一问题，得从人类形成与智力发展的源头入手。大自然除了赋予每种动物以维持生命的种种本能外，还给了它们一定程度上的生存所必需的学习能力。对像猿这样的动物来说，后天习得的能力在它们的所有能力中所占的份额相当大。它们的学习能力必须能应对极端条件下的各种需求，例如在恐惧或精神压力过大因而大脑运转效率大幅降低的情况下，应对紧急问题的能力。

在大自然中，动物几乎无一例外地睡眠欠佳。敌害散发的气味、树枝可疑的咔嚓声响、半夜突如其来的倾盆大雨等等，光这些就足以让它们数小时难以入睡。第二天早晨醒来时，若换作我们人类，脑袋就会嗡嗡作响。尽管如此，动物们还是不得不精神抖擞，保持高效。

这就意味着大自然必须再赐给青潘猿一笔可观的脑力盈余，确切地说，就是使它们的大脑在巨大的不利影响下依然能高效运转。这正是实验室里的青潘猿在受到保护、无须担忧任何危险及睡眠良好时能比在野外时学会多得多的东西，并且还是对热带雨林生活毫无意义的东西的原因。

在人类进化的准备阶段中，这些差异得到了明显的扩大。我们知道，纯粹从体力上讲，人类祖先对付猛兽、自我保护的能力远不如青潘猿。他们有的只是软弱无力的肌肉（青潘猿的肌肉强于人类两倍）、没有威胁力的牙齿，没有可用作武器的利爪、没有保护躯体的盔甲，逃跑速度远不及敌害，还不能快速爬树逃命，为了能生存，人类就必须从智力上得到补偿。

正是凭着较高的智力，猿人和早期人类在原始部落周围营造出了相对安全可靠的旷野，因此，恐惧、焦虑、失眠得以减轻。正是从这一刻起，那些一直未得到充分利用的大量脑力盈余就能更好地发挥作用。

这正是生物演化史上一些重大事件发生的原因。人类利用脑力，形成了某些超出基本生存所必需的东西，如现代文明和大规模杀伤性武器，以及其他种种将人类置于万物的对立面从而把人类带到毁灭边缘的想法。

这听上去近乎荒谬，但归根结底，成功地避免恐惧、焦虑、失眠所导致的学习能力下降就是人类智慧及其产物得以形成的原因。

第四节　不体罚行得通吗？

与恐惧在学习过程中所扮演的角色密切相关的是教育中的惩罚问题。关于这一点，动物母亲是怎么处理的呢？让我们来观察一下被公认笨极了的河马。

出生仅 10 天的幼河马"黑面包"怎么也不懂母亲为什么总是发脾气：上岸"休假"时，只要离开母亲的距离超过 3 步——"啪"，它就会挨上母亲大脑袋的一记狠撞，不由得连栽好几个跟头。

黑面包蜷缩起身体，惴惴不安地蹲着，任由摆布。可接下来，母河马这个重达 4.5 吨的庞然大物却又迈着温柔的脚步来到它身旁，张着嘴对着自己的宝贝又是舔舐又是爱抚。

河马母亲总是这样毫无理由地对自己的孩子交替着又打又亲。小家伙这时唯一能明白的一点就是，只要与母亲拉开一点距离就没好结果，只要在母亲身边就会得到百般宠爱。从此，它就时刻紧挨着母亲的前腿，仿佛被粘在了那儿。

两天后，河马母亲和孩子一起去泥浆混浊的（坦桑尼亚）鲁菲吉河中一处偏僻的河段洗澡。它们在水里游了不到 20 米，母亲突然察觉到一条 4 米长的鳄鱼正从水下发动袭击。它猛地滚过孩子，用自己庞大的身躯一下子把鳄鱼压到水下，等鳄鱼再次冒出水面时，母河马张开大嘴像把巨型核桃夹一样砸向它，把它劈成了两半。紧接着，它又温柔地把自己的宝贝衔在刚刚砸死"水怪"的大嘴里，就像把它装进了轮船的小客舱，运送到一个相对安全的地方。这时，黑面包终于明白，如果自己距母亲再远 1 米，那早就会被鳄鱼一口吞下，丢了性命。

但是，河马母亲为什么在教育孩子"挨着自己的脚走"时用粗暴的殴打办法呢？很遗憾，动物母亲没这么高超的语言能力，不能用语言告诉孩子哪些地方处处潜伏着致命危险，因此，它们不得不采用一些比较粗暴的方法，但这些绝不能看作纯粹的"专制"或"暴力"，因为这时爱的因素也在起着关键作用——这一点对我们人类来说也十分重要。

一只满怀好奇的小象走近一条巨蟒，它想知道"这段被拗断的

　　　　　　　　　　温暖的巢穴：动物们如何经营家庭

象鼻"是怎么回事。这时，以往总是包容它的顽皮、特许它额外行动自由的母亲就会用长鼻子在它的屁股上狠狠地抽上一记。可转眼间，象妈妈刚才用来惩罚的"大棒"又会慈爱地把孩子卷到胸前，让孩子吃奶，以示抚慰与和解。

这一切想要说的是：这世界上的坏蛋可不是我——你妈妈，而是那个你刚才想一起玩的那条蛇。母子间的情感纽带绝不能因为粗暴的教育手段而产生裂痕。因为一旦情感纽带破裂，孩子过早地离开母亲，那么，到了荒野，孩子将必死无疑。

更有意思的是，在非自然场合中，动物母亲在同样情景下所采取的态度也变得不自然，对孩子的惩罚会严厉得多。这个结论出自美国西雅图灵长目动物观测站的罗尔夫·卡斯特尔（Rolf Castell）博士和卡罗琳·威尔逊（Carolyn Wilson）所做的实验。他们把几只豚尾猴母亲连同各自的孩子安置在几个宽窄程度不同的房间中，然后等着看会发生什么事情。

3个豚尾猴母亲各带着1个孩子生活在由20个成员组成的家中，拥有一处长宽高分别为9米、9米、4米的宽敞场地。在这种宽敞场地中，豚尾猴们的生活与在野外时的相似，母亲们几乎不惩罚孩子，在这儿出生的幼崽在第32天后就敢离开母亲做首次短途出行。

在第二个实验组中，每对母子只得住在长宽高分别为2.1米、1.1米、1.1米的笼子里。这种情形与现代人类社会中狭小的儿童房相似。在这种窄小场地中，豚尾猴幼崽们变得让人受不了，它们缠磨着母亲又不听话，母亲也因受过度刺激而变得神经质起来，每过几分钟，它们就会惩罚幼猴：母猴不只是生气地瞪着孩子（一般情况这足以让孩子听话），而是上前又咬孩子的脖颈，又将孩子拎着像抹布一样在地上拖来拽去。这一切所造成的结果就是，孩子在出生后第 19 天就试图逃离"家庭魔窟"。

为了进一步探明空间狭小对社会行为的影响是否会在更小的空间里得到强化，第三个实验组里的各对母子分别被关进了长宽高分别只有 0.7 米、0.5 米、0.6 米的"鸟笼"。在这儿，母猴对幼猴的无端惩罚没完没了，仿佛母猴根本就没有母爱本能。因此，那些备受惊吓的小可怜在出生后第 13 天就努力逃离自己的母亲。

到了这里，这些折磨动物的实验是否应该马上停止呢？完全正确。但它们让我们目睹了人类儿童房里可能出现的令人扼腕的状况，指出了生存空间狭小会导致攻击性增强，不断的惩罚式"教育"会破坏母子间的情感纽带。这无疑会启发我们，在做社会住房建设规划时，应该仔细思考空间大小对人类生活的影响。迄今为止，那些不合理的住房设计对孩子无益于社会的行为方式起到了推波助澜的作用。

第五节 动物母亲们专横吗?

在观察野外正常条件下生活的动物时，我们一再惊讶地发现：动物父母在惩罚后紧接着就会迅速而有规律地爱抚孩子，从不耿耿于怀。人类父母却可能一连数小时甚至数天都无法释怀，而这会对家庭凝聚力造成严重伤害。

让我们来仔细看看，母猫是如何教自己刚睁开眼、正蹒跚学步的孩子识别那些必须避开的动物的呢？

在马厩门前，母暹罗猫斯芬克斯的 4 个孩子正在阳光下玩耍。

这时，一个带着一条罗特魏尔犬散步的人朝它们走来。还没等这条大狗发现它们，斯芬克斯就发出呼噜噜的怒吼，同时一个虎跃把目瞪口呆的小猫们推进马厩中央，然后，自己气势汹汹地把守在门前。

小家伙们才8周大，迄今，它们还从未见过母亲对自己发这么大的火，它们胆怯地待在马厩中。只有可爱又淘气的小黑猫菲利克斯没把母亲的吼叫当回事，还想挤出门缝。于是，它结结实实地挨了母亲一巴掌，一个跟头栽回了马厩。

但是，危险一旦过去，斯芬克斯马上就允许宝贝们惬意地吃奶，同时还和蔼地哼哼着。这种爱的证明马上又把母子间的信任重建起来。从此，小猫们学会小心提防所有长得像犬的东西。就是以这种严厉的强制性方式，母猫让小猫们真正弄清楚了哪些是必须躲避的敌害。

只有一直在居民楼里被娇生惯养的宠物猫幼崽从未遇到过类似的危险，因而便不曾受过如此严厉的教训，长大后，它们也天不怕地不怕。然后，它们就会毫无顾忌地踏进威胁生命的险境中，大多数一涉足便丢掉了性命。

的确，甚至被传言愚蠢至极的鸣禽也会实施相似的训诫。1981年春天，我观察到一只赭红尾鸲正在田野的路边给自己的两只只会扑腾翅膀的雏鸟喂食。我带着长焦镜头悄悄地向它们靠近，等待雌鸟下一次给当时离我4米远的小家伙喂食，可惜我的努力只是徒劳。

赭红尾鸲母亲突然低空掠过我的头顶，张开两侧翅膀狂舞着把孩子们卷进路边的沟里，马上把它们置于自己的羽翼之下，然后紧紧盯着我。我只得赶紧往回撤。我敢打赌，这两只小赭红尾鸲从今往后不可能让一个人这么近地靠近自己。

关于动物的幼崽教育，有些受过高等教育的人类教育工作者可能会有疑惑，他们或许会提出这样的问题：动物到底遵不遵循权威教学法呢？

值得庆幸的是，对待幼崽时，成年动物们可不是教条主义者。它们会对孩子实施体罚，但在宽容、耐心及慈爱等方面，它们又远超人们的预期。还有，施教的动物们做出这样那样的选择并非由于专制，而是完全取决于当时的情形，并总是做到对孩子最有利。

在动物中，在两种情况下，体罚被认为是恰当的：当孩子直接面临生命危险而没有时间可供犹豫时和较年长的孩子肆无忌惮地对待弟妹们时。在其他任何情况下，尤其是在传授技能和知识时，动物父母总是采用和风细雨的教学方法，否则，它们的孩子便什么也学不到。这一点，让我们以狮子为例来做一番具体展示。1970年，南非的一家野生动物园中发生了一件不幸的事情。一名看守员疏忽中按动了遥控装置，打开了通往狮山的栅栏门，一头老驴在不经意间慢吞吞地走进了这7只猫科动物之王的家里。所有狮子都来自一个马戏团，迄今为止对食物的认识都停留在加工后的肉块。

对出现在面前的驴，狮子们的第一反应是惊慌、恐惧、逃离！等它们发现这灰不溜秋的家伙并没有什么恶意时，它们便好奇起来，走上前想和它玩一会儿。只是出于纯粹的忌妒，它们不久就开始相互争夺"玩具"，这头驴最终被撕成碎片。

可见，即使狮子首先也得大费周折地学习如何正确地评估对手以及猎取、捕杀、把猎物开膛破肚等种种技巧。不少动物学家在经过研究后一致认为，母狮有强烈的教导欲，而这种欲望的满足所带来的愉快感又刺激着它向幼崽传授各种知识，从悄悄接近猎物、捕杀技巧到最后的"烹调"（比如，如何除去作为美食的大肠中的脏东西），涉及方方面面的细节。狮子们可不会去捕食那些对自己构不成任何危险的鼠类，但是，让斑马用后蹄踢上几脚，让羚羊或水牛拿角顶上那么几下，就足以使小猎手们丧命。因此，幼狮们必须学会如何在避免受伤的情况下达到捕猎的目的。

它们要交的学费可真不低。在南非半沙漠地区卡拉哈里，大约有一半的幼狮为此付出了生命代价，原因就在于这些学徒在与南非豪猪交手时不够机灵。在这个动物难以生存的地区中，南非豪猪是狮子可猎杀的为数不多的动物之一，其防卫手法极为狡猾。当狮子靠近时，南非豪猪会以极快的速度逃离，以此激发狮子的捕猎本能。于是，狮子也全速追击……却也因为这样的快速而走向死亡。

因为南非豪猪在逃跑中会猛然刹住脚步，将身上的硬刺冲着后方，仅仅几分之一秒后，狮子的脑袋就被刺中了。这样的"追尾事故"往往以跟踪追击的猎手死亡而告终，因为这些刺在折断后就留在狮子的面部，这会引起伤口化脓感染，也会妨碍它们进食。

南非乔治亚大学森林学研究所的动物学家兰德尔·L. 伊顿（Randall L. Eaton）博士经研究发现，狮子母亲面临的一项艰巨任务就是教会孩子怎样避免"追尾事故"。在南非豪猪"紧急刹车"的一刹那，母狮并不本能地张口就咬，而是跃过豪猪后闪电般迅速转身，迎面甩出前爪，击毙猎物，接着从下腹处撕开猎物。一半的幼狮为掌握这一技能付出了生命，只有最终留下来的学生完美地掌握了它。可见在动物的技能教学活动中，差生会受到被剥夺生命的惩罚。

在非洲另一些地区，狮子在狩猎羚羊培训中的惊人之处不亚于狩猎南非豪猪时的表现。

一岁半的小狮子已具备了接受更高级集体狩猎大型猛兽培训的条件，两头或更多母狮和各自的一群孩子联手寻找猎物。只要母亲开始蹑手蹑脚地向前潜行，幼狮们就尽量模仿每个动作。一开始，它们的姿态十分笨拙，可这样一来，它们就很快学会了各自拉开距离、布好散兵战线，每头小狮都必须克服困难努力前行，同时又不能让被偷袭的野兽察觉。

这可能需要它们一连数小时保持高度紧张。津巴布韦卡富埃国家公园的负责人诺曼·卡尔（Norman Carr）满怀钦佩地描述了当时的情景：当一头小狮已紧挨目标时，却因一个大意的移动而前功尽弃。这时，跟在受惊奔逃的猎物后面的狮子母亲们立刻直起身子，很快摆脱了失望情绪，并未惩罚犯了错的狮子。是的，母狮们甚至没有表现出一丝不满，而是怀着体谅和耐心开始搜寻新的目标。

这是一项值得注意的教育成就：在追逐猎物时，母狮只能以耐心和坚持不懈来培养幼狮，发怒和惩罚只会适得其反。

不过，在狮子中，狩猎课只安排在猎物丰盛、狮群成员个个饱餐、身心放松之时，饥肠辘辘而导致的急切之情会令施教者成为最最蹩脚的老师。

第六节　权威和公正问题

哪一种教育方式能让孩子对抚养者产生最强烈的亲近感——只有疾言厉色？或只有爱？或两者兼而有之？为了找出答案，美国青少年心理学家艾伦·E. 费希尔在家犬身上做实验，他把一窝 10 周大的狗仔分成 3 组，每组采用不同的"教育方法"。

在 A 组，当小狗在试图靠近并结交他时，他总是给予奖赏：不仅抚摸它们，还给它们喂食。小家伙们可随意舔他的脸，撕扯他的裤腿。无论它们做什么，他均以溺爱来回应。在 B 组，当小狗与实验人员交往时，它们总是遭到粗暴的厌弃，每犯一个小小的过错，都会遭惩挨揍；而这些小狗得到食物的方式也是在它们不在时由实验人员把食物从洞里塞进去。在 C 组，小狗们一会儿得到爱抚，一会儿又会领教失落。一开始，它们得到实验人员亲热的爱抚，可接下来，又会被肆意打骂。刚才，它们还被允许舔实验人员，可几分钟后，同样的行为却招来一顿惩罚。

在进入青少年期后，哪些狗会与抚养人形成最亲近的关系呢？

结果出乎意料：成长中的小狗对主人的喜爱并非源于主人对它们一成不变的爱，也绝对不是出于死板而苛刻的饲养和教育。那些在一会儿挨打、一会儿被亲热的变化无常中长大的狗对主人最忠诚，且忠诚度远超另两组成员。

难道肆意专横、捉摸不透的态度就是促进孩子对养育者好感的最有利因素？

不能如此草率地下结论。因为在这个问题中，有两种因素在同时发挥作用：一方面是动物内心对公正的感受，另一方面是被养育者讨好当权者的意图。

假如教育工作者情绪化地处事，那么，学生就很有可能被诱导去巴结老师、想方设法地讨老师欢心。这一点，可从那些喜怒无常的受敬重者的吸引力以及他周围卑躬屈膝者的情感基础上找到解释。只要稍做观察，我们就能发现，在动物园中的猴山上，小猴子们是如何在一定距离外毕恭毕敬地围坐在至高无上的猴王一旁，以谄媚的目光仰望它的。

只要再长大一些，上述实验中的狗仔就会在内心逐渐形成公正意识。每个养犬者都完全清楚自己的宠物在受到不公正待遇时是如何恼怒与伤心。每只幼畜都情愿忍受一定程度的不公，具体的量在不同个体那里差别很大，原因就在于上文所说的"卑微者的情感基础"。但它仍然有个明确的范围，一旦超出上限，彼此间的情感纽带就会崩断。

同样，每个少年猴子都会因母亲宠爱弟妹而感到自己蒙受了不公。这种失意冷却了它们内心对母亲的爱，使它逐渐摆脱母亲、变得独立。也正是从那时起，信赖被不公破坏而消失，孩子再也不想从母亲处学习什么了。

这就是学习过程中的社会因素。动物只向自己尊敬的榜样学习东西，但每次不公正待遇都会降低它们的学习热情。

这样，教育者就落入了两难境地：要么任由威望下降，要么不得不推行令教育对象失望、让它感到不公的独断专行。这着实令人进退维谷。

这是动物教学活动中的基本事实。当我用这样的眼光去观察我的 4 个孩子的几位老师的教育行为时，我发现了一个有趣的现象：带着反权威精神走出高校的老师们在小学一年级的班级里采用前述幼犬 A 组中一味宽容和蔼的教学方法，结果没过多久，孩子们就根本不把老师放在眼里，说什么也不肯好好学习了。看到班级情况变得如此糟糕，老师的态度来了个 180 度大转弯，开始采用幼犬 B 组中过于严厉又往往惩罚不当的教学方法，而他这么做仅仅是为了捍卫自己作为教师的权威……而这样做的结果是，孩子们仍然不好好学习！

如果纯粹从理性的立场出发，幼儿教育难题似乎让老师和家长几乎束手无策。幸亏我们还有一根值得信赖的指南针——对孩子真情实意的爱。一方面，爱可使家长完全凭本能正确处理许多事情；另一方面，它也让家长不会因开始时犯点错误而忧虑不安。只要孩子们感到自己被暖暖的爱所包围，他们就会原谅一切。这一点同样适用于任课老师，只要学生真切地感受到老师那颗甘愿为他们付出的心。

第七节　人类教授为鸟担任飞行教师

如果有人能深入动物的生活中，并承担起为动物幼崽传授一些并非轻而易举便能掌握的技能，那么，对教学中的上述尴尬局面，就会有更切身的体会和认识。关于这个话题，诺贝尔奖获得者康拉德·洛伦茨教授讲述了下列趣事。在阿尔卑斯山的一处偏僻山谷中，洛伦茨教授以一种特别方式承担了好几窝灰雁雏鸟的养育工作。从雏鸟破壳那一刻起，他的几位女助手就分别扮演了一窝灰雁雏鸟的母亲角色，而教授则是整个灰雁族群高高在上的元首。

雏鸟的羽翼渐丰，在缺少真正父母的情况下，教授不得不接过教它们飞行的艰巨任务。可是，曾像伊卡洛斯*那样惨遭飞行失败的人类又该怎样圆满完成这一重任呢？

---

* 　在希腊神话中，伊卡洛斯是巧匠代达罗斯之子。他与父双双用蜡翼粘身，飞离克里特岛。伊卡洛斯因飞得太高，蜡被阳光熔化，坠落爱琴海而死。——译者注

其实，没有一只鸟真正需要从零开始学习飞行，它们天生就掌握各式常规的飞行动作。例如：在平生的首飞中，一只楼燕雏鸟只是在最初的二三十米的飞行中缺乏把握，随后，它就能熟稔地掌握所有的飞行方式。从此，它便再也没有飞回鸟巢，回到自己父母身边。

　　唯一的例外是着陆，这是整个飞行中最最困难的环节，相信每位飞行员都会赞同这一点。正确估计距离、速度、高度、风情（风向与风力）等方方面面的情况，是每一只鸟都必须努力掌握的。而这时，年幼的灰雁就需要父母帮助，否则，便会发生"硬着陆"事故。

　　真正的灰雁父母是这么做的：在草地上享用过一顿丰盛大餐后，它们先发出 6 个音节的鸣声"嘎嘎嘎嘎嘎嘎"，意思是"全体慢速摇摆前进"；接下来，是 5 个音节的"嘎嘎嘎嘎嘎"，意思是"转为轻快的行军速度"；紧接着，又减少了 1 个音节，意为"继续加速"；片刻后，只剩下了 3 个音节，意思是"以最快速度行进，注意，我们即将起飞"；最后，灰雁父母只发出两个音节的"嘎嘎"，这是起飞的信号"紧跟着我们！"。于是，转眼间，全家飞向了空中。

　　因为洛伦茨教授能把灰雁的嘎嘎语言模仿得惟妙惟肖，所以起飞环节不成问题。年幼的灰雁都飞上了天，尽管它们的人类"代父"只能留在地面上。

　　可现在的问题是：怎么降落呢？灰雁父母十分清楚，它们只能逆风着陆，否则，它们就会在向地面滑翔时失去平衡。过了一阵子，毫无飞行经验的小灰雁们姿态不稳，从一边倒向另一边，还发出痛苦的啼哭声，这表明它们开始害怕了。

　　　　　　　　　　　　　温暖的巢穴：动物们如何经营家庭

这位动物行为学大师是这么解决问题的：他发出呼叫，让所有在牧场上方盘旋的小灰雁都飞向自己，就在整群灰雁迎风飞行的一刹那间，他一下子趴向地面，灰雁们一下就理解了这形象的肢体语言，它们终于安然无恙地着陆了。

可是，有一天，当他再次给一窝 9 只雏鸟上第一堂飞行课时，教授抑制不住自己的实验冲动，他在整群灰雁顺风飞行的那一刻趴到地上，乖巧听话的小灰雁纷纷降落……所有的小鸟纷纷以可怕的"硬着陆"形式一头栽倒在地，接着又相互"撞车"。

尽管谁都没有受伤，但小灰雁们一连数周都不再信任教授的授课本领，尤其是不听他的着陆指示。

从这些实验中，我们不仅了解到灰雁父母如何教自己的孩子飞行，而且还发现动物幼崽极易反叛一位老师，只要这位老师在它们面前犯一次错误。

一方面，动物只愿意向自己眼中的权威学习；另一方面，一旦施教者威信丧失，它们的学习意愿便也随之立刻消亡。因此，从这一点上看，学生的学习意愿与其是否自愿认可学习对象的权威具有正相关性。

这种权威完全不同于人们通常认为的权威形象：一个手持教鞭、不时拿考试成绩作威胁，还采取其他高压措施强迫学生学习的旧式老师。对于人类的孩子以及那些被早已过时的鞭打驯兽法训练出来的马戏团动物，或许这种具有讽刺性的权威在命运的安排下还能大获成功；但在动物之间，如果采取这样的教育方式，那就不仅传授不了一星半点的教学内容，还会迫使幼崽们提前断奶并逃出家门。

第八节　未学得谋生技能者沦为同类相残的凶手

北极夏天的午夜，太阳低低地悬在地平线上方。阳光下，一头幼海象正躺在浮冰上取暖。这时，一头髭须直竖的成年海象钻出水面，出现在幼海象眼前。那只大海象呼噜呼噜喘着粗气，两根 75 厘米长的獠牙牢牢地钩住冰沿，然后，它像撑在破冰斧上那样，把自己一下抬了起来。小海象一点也不害怕，它可清楚着呢，所有长成海象模样的东西都是它的好朋友，没错，甚至每头海象都会为了保护它而抵抗北极熊的攻击。

大块头蹦跳着向幼海象靠近。突然，它用自己肥硕的肚子碾压幼海象，幼崽还没来得及呼救就被它压死在两个前爪之间。然后，它用两根獠牙剖开幼崽肚子，吃掉它皮下的脂肪！海象素来和睦相处的群体中出了个杀手，一个同类相食者！

丹麦极地考察人员阿尔温·佩德森（Alwin Pedersen）教授估计：在 1 000 头乐于助人、关心群体的海象中，会出现一个凶残的离群索居者——强盗海象。在这些彼此友好的动物中，有时会出现这样一个另类，做出如同人类中的罪犯的行为。我们又该如何解释这种现象呢？

在此，让我对这种事情发生的根本原因做个说明：正是那些在学龄期没能从自己母亲处学到任何东西的动物最终成为强盗和凶手。鉴于此事意义深远，我必须把故事的来龙去脉交代清楚。

海象母亲照料幼崽需约两年，这并非偶然，而是因为"社会学"和"餐桌规矩"课程就需要花这么长时间。海象青睐的食物，贝类、海螺及虾蟹等甲壳纲动物连人类食用起来都会觉得极为麻烦——如果谁试过徒手掰活牡蛎,他就知道我的意思了。我们再设想一下,海象这样的大家伙不长手,只有鳍及鳍上粗笨的爪子,它们居然不会因此饿死,简直令人难以置信。

再者,这重达 1~1.5 吨的庞然大物必须每天进食贝肉 100 千克,相当于大约 1 万只星形海胆或 800 只更大的海洋无脊椎动物。对这些动物,海象要靠自己的鳍状前肢仔细地翻弄,才能不让自己误吞哪怕一片贝壳。

它们究竟是如何工作的? 1980 年,加拿大研究人员弗雷德·布吕默(Fred Bruemmer)博士发现了答案。当时,他正与这种动物一起游弋在北冰洋底,因而得以仔细观察海象的进餐过程。

就像气球一般,这群巨兽仿佛失去了重量,它们几乎贴在海床上,同时,它们用长达 10 厘米的"髭须"刷洗着海底,凭着髭须的触觉确定贝壳礁的位置。然后,利用长牙(雌雄海象都有)在贝壳层上犁出一道 3 米长的裂沟。

它们把凿落下来的贝类夹在两只前爪中间,上浮几米,然后对夹在"手"中的捕捞成果像搅拌器似的又擦又搓。这项工作要求特别的技巧,因为既要把贝壳夹碎,使贝肉脱落,又不能把肉和壳挤压成一团糨糊。之后,这些美食家就让手中的产品在水中自行下沉,外壳沉得快,柔滑的贝肉则慢许多。就这样,它们"取其精华,去其糟粕",把美味的贝肉打捞进了自己的口中。

完美地完成这一切需要极高的"动手能力"。对于幼崽来说,这意味着两年的强化学习。在出生后的最初一年半中,海象幼崽需要母乳喂养,在它能自食其力前的最后半年,它还得上母亲的"餐桌"吃饭。

可是，有时会发生意想不到的事。如果海象母亲在幼崽学业结束前丧生，被逆戟鲸、虎鲸吞下，或在一场风暴中撞礁而亡，从此，这个孤儿就不会再有母亲或其他老师。

并非海象的非群居性或生性冷漠使它从此孤单无依。我们早就描述过海象们从北极熊的口中救下自己团队成员的壮举，对它们运送和护理伤员所采取的种种行动都有所了解。只是巨大的困难阻止了孤儿被收养，因为没有一位海象母亲能做到同时抚养两个孩子。对于没有孩子的成年海象来说，照料孩子也意味着极其巨大的负担和牺牲，所以只有母爱冲动得到激发时，它们才甘于接受这种牺牲。

这样，一个海象孤儿就无从学习如何食用贝类，也无法无师自通地自行掌握这种本领。那它就只得另辟蹊径，以其他无须"学校传授"的方式来糊口。

一开始，它只好吃腐尸，接着，它试图捕捞鱼类，有时还捕捉一些比自己体形小很多的海豹，当它们毫无防备地靠近自己身边时，海象就会亮出一对长牙，那不是像它的同类那样用作耕贝壳层的犁，而是抽出了两把致命的匕首。未完成谋生技能培训的海象孤儿只能靠捡垃圾和掠夺维持生活。

别的海象不与它们争夺这些食物，极有可能是因为贝肉的味道要鲜美得多。再者，北极水域中的腐尸很少，根本不足以维持海象的生命。

还有，在寻找腐尸时，海象孤儿不得不离开群体，成为离群索居者，因而也就再没有机会通过与同类的交往学会海象的社会行为方式。相反，孤立于群体外的生活将它转化成了自己同类的敌害。从杀死异类海豹到残杀自己同类的孩子只需要迈出一小步。这种行

　　　　　温暖的巢穴：动物们如何经营家庭

为到底是出于饥饿还是出于"对这个集体的憎恨"，我们暂且不予讨论，不管怎样，再也没有什么顾忌来遏制它向比自己弱小的同类下手。

这也表明，孩子究竟是成为对自己与朋友所在的集体有益的一员，还是堕落为害群之马甚至反社会的异类，区别仅仅在于是否有位好母亲伴随左右。

第九节　和平的根源：亲子之爱

假如对动物界进行全面考察，我们就可以证明，较高程度的社会行为对于外部的干扰和剧变都极其缺乏抵抗力。所谓较高程度的社会行为就是超越了交配双方及亲子间短暂关系的非近亲间的社会行为。

我们可认识到，故障产生的根源来自两个不同方面。首先，有较高程度社会行为的动物在动物界只是极少数。本书中关于组织复杂的动物社会的大量描述可能掩盖了这一事实。

除了少数几种昆虫如白蚁、蚂蚁及蜜蜂，其余 70 万种昆虫都过着离群索居的利己生活。在数十万种低等动物如海绵、软体和棘皮动物中，也难以发现哪怕只是最初级的相互联系。在鱼类中，建立在个体自我控制基础上的群体及幼鱼哺育者都是例外，两栖动物和爬行动物也跟鱼类没有太大差别。只有在相当少的鸟类和哺乳动物中，个体的社会行为才达到了一个较高水平。

这就需要个体采取一些异常艰难的行为模式来克服自己的利己本性，从而使一个社会性生存系统得以建立在互相帮助的社会基础之上。最终，这样的生存系统将比那种纯粹以自我为中心的离群索居的生活方式为个体带来更多的利益。

这些异常艰难的行为模式对形形色色的干扰极其缺乏抵抗力。只要稍有一点微不足道的变故，那些远古时期自私自利、野蛮不堪的行为方式就又会在瞬间爆发，直至出现同类相食。对相关的社会群体而言，这无异于一场灾难，因为让一个已经适应了集体生活的动物种类向着野蛮残暴、离群索居倒退就意味着灭亡。

正因人类社会形成了世界上最复杂的群体生活形式，我们才应该时刻意识到，把一切包裹、维持在一起的那层薄纱是多么脆弱易碎。

破坏集体生活的因素很多很多。在本书中，我已经尽可能将在动物和人类幼童期形成的破坏性因素一一列举出来。

在这些方面犯下的每一个错误、对自然天性的每一次违背和轻微的伤害都会使人类社会出现种种衰亡征兆，其非理性后果将无法完全以理性的方式得到控制。

我希望本书可帮助大家熟悉那些作用于我们的潜意识与心灵的本能力量。这样，我们就能更好地理解大自然中种种既有益处也会带来风险的力量，并使之为我们服务。

归根到底，人类**亲善**、世界**和平**的**根源**就在于**亲子之爱**，就在于**家庭温暖**。

温暖的巢穴：动物们如何经营家庭

家庭和睦与社会和平的亲情之根
——《温暖的巢穴：动物们如何经营家庭》导读

赵芊里

（浙江大学 社会学系 人类学研究所，浙江杭州 310058）

　　本书是作者德浩谢尔本人最看重的书（笔者到他在德国汉堡的家中拜访时，他曾说本书是自己一生所著的几十本书中最重要的著作）。对本书，作者为何如此看重呢？原来，在这本书中，作者从动物社会学、动物心理学、动物教育学等角度深入探讨了动物们"齐家治国"（构建亲和家庭与和谐社群，实现家内与群内和平）之道，并认为非人动物谋求和谐与和平的道理和方法可给人类相应活动提供有效借鉴。那么，在本书中，作者到底讲了哪些动物的治理之道与教育之法，人类又能从中学到什么呢？为方便读者，尤其是对相关社会问题有探究兴趣的人了解本书的主要内容，笔者将对作者在本书中所讨论的主要问题及他的主要观点做一个较全面而简要的梳理和评介。*

---

*　本文中的引文和例子除另有说明的之外均引自中信出版集团出版的《温暖的巢穴：动物们如何经营家庭》一书的相关章节。为表述简洁，引用时略有删改。——主编注

一、母爱本能的激发及其关键期：催产素等激素、分娩后几小时到几天

本能得以从潜能转化为现实是需要一定条件的。关于动物的母爱本能，作者写道："**正是新生儿的急声呼叫唤醒了**母亲身上那种此前从未被感觉到过的、如今却要付诸实践的**母爱意识**……建立牢固的**母子情**的**关键时刻**就在**分娩时分**。如果把一匹牝马、一头母牛、一只山羊或绵羊和刚娩下的幼崽立即分开一至两个小时，那么，母畜们将再也不能产生母爱之情……如果分娩后的最初 4 天里，这位哺乳动物母亲一直把幼崽亲密地带在身边，给它喂奶、舔舐、清洁它的身体，给它保暖，这样，母亲**对孩子的照料欲**就会**充分觉醒**。"由此可见，至少对哺乳动物来说，**母爱本能的唤醒**是有时间限制和行为条件的，那就是在**分娩后几小时**这一**关键期**内，**母子间必须有亲密身体接触**；否则，母爱本能就不可能被唤醒。在被唤醒后，**母爱本能的充分觉醒**还有另一个时间和行为条件，即在**分娩后的最初几天内**，母子一直**亲密相处**，母亲能**尽心照料孩子**；否则，母爱本能即使已被唤醒，其觉醒程度也不会高，其存续时间也可能不会长。

母爱本能的唤醒为什么会有一个关键期呢？这个关键期为什么会是母亲分娩（前）后的一小段时间呢？综合克洛普弗等人的研究成果，要而言之，**母爱本能**是预编并预存在**下丘脑**中的一种类似于基因的**行为程序**。**激发母爱本能**的有**三种激素**：**孕酮、催乳素和催产素**。其中，**孕酮促使雌性孵蛋**或**护胎**，**催乳素促使乳腺泌乳**，**催产素促使雌性宫缩与分娩、排乳与哺乳**并**促使母子及夫妻或情侣产生依恋与爱护之情**及相应行为（因而，**催产素亦称"爱激素"**）。在上

　　　　　　　　　温暖的巢穴：动物们如何经营家庭

述三种激素中，对孩子出生后（爱幼护幼意义上的）狭义母爱本能与行为及母子亲情影响最大的是雌性在**分娩时**才会**大量产生**的**催产素**，没有足够浓度的催产素，就不可能真正激活狭义的母爱本能。**催产素**在非分娩时间也会产生，而且雌雄两性都会产生，但只有在**分娩前后的几小时到几十个小时内**（或在亲密和谐的性爱活动中及前后短时间内）**雌性才会大量分泌催产素**。因此，在分娩后雌性还能**大量产生催产素**的短暂**关键期**内，若**母子分离**，那么即使后来母子相聚，（狭义的）**母爱本能**也会因缺乏足够浓度的催产素而**无法真正被激活**，因而持久乃至持续终身的**母子情感纽带**就无从建立。动物母亲就无法在现实生活中表现出母爱行为，幼崽也就无法得到母亲基于母爱本能的不计回报的悉心照料。

　　人类的母爱本能激活机制和关键时段及基本功能是与其他哺乳动物基本一致的。

二、印记效应与母子情感纽带的建立

2.1 母亲印记敏感期与母子情感纽带

　　动物行为学主要创始人洛伦茨发现，在**刚出生后**的一个短时间内，许多动物幼崽会**将**当时出现在自己**身边**的**活动之物认作母亲**并**依附**或**随行**；而且，它们还会终身维持这一母亲认定，并在性成熟后将与自己认定的母亲相似的事物当作性对象来追求。这就是印记或**印随**（产生铭刻性印象并跟随）**效应**。如作者所述："在分娩后的最初几分钟里……哺乳动物幼崽……粗略辨认母亲的模式：**跟着活动的大个子走**，向它乞求奶水和母爱。"由于印记效应，如果刚出生就与生母分离，动物幼崽就会将任何当时在自己身边的活动之物（如其他动物，乃至会活动的人造之物，如车子）认作母亲，从而养成终身难改的习惯。

母子情感纽带的建立需要一定**条件**："在分娩后的最初几分钟里，母兽会把幼崽的胎膜舔干净……母兽对孩子**体味**的**嗅闻**成了母子情感纽带得以建立的中介。"在产后还能大量分泌催产素的关键期内，母亲需有机会与孩子亲密接触、使自己能认出自己的孩子从而使刚被催产素激活的母爱有正确的施与对象，孩子则需有时间对母亲产生印记并随之接受母亲的悉心照护。总之，对哺乳动物来说，只有在**母爱本能能被**大量**催产素激活的短暂关键期**内、在母子能（凭体味等）确认对方且有足够时间**亲密接触**的情况下，彼此间才能顺利建立**母子情感纽带**，从而确保母子关系亲密和孩子健康成长。

哺乳动物的母亲印记形成期较长且可替换。这使幼崽能接受新的母亲（如养母）或改正原先错误的母亲印记，从而重建母子情感纽带，形成新的母子关系。

2.2 性伴侣印记敏感期

洛伦茨的实验表明：幼雏会对哺育者产生性伴侣印记与母亲印记。其中，首先产生的是性伴侣印记。在幼年极早阶段，幼雏会终生**铭记**：自己将来的**性伴侣**的样子就是幼时给自己**喂食者**的**样子**。在性伴侣印记敏感期过去一小段时间后，幼雏才开始进入母亲印记敏感期。

温暖的集穴：动物们如何经营家庭

2.3 动物驯养与人类收养敏感期

父母印记只能在敏感期内形成。过了敏感期，动物个体就不可能再产生父母印记并与之建立起亲子或类似的情感纽带。这一特性也决定着动物驯养与人类收养的成功与否。

为防止被驯养动物对人产生母亲和性伴侣印记，当其出生之初，应让其先与同类接触，稍后才能让其与人类接触。关于狗类的驯养，作者说："狗是'独来独往'还是与主人'休戚与共'……取决于它在**驯化敏感期**（出生后**第 4 到 7 周**）与人的关系如何。"在人类中，被收养者与养父母之间同样存在着父母印记敏感期。收养者通常会选择年幼的孩子来收养。因为年龄尚处于父母印记敏感期的孩子容易与养父母建立亲子情感纽带，从而为成功收养打下良好情感基础。而年龄已较大的孩子已认识亲生父母并已与之建立起了亲子情，这种已然存在的亲子情及父母印记敏感期的过期使得孩子很难再与他人建立亲子情感纽带，从而很难被成功收养。

三、无可替代的母子亲情是孩子心理健康的基本保证

美国威斯康星大学灵长目动物实验室的哈洛夫妇曾做过用标准化的机械设备来养育猕猴的"**开除母亲**"实验。"在猕猴母亲分娩后，幼崽就直接被饲养员抱走。每只幼崽被单独安置在整齐划一而简陋的笼中，从此，它们再也见不到亲生母亲，而由饲养员用奶瓶喂养长大。"充足的食物供应和及时的疾病防治使得人工养育的幼猴甚至比留在母猴身边的长得更好，因此，哈洛夫妇认为：由母亲来养育孩子的做法"已过时了！"。然而，不久，幼猴们就表现出了异常：

它们"有的坐在笼子里发呆，有的沿着笼壁机械地打转，有的用前臂抱着脑袋、一连数小时来来回回地晃个不停。……有人靠近……就会刺激起它们的自我攻击"。这表明：它们出现了心理和行为障碍。当哈洛夫妇将已性成熟的雌雄猕猴集中关养以便借性爱治疗它们的心理和行为障碍时，他们却发现："所有猕猴无一例外地都丧失了交配能力。现场并没有出现亲昵的性爱情景，只有一场场你死我活的撕咬搏斗。"至此，哈洛夫妇承认：养育后代"完全没有母亲行不通"。他们转而开始用人工制作的**母亲模型**（装有奶瓶奶嘴的"**铁丝母亲**"和外包绒布的"**绒布母亲**"）来做代替母亲的育儿实验。"一进入……笼中，幼猴们就毫不犹豫地扑到'绒布母亲'身上，紧紧地搂住它，一连几小时都不肯松开。直到饥饿难耐，它们才攀上'铁丝母亲'，就着奶嘴匆忙吸几口奶后，又马上……窜回……'绒布母亲'身上。之后，实验人员把两个模型……并排紧挨着……幼猴饥饿时，双腿仍夹在'绒布母亲'身上，只是把脑袋偏向一侧去凑近奶嘴。"实验表明：只有**身体接触**等形式的**亲密交往**才能**带来安全感**。在有着无限耐心、永不发火、从不拒绝也不会打骂的"绒布母亲"陪伴下，幼猴的身心发育似乎比母猴亲养时更好。受哈洛实验启发，美国电器业甚至生产出了全自动婴儿床。基于上述结果，哈洛夫妇宣称：在孩子养育上，人造母亲比亲生母亲更成功；自动养育设备可取代亲生母亲。然而，当猕猴性成熟时，此前隐匿着的问题显现出来了："当被放到集体圈养的笼中时，它们所表现出来的合群性缺乏、攻击性过度和性变态等丝毫不亚于那些曾被单独隔离、没有'绒布母亲'陪伴的幼猴……尽管前者也没有对自己的同种异性产生爱慕，但它们却爱那个布偶，即替代母亲！……所有在无生母陪伴的情况下度过幼儿时代的猕猴都一样地爱咬同伴……一样地性欲反常，甚至一样地性无能。"实验证明："没有亲生母亲的**爱**，那么，**人工培育出来的只会是一个个**……在无理性的恐惧与攻击中无法自拔的、威胁着正常社会的**精神怪胎**。"当人工养育的雌猴经人工授精怀孕生崽后，更多问题显现了出来："它听任幼崽躺在一边，不予理会，更别说要给孩子哺乳。当小家伙好不容易抱住它时，这个母亲要么愤怒地一把扯下孩子并把它扔向角落，要么拿它当抹布一样地用来擦地板。**母猴自己就在缺乏爱的环境中长大，因而也就不具备能力给孩子以自己曾无比渴望的爱。**……从小失去母亲的母猴对孩子内心世界所造成的严重破坏远甚于任何形式的母亲模型。"这一实验结果使得秉持实事求是科学精神的哈洛夫妇公开承认：**排除亲生母亲的人工养育是不可行的**，并转而赞同**自然的母子情感纽带是孩子心理发展的必要前提**。

一些动物园曾对猿类（如荷兰阿纳姆动物园对青潘猿）实施的人工养育也出现了与上述实验同样的结果：**分娩后母子隔离、人工养育的猿同样会出现情感冲突、性无能、社交无能、母爱缺乏、母子情感冷漠**等心理疾病与社会行为障碍。

美国心理医生考夫曼教授等人关于失母抑郁症的实验表明：**母爱是孩子心理健康的基本保证。母爱需要是一种独立于饮食的心理需要。**动物个体尤其是未成年者若要保持充分**心理健康**就需要有**母爱、父爱、同胞情及友情**滋养。在这些亲友之情中，任何一种都无法完全被另一种取代，其中，**母爱**更是**无可替代**。

四、出生后关键期人类母子分离的危害及其预防

20 世纪 50—70 年代，西方国家的产科医院曾相当普遍地实行过**分娩后**立即将**母子隔离**的做法：新生儿出生后就被安置在婴儿室，"（每天）母亲也只有 5 到 6 次机会给孩子喂奶，每次仅仅 20 分钟"。除喂奶时间外，"新生儿和若干襁褓中的婴儿一起躺在所谓的'哭闹病房'里，没人理睬这些处于极度困境中的孩子。……他……孤零零地躺在小床上，耳边充斥的净是同病相怜者惊恐不安的啼哭……于是，他也开始哭闹，直到筋疲力尽，昏睡过去。可醒来时，这种恐惧依旧笼罩着他。"就这样，"在**分娩后关键阶段**的大多数时间里，**母亲和孩子**总是被**分离**，母子身体的直接接触的机会更是寥寥无几，而这将**阻碍母子间情感凝聚力**的充分发展"。作者认为：出生后母子分离"虽不会直接导致虐童，但至少已播下缺乏母亲关爱的种子，而**家庭温暖的缺失**将会**严重阻碍儿童社会行为的**发展，削弱其与家庭成员和周围人建立友谊的能力，由此**危害家庭关系**，继而发展为超常的**代际冲突**，并使他们逐步**走向暴力**、刑事犯罪，直至**恐怖行为**"。作者指出：对孩子**冷酷无情**将播下"**反叛的种子**"，并埋下**不和的种子**。那些实行母子隔离且实际上虐童的产科医院将成批地制造出心理扭曲的"**怪物**"，社会终将受到更加无情的报复：他们日后层出不穷的暴力反社会行为将汇聚成严重威胁社会秩序、和平与安全的毁灭性狂涛巨浪！

出生后关键期**母（父）子分离**的另一种危害是：**孩子易受母（父）亲虐待**。调查表明："绝大多数虐待儿童罪的实施者其实是那些未能与孩子建立起情感纽带的亲生父母。"

人际交往的前提是彼此有基本信任。个体对同类最原初的基本信任是在出生之初与母亲建立起来的。由此，若出生后即与母亲分离，一个人就无法对母亲建立最原初的基本信任，进而无法建立对其他人的基本信任，从而无法与他人交往。由此，**出生后母子分离**的另一种**危害**是：使人**丧失人际交往的信任基础和起码能力**。

在搞清出生后母子分离的危害后，人们自然就懂得如何去预防，那就是：抛弃违反自然也违反科学的倡导母子分离的教条，**恢复**自然演化出来的**母亲**（及其他亲友）**与孩子亲密的接触方式，提倡**在分娩后几天到几周的**关键期内母子尽可能全天相伴**（从而尽可能及时、充分地激发母爱本能，建立并巩固母子亲情）的科学做法！

五、幼时缺乏母爱给人和所在社会带来的危害及其补救办法

前面讨论了婴儿在刚出生及其后短期内若与母亲分离、得不到母爱会导致什么危害，但同样的问题在幼儿与童年阶段仍然存在，因而有必要继续讨论。

"如果动物幼年成长时期缺乏母爱，那么，它们的精神世界中会出现的混乱"是什么呢？哈洛夫妇所做的一系列实验为这一问题找到了答案：幼猴一出生就被带离母猴，但后来会被送回母亲身边。A、B、C三组的幼猴分别在3、6、12个月后回到母猴身边。A组幼猴再次见到母猴时，起初惊恐不安，因为觉得母亲陌生；但接下来，它们给予了母亲充分信任。母猴的爱使幼猴未出现任何心理障碍；最终，它们成功地融入了群体。B组幼猴回到母猴身边时已出现严重心理创伤。它们惊恐不安，拒绝母亲善意的接触尝试，回避同龄

伙伴正常的游戏邀请。它们选择了游离于群体外的生活方式，9个月后它们突然变得狂躁并富于攻击性。它们的发泄对象是比自己更幼弱的幼猴。这些独来独往、性格乖戾的家伙如今变成了一座座可怕的、充满仇恨的火山。这种发展倾向在C组幼猴身上表现得更严重。它们惶惶不可终日，这种状态持续长达1年。紧接着的极端转变也更强烈，它们对待任何同类都盛气凌人，直至发展到沉溺于残害同类。这些心灵扭曲的猴子不仅会袭击幼猴，还会对母亲、其他成年猴，甚至对体形占绝对优势的首领也发起攻击。它们恃强凌弱，突袭并谋害强于自己的同类；但在一次次攻击间歇中，它们又总会因害怕而瑟瑟发抖。这些可怜的猕猴**无法协调内心的情感**，失去了害怕与攻击之间的平衡，于是便不断从一个极端跳向另一个极端，整个内心世界四分五裂、混乱无序。在这一实验中，我们看到：幼时与母亲分离、**得不到母爱**的日子越长，个体的**安全感**及**情感协调能力**就越弱，长大后其**情感失调性**和**暴力攻击性**也就越强。

情感失调与暴力攻击在幼时缺乏母爱的人身上也很常见。英国心理学家鲍尔比教授经对儿童福利院中的孩子的长期调查研究发现：被调查者"在后来的生活中都经历过**盛怒与恐惧情感的强烈振荡**"，他们**不爱**也**不追求任何人**。在对由非生母养大的儿童做深入研究后，德国心理学家梅韦斯详细列出了他们因**缺乏母爱**而产生的部分精神症状：1. 普遍以尖锐言辞或激烈态度**否定他人观点**，这种否定达到抗拒甚至公然攻击的程度。2. 感到自己受亏待，苛求外界，沾染**侵犯他人财产**、丧失良知等恶习。3. 缺乏耐心和持久力。4. 容易心灰意冷，靠酒精和毒品来麻醉自己。5. **没有能力爱他人**。梅韦斯将无爱成长方式的牺牲品称为"被毁掉的一代"。巴西大城市中数百万"无人管教的野孩子"就是其中的典型:"他们自出生就得不到父母关爱,在世上最悲惨的贫民窟中长大,在与老鼠、垃圾为伍的肮脏环境中忍饥挨饿、艰难度日,遭人毒打和虐待也是家常便饭。……他们以盗窃和街头抢夺为生。这群少年犯罪手段特别凶残,甚至连参与凶杀都无所畏惧。因为对他们而言,再没有什么可失去了,就连自己的生命也照样一文不值。他们的脸上清楚地写着'我憎恨所有比我过得好的人'。"由此可见,**若无母爱滋养,人会变得多么凶残**!对上述研究成果,作者总结道:"一个人在儿时感觉自己得到的爱越少,他长大后上述(情感失调)症状也就发展并表现得越厉害,并最终可能会恶化到实施刑事犯罪、自杀甚至成为恐怖分子的程度。"可见母爱对子女心理健康的重要性!按照笔者的理解:就像身体需要有粮食提供物质营养才能维持身体健康一样,心灵也需要有精神食粮提供精神营养才能维持心理健康;而亲情与友情就是社会动物维持**心理健康**的基本精神食粮,**母爱则是其中必不可少的精神主食**!

美国哈佛大学格卢克教授主持过一项由 37 名专家实施的持续 40 年(1925—1964)的犯罪心理学跟踪调查研究。关于儿时缺乏母爱所导致的恶果,该研究的发现可让我们有更深入的认识。在对狱中 500 名年轻犯人做调查后,研究者发现:其中,"72.5% 受过严苛或情绪无常的父亲惩罚,83.2% 缺少母亲照管,75.9% 被父亲漠视或敌视,86.2% 被母亲漠视或敌视,96.9% 在缺乏相互关怀……的家庭中长大"。除犯人外,研究者还访问调查了多个国家多所学校刚入学的 6 岁儿童,并每隔 10 年和 15 年对他们在此期间发生的一切变化进行核查。基于调查结果,在将问题限定为人是否会**因本能控制缺陷而犯罪**的情况下,研究者得出结论:**暴力犯罪**与儿时**母爱缺乏**存在**正**

相关性。更具体地说，**儿时缺乏母爱会导致一个人无力控制攻击本能因而会做出伤害他人的暴力犯罪行为**。调查还证实了，无论家庭经济、受教育程度、宗教信仰及性别因素都对上述预测的准确性没有任何影响。有必要补充的是，在缺乏母爱的情况下，若有父爱作补偿，那么，一个人因母爱缺乏而导致的情感失调问题和暴力攻击倾向就可得到抑制，从而在一定程度上避免暴力犯罪。不过，因为父爱本能在演化史上比母爱本能出现的时间晚得多，所以父爱本能通常要比母爱本能弱得多；因而，尽管有例外，父爱对母爱缺乏的补偿作用通常不足以全部抵消母爱缺乏所导致的暴力攻击倾向。由此，**儿时缺乏母爱**通常就是一个人具有**暴力犯罪**倾向的**主因**。

暴力犯罪的原因多种多样，格卢克研究的是其中起作用最持久也最稳定的一种，即儿时缺乏母爱所导致的个体对攻击本能的自控力缺乏。这就是暴力犯罪的基本心理原因。格卢克的研究历时40年，成果发表后又历经几十年的反复验证，由此，"论证它的工作当属自然科学史上最缜密、最充分的工作之一，且在业内被公认为无可置疑"。相关事实反复证明："研究者**预言**将来会走上**犯罪**道路的孩子确实几乎**无一例外**地都触犯了刑法。"可见格卢克关于母爱缺乏与暴力犯罪之关系的预言的准确性之高（"几乎达百分之百"）！

鉴于格卢克研究结论的可靠性，作者认为：为避免孩子走上暴力犯罪道路，每位即将为人父母的人都应了解这方面的知识，都应从孩子降生那刻起就与之建立起充满母爱父爱的亲子情感纽带。杜绝残害孩子心灵并将其推向犯罪道路的缺乏亲子情的家庭状况。

如果已然存在儿时缺乏母爱造成心理创伤的事实，那么，有没有消减**情感失调**症状及相应**攻击倾向的补救措施**呢？作者认为：至少对人类来说，这样的补救措施是有的，那就是**理性**对问题的**认识**及**意志**对情感的**调控**。为说明这一点，作者提供了一个"在职单身母亲的女儿"的案例。不过，在笔者看来：她之所以能疗愈，是因为她的心理创伤本来就不太严重；若像巴西"野孩子"一样严重，那就难以疗愈了。总之，对**情感失调症**及相应的**攻击倾向**，成年后的关爱与教育所起的矫正作用是有限的，最有效的应对措施是预防：在孩子出生后的整个未成年期，尽可能让孩子生活在充满亲情（尤其是母爱）和友情的社会环境中。

六、过度溺爱的危害及其预防

在自然栖息地长期考察青潘猿的科学界第一人珍·古道尔博士报告道：在贡贝溪的一个青潘猿群中，有一对母子，"母亲弗洛年事已高，已显出衰老之相，显然，它对儿子不断的调皮捣蛋已经力不从心，而且态度也不够严厉。而弗林特总是抓住任何机会硬往母亲胸前凑。每当被老母亲轻轻推开时，它便**暴跳如雷**，要么赖倒在地，四肢乱舞，要么在树林中尖叫着往山下冲。弗洛实在不放心，便软下心肠，赶紧追上去，抱住它，安抚它……。母亲的……一味**迁就**反而导致了儿子对它的依赖，也使儿子越发像小**霸王**一样欺负它……一旦母亲没有马上应允儿子的要求，顺从它的意愿，儿子就会**殴打、撕咬母亲**。有时，弗洛也会……反击，只见它伸出一只手象征性地轻轻拍儿子一下，另一只手又充满爱怜地抚摸着儿子。这种场景总是以母亲让步、给**任性**儿子吃奶收场"。由于总是黏在母亲身边而不与其他同类交往，"对如何与群落中其他小青潘猿一起玩要并获得小伙伴们认可、如何融入群体，弗林特什么都不会……它对周围的一切越发冷漠，也越发消沉"。对上述现象，作者评论道：弗林特的表现与在没有母亲陪伴下成长的猕猴表现出来的行为障碍极其相似，从中我们只能得出这样一个重要结论，**过度的母爱**也是一种危险，**它会造成与缺少父母关爱同样的后果**。在人类中，溺爱的后果与在猴与猿中的并无二致，那些"妈妈的宝贝疙瘩"及接受反权威教育的儿童也表现出了同样的特点，即肆无忌惮的**攻击**行为、超常的**恐惧**感、极度的**社交无能**。

关于溺爱会导致与缺爱同样的育儿效果，书中只是描述了相关事实而没有说明其原因。在此，笔者试着用自己的心理学知识来做出解释：溺爱即无条件地满足孩子要求，包括过分乃至无理要求。因此，溺爱必然助长幼者天生的自我中心倾向，并使其在年龄已过了自然的自我中心阶段（对人类来说为2岁前）后仍未进入社会化阶段，从而一直停留在自我中心状态。自我中心者以自身需求的满足为唯一目的，而视自身之外一切事物为满足自身需求的手段。在个体因受溺爱而陷于自我中心状态的情况下，个体就会形成自己是主而周围同类是仆的盲目信念，并养成用哭闹和攻击来迫使他者就范的习惯。在这种情况下，个体的攻击本能就会因不受约束而肆意宣泄到他者身上，从而引起周围同类（有时甚至包括溺爱他的亲属）的反感，从而使其陷于孤立。在此基础上，若有实力更强者出手对抗或他想到周围同类可能联合对抗乃至教训他，那么，实力对比及孤立无援就会使他陷入极度恐惧的状态。这就是因溺爱而超期陷于自我中心者也会表现出与从小缺爱者同样的情感失调症和社交无能症的基本原因。

基于溺爱会对孩子及其亲属与所在社会造成的危害，为了孩子能正常社会化并预防溺爱所带来的危害，身为父母者及类似身份者必须时刻提醒自己：不要溺爱孩子，不要因为溺爱将孩子培养成一个自我中心、精神异常、害人害己的反社会者！

七、物口*过剩的危害及物口控制的自然机制

这是作者在多本书中多次讨论过的重大社会问题。让我们先来讨论物口过剩的危害。

1. 物口过剩导致道德败坏、物种退化、同类相残、自取灭亡。

当食物丰富时，黑田鼠种群数量增长、鼠穴拥挤，随后引发公鼠间的**野蛮杀戮**。少数形成了一夫多妻，后来又**血亲相奸**，导致**种群数量激增**。之后，外来公鼠入侵，经历一场场**残酷的战斗后**，夺走虚弱不堪的公鼠的妻妾。新首领**吞食幼鼠**。鼠群"**后继无鼠**"，**走向灭亡**。在这一案例中，出现了**物口过剩**的常见**危害**：为争夺资源而**同类相残**、道德败坏、物种退化以及自取灭亡。

2. 过度拥挤导致精神紧张、不安全感、敌意及攻击性增强，亲情友情弱化乃至丧失。

物口过剩有两种：一是相对于食物缺乏来说的；二是相对于空间狭小来说的，即过度拥挤。关于过度拥挤的危害，美国西雅图灵

---

* 德文或英文中的"population"通常被汉译为"人口"，但这种译名若用于非人动物则会造成语义和逻辑混乱（如"旅鼠或蝗虫人口过剩"之类的说法）。为避免出现这一问题，书系主编赵苳里主张将用于非人动物的"population"译为"物口"（其中的"物"是"动物"或"物种"的简称）；在涉及具体动物时，则可以用该动物名或其简称代换"物口"之"物"的办法来翻译该词，如"鸟口""鱼口""鼠口""蝗口"等。——主编注

长目动物观测站的卡斯特尔博士做过一个著名实验：他把几只豚尾猴母亲连同各自的孩子安置在宽窄不同的房间中。在每对母子拥有9米×9米×4米的宽敞场地中，母亲们几乎不惩罚孩子；幼猴在第32天后就敢离开母亲短途出行。在2.1米×1.1米×1.1米的窄小笼子里，豚尾猴幼崽们缠磨着母亲又不听话，每隔几分钟，母亲就会惩罚幼猴，瞪、咬、拖拽它们。这一切造成的结果是，孩子在出生后第19天就试图逃离家庭魔窟。在0.7米×0.5米×0.6米的"鸟笼"里，母猴对幼猴的无端惩罚没完没了，仿佛根本就没有母爱本能。备受惊吓的小猴在出生13天后就努力逃离母亲。实验表明：生存空间的狭小会导致攻击性增强，不断的惩罚会破坏母子情感纽带。在过度拥挤的非自然环境中，动物母亲对孩子的惩罚会严厉得多。这一结论同样适用于人类，它警示我们：在做住房建设规划时，应该仔细考虑空间大小对人类生活的影响，以免因过度拥挤而造成精神紧张、不安全感、敌意及攻击性增强，亲情与友情弱化乃至丧失，暴力攻击增多，人际关系恶化等一系列心理、行为和社会问题。

物口过剩的多种危害迫使许多动物演化出了物口控制机制：

1. 预防性生育控制

（1）**计划生育**。"早在产蛋时，鸟类就会开始控制出生数量……雌鸟首先会对食物供给状况进行评估，然后产下与自己希望养活的孩子数量相同的蛋……一只乌鸫通常一窝产5枚蛋，而在一些大量乌鸫集聚、已种群数量过剩的市郊，每只鸟每窝只产2枚蛋。"

（2）**自动流产**。种群**密度过大**会使动物们陷入**焦虑不安**之中。"如果小家鼠母亲持续经历不堪忍受的惊恐，那就会导致**流产和死胎**，也可能导致幼崽在**出生后马上死掉**。"由此可见，物口过剩造成的精神压力会导致具有生育控制效果的自动流产或死胎等现象。

（3）**胎儿液化**。树鼩是一种特别敏感的动物，很容易因种群数量过多、食物缺乏、空间拥挤而精神紧张。"在长期精神紧张状态下，在临产树鼩母亲体内，它的 2~4 个未出生的孩子竟然会完全变成体液"，而后被排出体外！

（4）**自发性不育**。在树鼩家庭中，"如果这样的**紧张状态**长期持续下去，那么，所有的树鼩，无论雌雄，都会**失去生育能力**，起初的心理障碍发展到后来便会导致相关的生理异常"。

2.补救性生育控制

在已出现物口过剩的情况下，动物们也有办法调控物口。

（1）**舍幼保长**。"可一旦遭遇**食物匮乏**……最弱小的雏鸟根本就得不到一点食物……**饿死最弱的雏鸟**只是动物让后代数量与当前［饥荒］现实相适应所采取的可行方式之一。"

（2）**杀婴食幼**。"金仓鼠控制种群数量的通常方式是母鼠杀死非亲生的幼鼠。"在自己生的同一窝幼鼠中，若幼鼠超过 8 只，母仓鼠就会按每窝 8 只的标准来控制其数量："母仓鼠只有 8 个乳头，每个乳头都被一只幼崽占据，并作为个体专有奶源加以保卫；因此，另外两只幼鼠就得不到营养供给了。金仓鼠母亲解决这个问题的方法是把'多余'的两个孩子吃掉。"

（3）**厌食而死**。"在一个养着一群小蝌蚪的水槽中投入一个比它们稍大的蝌蚪，尽管食物丰富，但小蝌蚪们……因停止进食而死去……把几只大蝌蚪游过的水倒入盛着小蝌蚪的盆中［同样会使其厌食而死］……自然赋予了**先出生者**以**生存优先权**。"显然，大蝌蚪会分泌出一种可使小蝌蚪厌食而死的**生化物质**，由此控制物口。

（4）紧张致死。"……**种群数量过剩**……造成长时间心理紧张……树鼩的体重急剧下降，并于数小时后，就会因精神压力过大而死亡……〔树鼩〕通过'非必要生存者'**紧张猝死**的方式**降低了种群**的**数量**。"

八、动物们的婚姻形式及其影响因素

8.1 一夫一妻制的主要决定因素：生存条件较恶劣，雌性需雄性帮助养护后代

在地球上，一夫一妻制比例最高也最稳定的动物并非哺乳类而是鸟类。原因何在呢？"椋鸟父亲丧生，而当时5只雏鸟出生仅8天……椋鸟母亲必须……找到必要的食物……雏鸟们还是陆续死亡……仅有1只雏鸟生存下来。"父死子亡的事实表明："对于许多鸟类来说，要想让所有孩子活下来，绝对离不开父亲的帮助。这……**也是鸟类两性比翼双飞的比例比哺乳动物高的根源**。"在此，作者指出了一夫一妻制存在的原因：在食物稀缺、天敌众多的环境中，这种婚姻中的雌性在获得喂养孩子所需的食物及为幼崽提供保护上可得到雄性的帮助。总之，一夫一妻制是在较恶劣的生存条件下，动物两性为尽可能提高繁育成功率（及互助互保）而采取的结对生活制度。

8.2 一夫多妻制的主要决定因素：生存条件较优越，雄性有能力帮多个雌性养护后代

高壮猿实行的是独夫多妻制——一个群体中只有一个完全性成

熟的雄性拥有婚育权的一夫多妻制。在高壮猿家庭中，除作为"储君"的长子外，其他子女会在性成熟后陆续离家、寻找配偶并与之结合。雄高壮猿的配偶会从一个逐渐扩展到三四个，并在达到三四个时形成稳定的一夫多妻制家庭；如书中提到的高壮猿家庭："作为族群首领的父亲、包括母亲在内的父亲的三四个妻妾、两个成年雄性——它的哥哥和一个同父异母兄弟，当然还有一些年幼的孩子。"高壮猿生活在茂密森林中，每个家庭都占有一块相当大的领地（通常二三十平方千米），可为一个通常十来个成员的高壮猿家庭提供相当丰富的食物（树叶、树皮、果实、根茎等）。**在食物丰富的条件下，动物都有繁殖尽可能多后代的自然倾向，而最有利于繁殖尽可能多后代的婚配模式就是一夫多妻制。**

8.3 一妻多夫制的主要决定因素：雌强雄弱、雌少雄多；资源稀缺，多夫合作才能养家

在非人动物中，一妻多夫制主要存在于少数鸟和鱼中。在小嘴鸻中，"雌鸟刚产满一窝蛋，丈夫就把所有后续工作接管过来，为雌鸟腾出充裕的时间去产第二窝蛋，而围绕着第二窝蛋的一切工作也不用雌鸟亲自负责，它会把这费力的活计分派给第二个丈夫。"另外三种鸟"雉鸻、灰瓣蹼鹬和红颈瓣蹼鹬甚至更胜一筹，一只雌鸟甚至可拥有多达 4 个丈夫，丈夫们包揽了从筑巢到指导孩子成长的一切'家庭主妇的工作'。在孩子被哺育期间，当母亲的雌鸟与孩子却没有一次像样的亲密接触。只有当敌害来犯，惊慌的父亲们发出求救呼喊时，做母亲的雌鸟才会立即赶来保护孩子们。"这就是母系社会中的**雌尊雄卑**现象。

人类中的一妻多夫制通常出现在土地贫瘠、物产稀少之地。在这种环境中，一妻多夫彼此合作、共同养家，就成了在**资源稀缺**环境中生存繁衍下去的最优方案。此外，资源丰缺决定着一个区域能养活的物口，资源稀缺必然要求物口控制；而一妻多夫制正是与物口控制要求最相符的婚姻形式（在繁殖能力上，多夫一妻与一夫一妻几无差异）。（善飞因而便于寻找食物丰富之地的）鸟类实行一妻多夫制的原因与人类的差异较大。在这类鸟中，雌性在个头、体力和攻击性上都比雄性更大或更强；所以，**雌强雄弱**的体质差异就是鸟中出现**雌尊雄卑**现象的主因。在自然界，实行一妻多夫制的动物很少。作者认为，这要从其弊端去理解："在上述动物中，雄性大量过剩，因为［个大羽艳的］雌性比雄性更容易被食肉动物捕食。"由此看来，除雌强雄弱的生理因素外，**雌少雄多**的社会现实也是雄性们不得不接受**一妻多夫**制的重要原因。

九、动物们的教育方法

动物行为并非完全基于本能，绝大多数动物的行为都在一定程度上依赖于后天的学习。在本书中，作者论述了动物的基本教学内容：知识和（运动、谋生、攻防、社交、育儿等）技能、方法和规则等，以及常见教育方法：示范式、带引式、惩罚式、渐进式等。笔者认为：关于动物教育，书中论述到的最值得人类借鉴的是两种富于动物特色的教育方法。

9.1 动物中的消恐增安式教育方法：以山羊的攀爬技能教育为例

从出生第一天起，小北山羊就得勤奋学习攀爬技术。母亲循循善诱，循序渐进。起初，它选了一块堆满光滑卵石的坡地，一小步一小步攀爬，孩子的任务就是踩上母亲的足迹（示范式教育）。在遇到难行地段时，母亲会将前蹄跨过小羊肩膀，这样既可清楚地指示出落脚点又能给小羊以支持（带引式教育）。随着日子一天天过去，母羊逐渐提高了登山的练习难度（渐进式教育），这样，可让孩子既跟得上自己又不用担心会摔倒。到 14 天大时，小羊已偷偷离开老师约 100 米，在攀爬陡壁时也愈发果敢。当爬到一处"死胡同"时，小羊进退两难，咩咩地哀叫起来。母羊立刻赶过来。在来到小羊身旁后，母羊所做的一切从教育学角度看都非常值得赞赏，它既**没有惩罚**也**没有责备**小羊，甚至连一丝不满都没有流露出来。母羊先是**慈爱**地以身体接触来**抚慰**已吓得浑身颤抖的孩子，以免它因精神恍惚而失足丧生；直到它从**惊恐**中**平静**下来，母羊才给它指出正确的做法（消恐增安式教育），在小山羊前面慢慢行进示范（示范式教育）。对北山羊母亲的教育方式，作者评论道："动物们好像仅凭本能就知道迄今仍被某些中学老师熟视无睹的常识：**恐惧**是我们所能想到的**最坏的老师**，它……**阻碍大脑的运转**……为什么那么多动物父母所采取的方法远比中学里许多有职称的教师更符合教育规律呢？……正因为动物母亲们的智力比不上人类老师们，所以，在它们的行为清单中，就包括了对最理想教育方法的**本能式**掌握。动物母亲们能比我们人类更**有效地传授本领**。"在此，作者所着重论述的是**学习的最大障碍**——会严重降低智力、干扰思维的**恐惧感**，以及动物母亲经常使用的一种**消除孩子的恐惧感的有效方法**——以**安抚**

来**消除恐惧感**，还有以**支持来增强安全感**。借助于这些消恐增安的措施，孩子就可恢复平静、信心和正常智力，从而确保教学有效进行并达到预期目标。笔者认为：对不了解恐惧对教学的危害的人来说，动物中的消恐增安式教育方法是极具启发意义和借鉴价值的。

9.2 动物中的先惩后抚式教育方法：以大象的识害避险教育为例

"一只满怀好奇的小象走近一条巨蟒，它想知道'这段被拗断的象鼻'是怎么回事。这时，以往总是包容它的……母亲就会用长鼻子在它屁股上狠狠地抽上一记。可转眼间，象妈妈刚才用来惩罚'大棒'又会慈爱地把孩子卷到胸前，让孩子吃奶，以示抚慰与和解。这一切想要说的是：这世界上的坏蛋可不是我——你妈妈，而是那个你刚才想一起玩的那条蛇。"在动物中，母亲对孩子实施**惩罚**式教育**后**，通常很快就会对孩子进行**安抚**，以使"母子情感纽带……不［会］……因粗暴的教育手段而产生裂痕。因为一旦情感纽带破裂，孩子就会过早地离开母亲，那么，到了荒野，孩子将必死无疑"。惩罚式教育可单独实施，也可与情感安抚相结合。显然，先惩后抚、惩抚结合式教育可及时化解惩罚的负面效果，因而比单纯的惩罚式教育效果好得多。笔者认为：对在惩罚受教者后常常忘了或不愿及时安抚的人类教育者来说，非人动物中常见的先惩后抚式教育方法是很值得学习与借鉴的。

十、动物中的道德行为及其前提和圈内偏向性

10.1 动物中的道德：利他、利群、公平

德瓦尔认为：道德是涉他行为的利害性与公平性及应然准则。道德有三个层次：一、个体间的道德：利他与公平；二、个体与群体间的道德：社群关怀（或简称利群）；三、跨物种的道德：平等善待众生。*

在本书中，作者也论及了动物中的道德现象：在狮群内部，产后几周后，每头幼狮不仅可到自己母亲怀里也可到任何其他母狮那里吃奶。所有狮子母子融为了一个大家庭。哺育其他狮子的幼崽是一种**利他**行为，尽管从长期来看，这是一种对各母狮来说都属**公平**交易的交**互利**他现象。当有母狮死亡时，变成孤儿的幼狮绝不会被遗弃，而是立刻被别的母狮收养。笔者认为：收养孤儿是在较长时期内都难以得到报答的**利他**行为。在道德层次上，单向的利他行为要高于互利行为。

除利他外，动物中还存在求**公平**的道德现象：在一窝仓鸮幼崽中，最先出壳的老大图图一个月大时就会给弟妹喂食，"当一个特别弱小的弟弟或妹妹被挤到一堆同伴的最后，饿得叽叽直叫时，图图甚至衔着老鼠挤过吃饱了的伙伴，蹒跚着走去给它喂食。不久后，图图开始……分割猎物……非常平均地把食物分给每个弟弟妹妹。就这样，仓鸮父母因疲于捕猎而无力顾及的公平就由它主持了起来"。在幼仓鸮的**公平分食**举动中，我们甚至还能看出其所具有

---

* 参见：赵芊里.道德是人类独有的吗？[J].科学技术哲学研究，2017（4）.

的**社群关怀**性质，因为公平分食有助于维持群内秩序、和谐、亲情及集体凝聚力。

除上述两点以外，动物中也存在自觉的**利群**行为，书中是这样介绍的：在阿拉伯狒狒家族中，有几只独来独往的雄狒狒——它们是老帕夏，自愿留在族群里，自食其力。当家族陷入严重危机，比如遭遇一群斑鬣狗的袭击，这些久经沙场的老将就会挺身而出，投入战斗。它们会以大无畏姿态向敌人发动反攻，仿佛已将生命置之度外。当赶跑或消灭敌人后，它们不图回报与感恩，仍像往常一样以独行者姿态再次踏上自己的旅程。笔者认为：这些退位后的老帕夏自谋生路，不依存于家庭，但一旦原家庭或大家族有难，它们仍会义无反顾乃至奋不顾身地出面解救。这种几乎纯粹出于**社群关怀**的、毫不利己的**利群行为**是相当高尚的。

10.2 利他行为的前提：资源或能力富余

利他行为有资源依赖型和能力依赖型两种。

"一只家鼠一次产崽可多达8只，并都能养活。如果母鼠产崽少或生产时死去了几只，那么，它就容易接纳别家的孩子。"按照母鼠的产奶量，一只母鼠一窝最多能养活8只鼠崽；因此，在亲生鼠崽不足8只时，母鼠所产奶水就有富余，因而就可能收养孤儿。

在大象、海豚、非洲野犬等哺乳动物中，"只有在组织良好的群体中的亲友的幼崽才能唤起它们的收养意愿，而且，这些哺乳动物收养的幼崽必须已长得足够大，不需要母乳也能存活"。

在海狮中，"亲生母亲死去后，海狮幼崽成天只能在海边成千上万的同伴间四处乱走，可怜巴巴地哀叫，啼哭着乞讨乳汁。可是，在这么一大群母亲中，竟然没有一个同情并帮助它。相反，所有海狮都嫌弃它，对它又撕又咬，几天后，它就会因饥饿、疲惫及伤重而死"。母海狮们为何不愿收养呢？"深层原因是奶水的匮乏，一头母海狮所有的奶水仅够喂养它自己的孩子。如果把奶水施舍给别的幼崽，那么，它自己的孩子就会因身体虚弱而无法存活。"在各自（而非集体）哺育又奶水缺乏的情况下，基于利己天性，母海狮们只能选择只给自己的孩子喂奶，而不会给已死母海狮留下的孤儿喂奶。

上述事例表明：需以损己为代价的**资源依赖型利他行为是要以资源富余为前提**；否则，动物们就只能做出利于自己及至亲之举，而不可能做出利他行为。

有些燕鸥在漂浮的芦苇岛上筑巢，于是经常有雏鸟掉入河中，被水流卷走。"几分钟之后，一群邻居……成年燕鸥飞到出事地点，它们排成一列，在雏鸟上方超低空飞行……那小家伙……被'推搡着'朝家的方向游动。就这样，它终于安然无恙地回到了家中。"解救落水者这种利他行为无须耗费物质资源而仅凭能力就能做出。因此，**与资源依赖型利他行为相比，动物们通常都更容易做得出仅凭能力助人的行为。当然，能力依赖型利他行为**也是要以行为者的能力富余（如在自保之外尚有余力）为前提的。

10.3 动物道德行为的圈内偏向性：先亲后疏的优先性顺序

前述事例（母家鼠有条件收养孤儿、母海狮拒养孤儿、老狒狒解救家族危难等）都表明：动物中的（利他、利群、求公平等）**道德**行为通常都有**先亲后疏**的优先性顺序。

你想了解非人动物们自然演化出来的家庭与社群治理之道和子女教育之法，及其特点和优点吗？你想知道动物们的治理之道和教育之法对人类有什么启发和可借鉴之处吗？你希望在借鉴动物们方法的基础上让自己的家庭与社群更和谐、和平与幸福吗？如果是的话，那么就请进入书中精彩的动物世界，努力探索并收获新知吧！